PyTorch
深度学习指南

序列与自然语言处理 卷Ⅲ

［巴西］丹尼尔·沃格特·戈多伊（Daniel Voigt Godoy） 著

赵春江 译

全彩印刷

机械工业出版社
CHINA MACHINE PRESS

"PyTorch 深度学习指南"丛书循序渐进地详细讲解了与深度学习相关的重要概念、算法和模型，并着重展示了 PyTorch 是如何实现这些算法和模型的。其共分三卷：编程基础、计算机视觉、序列与自然语言处理。

本书为该套丛书的第三卷：序列与自然语言处理。本书主要介绍了循环神经网络（RNN、GRU 和 LSTM）和一维卷积；Seq2Seq 模型、注意力、自注意力、掩码和位置编码；Transformer、层归一化和视觉 Transformer（ViT）；BERT、GPT-2、单词嵌入和 HuggingFace 库等内容。

本书适用于对深度学习感兴趣，并希望使用 PyTorch 实现深度学习的 Python 程序员阅读学习。

Daniel Voigt Godoy

Deep Learning with PyTorch Step-by-Step: A Beginner's Guide: Sequences & NLP Volume Ⅲ

ISBN 979-8-485-03276-0

Copyright © 2022 Daniel Voigt Godoy

Simplified Chinese Translation Copyright © 2024 by China Machine Press. This edition is authorized for sale in the Chinese mainland (excluding Hong Kong SAR, Macao SAR and Taiwan).

All rights reserved.

本书中文简体字版由丹尼尔·沃格特·戈多伊授权机械工业出版社在中国大陆地区（不包括香港、澳门特别行政区及台湾地区）独家出版发行。未经出版者书面许可，不得以任何方式抄袭、复制或节录本书中的任何部分。

北京市版权局著作权合同登记　图字：01-2023-2138 号。

图书在版编目（CIP）数据

PyTorch 深度学习指南. 卷Ⅲ，序列与自然语言处理/（巴西）丹尼尔·沃格特·戈多伊（Daniel Voigt Godoy）著；赵春江译 .—北京：机械工业出版社，2024.3（2025.4重印）

书名原文：Deep Learning with PyTorch Step-by-Step: A Beginner's Guide: Sequences & NLP Volume Ⅲ

ISBN 978-7-111-74459-7

Ⅰ.①P… Ⅱ.①丹…②赵… Ⅲ.①机器学习-指南　Ⅳ.①TP181-62

中国国家版本馆 CIP 数据核字（2023）第 244127 号

机械工业出版社（北京市百万庄大街 22 号　邮政编码 100037）
策划编辑：张淑谦　　　　　　　责任编辑：张淑谦　陈崇昱
责任校对：张慧敏　陈　越　　　责任印制：刘　媛
北京中科印刷有限公司印刷
2025 年 4 月第 1 版第 3 次印刷
184mm×240mm・20.25 印张・494 千字
标准书号：ISBN 978-7-111-74459-7
定价：139.00 元

电话服务	网络服务
客服电话：010-88361066	机　工　官　网：www.cmpbook.com
010-88379833	机　工　官　博：weibo.com/cmp1952
010-68326294	金　书　网：www.golden-book.com
封底无防伪标均为盗版	机工教育服务网：www.cmpedu.com

前 言
PREFACE

如果您正在阅读"PyTorch 深度学习指南"这套书，我可能不需要告诉您深度学习有多棒，PyTorch 有多酷，对吧？

但我会简单地告诉您，这套书是如何诞生的。2016 年，我开始使用 Apache Spark 讲授一门机器学习课程。几年后，我又开设了另一门机器学习基础课程。

在以往的某个时候，我曾试图找到一篇博文，以清晰简洁的方式直观地解释二元交叉熵背后的概念，以便将其展示给我的学生们。但由于找不到任何符合要求的文章，所以我决定自己写一篇。虽然我认为这个话题相当基础，但事实证明它是我最受欢迎的博文！读者喜欢我用简单、直接和对话的方式来解释这个话题。

之后，在 2019 年，我使用相同的方式撰写了另一篇博文"Understanding PyTorch with an example: a step-by-step tutorial"，我再次被读者的反应所惊讶。

正是由于他们的积极反馈，促使我写这套书来帮助初学者开始他们的深度学习和 PyTorch 之旅。我希望读者能够享受阅读，就如同我曾经是那么享受本书的写作一样。

致 谢

首先,我要感谢网友——我的读者,你们使这套书成为可能。如果不是因为有成千上万的读者在我的博文中对 PyTorch 的大量反馈,我可能永远都不会鼓起勇气开始并写完这一套近七百页的书。

我要感谢我的好朋友 Jesús Martínez-Blanco(他把我写的所有内容都读了一遍)、Jakub Cieslik、Hannah Berscheid、Mihail Vieru、Ramona Theresa Steck、Mehdi Belayet Lincon 和 António Góis,感谢他们帮助了我,他们奉献出了很大一部分时间来阅读、校对,并对我的书稿提出了改进意见。我永远感谢你们的支持。我还要感谢我的朋友 José Luis Lopez Pino,是他最初推动我真正开始写这套书。

非常感谢我的朋友 José Quesada 和 David Anderson,感谢他们在 2016 年以学生身份邀请我参加 Data Science Retreat,并随后聘请我在那里担任教师。这是我作为数据科学家和教师职业生涯的起点。

我还要感谢 PyTorch 开发人员开发了如此出色的框架,感谢 Leanpub 和 Towards Data Science 的团队,让像我这样的内容创作者能够非常轻松地在社区分享他们的工作。

最后,我要感谢我的妻子 Jerusa,她在本套书的写作过程中一直给予我支持,并花时间阅读了其中的每一页。

关 于 作 者

丹尼尔·沃格特·戈多伊（以下简称丹尼尔）是一名数据科学家、开发人员、作家和教师。自 2016 年以来，他一直在柏林历史最悠久的训练营 Data Science Retreat 讲授机器学习和分布式计算技术，帮助数百名学生推进职业发展。

丹尼尔还是两个 Python 软件包——HandySpark 和 DeepReplay 的主要贡献者。

他拥有在多个行业 20 多年的工作经验，这些行业包括银行、政府、金融科技、零售和移动出行等。

译 者 序

当今，深度学习已经成为计算机科学领域的一个热门话题，主要包括自然语言处理（如文本分类、情感分析、机器翻译等）、计算机视觉（如图像分类、目标检测、图像分割等）、强化学习（如通过与环境的交互来训练智能体，实现自主决策和行为等）、生成对抗网络（如利用两个神经网络相互对抗的方式来生成逼真的图像、音频或文本等）、自动驾驶技术（如利用深度学习技术实现车辆的自主驾驶等）、语音识别（如利用深度学习技术实现对语音信号的识别和转换为文本等）、推荐系统（如利用深度学习技术实现个性化推荐，以提高用户体验和购物转化率等）。

目前，主流的深度学习框架包括 PyTorch、TensorFlow、Keras、Caffe、MXNet 等。而 PyTorch 作为一个基于 Python 的深度学习框架，对初学者十分友好，原因如下：

- PyTorch 具有动态计算图的特性，这使得用户可以更加灵活地定义模型，同时还能够使用 Python 中的流程控制语句等高级特性。这种灵活性可以帮助用户更快地迭代模型，同时也可以更好地适应不同的任务和数据。
- PyTorch 提供了易于使用的接口（如 nn. Module、nn. functional 等），使得用户可以更加方便地构建和训练深度学习模型。这些接口大大减少了用户的编码工作量，并且可以帮助用户更好地组织和管理模型。
- PyTorch 具有良好的可视化工具（如 TensorBoard 等），这些工具可以帮助用户更好地理解模型的训练过程，并且可以帮助用户更好地调试模型。
- PyTorch 在 GPU 上的性能表现非常出色，可以大大缩短模型训练时间。

综上所述，PyTorch 是一个非常适合开发深度学习模型的框架，它提供了丰富的工具和接口。同时，还具有灵活和良好的可视化工具，可以帮助用户更快、更好地开发深度学习模型。

市场上有许多讲解 PyTorch 的书籍，但"PyTorch 深度学习指南"这套丛书与众不同、独具特色，其表现为：

- 全面介绍 PyTorch，包括其历史、体系结构和主要功能。
- 涵盖深度学习的基础知识，包括神经网络、激活函数、损失函数和优化算法。
- 包括演示如何使用 PyTorch 构建和训练各种类型的神经网络（如前馈网络、卷积网络和循环网络等）的分步教程和示例。
- 涵盖高级主题，如迁移学习、Seq2Seq 模型和 Transformer。
- 提供使用 PyTorch 的实用技巧和最佳实践，包括如何调试代码、如何使用大型数据集以及如何将模型部署到生产中等。

译 者 序

- 每章都包含实际示例和练习，以帮助读者加强对该章内容的理解。

例如，目前最火爆的 ChatGPT 是基于 GPT 模型的聊天机器人，而 GPT 是一种基于 Transformer 架构的神经网络模型，用于自然语言处理任务，如文本生成、文本分类、问答系统等。GPT 模型使用了深度学习中的预训练和微调技术，通过大规模文本数据的预训练来学习通用的语言表示，然后通过微调来适应具体的任务。Transformer 架构模型、预训练、微调等技术，在这套丛书中都有所涉及。相信读者在读完本丛书后，也能生成自己的聊天机器人。

此外，本丛书结构合理且易于理解，对于每个知识点的讲解，作者都做到了循序渐进、娓娓道来，而且还略带幽默。

总之，本丛书就是专为那些没有 PyTorch 或深度学习基础的初学者而设计的。

丛书的出版得到了译者所在单位合肥大学相关领导和同事的大力支持，在此表示诚挚的感谢。

鉴于译者水平有限，书中难免会有错误和不足之处，真诚欢迎各位读者给予批评指正。

目录 CONTENTS

前　言
致　谢
关于作者
译者序
常见问题 / 1
  为什么选择 PyTorch？ / 2
  为什么选择这套书？ / 2
  谁应该读这套书？ / 3
  我需要知道什么？ / 3
  如何阅读这套书？ / 4
  下一步是什么？ / 5
设置指南 / 6
  官方资料库 / 7
  环境 / 7
    谷歌 Colab / 7
    Binder / 8
    本地安装 / 8
  继续 / 15

第 8 章　序列 / 16

  剧透 / 17
  Jupyter Notebook / 17
    导入 / 17
  序列 / 18
    数据生成 / 18
  循环神经网络（RNN） / 20

    RNN 单元 / 21
    RNN 层 / 27
    形状 / 28
    堆叠 RNN / 30
    双向 RNN / 32
    正方形模型 / 35
    可视化模型 / 37
    我们能做得更好吗？ / 41
  门控循环单元（GRU） / 41
    GRU 单元 / 42
    GRU 层 / 47
    正方形模型 II——速成 / 47
    模型配置和训练 / 48
    可视化模型 / 49
    我们能做得更好吗？ / 52
  长短期记忆（LSTM） / 52
    LSTM 单元 / 53
    LSTM 层 / 58
    正方形模型 III——巫师 / 58
    模型配置和训练 / 59
    可视化隐藏状态 / 59
  可变长度序列 / 60
    填充 / 61
    打包 / 63
    解包（至填充） / 65
    打包（从填充） / 66
    可变长度数据集 / 67
    数据准备 / 67

正方形模型Ⅳ——打包 / 69
模型配置和训练 / 70

一维卷积 / 71
    形状 / 72
    多特征或通道 / 73
    膨胀 / 74
    数据准备 / 75
    模型配置和训练 / 75
    可视化模型 / 76

归纳总结 / 77
    固定长度数据集 / 77
    可变长度数据集 / 78
    选择一个合适的模型 / 78
    模型配置和训练 / 79

回顾 / 80

第 9 章 CHAPTER 9 （上）：序列到序列 / 82

剧透 / 83
Jupyter Notebook / 83
    导入 / 83

序列到序列 / 84
    数据生成 / 84

编码器-解码器架构 / 85
    编码器 / 85
    解码器 / 87
    编码器+解码器 / 91
    数据准备 / 94
    模型配置和训练 / 95
    可视化预测 / 95
    我们能做得更好吗？ / 96

注意力 / 96
    "值" / 99
    "键"和"查询" / 99

计算上下文向量 / 100
评分方法 / 103
注意力分数 / 104
缩放点积 / 106
注意力机制 / 109
源掩码 / 111
解码器 / 112
编码器+解码器+注意力机制 / 113
模型配置和训练 / 115
可视化预测 / 116
可视化注意力 / 117
多头注意力 / 118

第 9 章 CHAPTER 9 （下）：序列到序列 / 121

剧透 / 122
自注意力 / 122
    编码器 / 122
    交叉注意力 / 126
    解码器 / 126
    编码器+解码器+自注意力机制 / 134
    模型配置和训练 / 137
    可视化预测 / 138
    不再有序 / 139

位置编码（PE） / 139
    编码器+解码器+位置编码 / 148
    模型配置和训练 / 149
    可视化预测 / 150
    可视化注意力 / 150

归纳总结 / 152
    数据准备 / 152
    模型组装 / 152
    编码器+解码器+位置编码 / 154
    自注意力的"层" / 155

注意力头 / 156

模型配置和训练 / 158

回顾 / 158

第10章 转换和转出 / 161

剧透 / 162

Jupyter Notebook / 162

导入 / 162

转换和转出 / 163

狭义注意力 / 163

分块 / 163

多头注意力 / 165

堆叠编码器和解码器 / 169

包裹"子层" / 171

Transformer 编码器 / 173

Transformer 解码器 / 176

层归一化 / 180

批量与层 / 183

我们的 Seq2Seq 问题 / 185

投影或嵌入 / 185

Transformer / 186

数据准备 / 189

模型配置和训练 / 190

可视化预测 / 192

PyTorch 的 Transformer / 193

模型配置和训练 / 196

可视化预测 / 197

视觉 Transformer / 198

数据生成和准备 / 198

补丁 / 200

特殊分类器词元 / 203

模型 / 206

模型配置和训练 / 208

归纳总结 / 209

数据准备 / 209

模型组装 / 209

模型配置和训练 / 219

回顾 / 219

第11章 Down the Yellow Brick Rabbit Hole / 221

剧透 / 222

Jupyter Notebook / 222

附加设置 / 222

导入 / 223

"掉进黄砖兔子洞（Down the Yellow Brick Rabbit Hole）" / 224

构建数据集 / 224

句子词元化 / 225

HuggingFace 的数据集 / 230

加载数据集 / 230

单词词元化 / 232

词汇表 / 235

HuggingFace 的词元化器 / 238

单词嵌入之前 / 243

独热（One-Hot）编码（OHE） / 243

词袋（BoW） / 244

语言模型 / 245

N 元（N-gram） / 246

连续词袋（CBoW） / 246

单词嵌入 / 247

Word2Vec / 247

什么是嵌入？ / 250

预训练的 Word2Vec / 252

全局向量（GloVe） / 253

使用单词嵌入 / 255

模型 I ——GloVE+分类器 / 258

模型 II——GloVe+Transformer　／　262
上下文单词嵌入　／　266
　　ELMo　／　266
　　BERT　／　271
　　文档嵌入　／　272
　　模型 III——预处理嵌入　／　274
BERT　／　276
　　词元化　／　278
　　输入嵌入　／　280
　　预训练任务　／　282
　　输出　／　286
　　模型 IV——使用 BERT 进行分类　／　289
使用 HuggingFace 进行微调　／　292

　　序列分类（或回归）　／　292
　　词元化数据集　／　293
　　训练器　／　295
　　预测　／　298
　　管道　／　299
　　更多管道　／　300
GPT-2　／　301
归纳总结　／　304
　　数据准备　／　304
　　模型配置和训练　／　306
　　生成文本　／　308
回顾　／　309
谢谢您！　／　310

常见问题

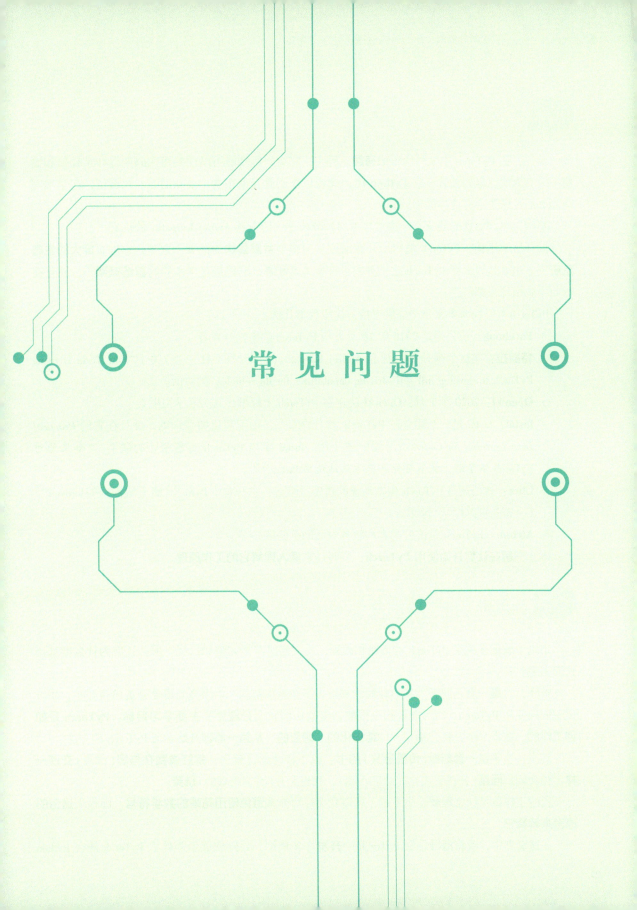

为什么选择 PyTorch？

首先，在 PyTorch 中编写代码很**有趣**。确实，它有一些功能可以让编写代码变得非常轻松和愉快……有人说这是因为它非常 **Python 化**，或者也许还有其他东西，谁知道呢？我希望，在学习完这套书后，您也会有这样的感觉。

其次，也许对您的健康有一些意想不到的好处——请查看 Andrej Karpathy 的推文[1]。

抛开玩笑不谈，PyTorch 是用于开发深度学习模型**发展最快**的框架[2]之一，它拥有**庞大的生态系统**[3]。也就是说，在 PyTorch 之上开发了许多工具和库。它已经是学术界的**首选框架**[4]，并且在行业中应用越来越广泛。

PyTorch[5] 已经为多家公司提供支持，这里仅举几例：

- **Facebook**：该公司是 2016 年 10 月发布 PyTorch 的原始开发者。
- **特斯拉**：在这个视频[6]中观看 Andrej Karpathy（特斯拉的 AI 总监）关于"how Tesla is using PyTorch to develop full self-driving capabilities for its vehicles"的讲话。
- **OpenAI**：2020 年 1 月，OpenAI 决定在 PyTorch 上标准化其深度学习框架[7]。
- **fastai**：fastai 是一个建立在 PyTorch 之上的库[8]，用于简化模型训练，并且在它的 *Practical Deep Learning for Coders*[9] 课程中被使用。fastai 库与 PyTorch 有着密切的联系，"如果您对 PyTorch 不了解，就不可能真正地熟练使用 fastai"[10]。
- **Uber**：该公司是 PyTorch 生态系统的重要贡献者，它开发了 Pyro[11]（概率编程）和 Horovod[12]（分布式训练框架）等库。
- **Airbnb**：PyTorch 是该公司客户服务对话助手的核心[13]。

本套书**旨在让您开始使用 PyTorch**，同时让您**深入理解它的工作原理**。

为什么选择这套书？

市场上有很多关于 PyTorch 的书籍和教程，其文档已非常完整和广泛。那么，您**为什么**要选择这套书呢？

首先，这**是**一套不同于大多数教程的书：大多数教程都从一些漂亮的图像分类问题开始，用以说明如何使用 PyTorch。这可能看起来很酷，但我相信它会**分散**您的**主要学习目标：PyTorch 是如何工作的**。在本书中，我介绍了一种**结构化的、增量的、从第一原理开始**学习 PyTorch 的方法。

其次，这**不是一套刻板（传统意义）的书**：我正在写的这套书，**就好像我在与您**（读者）**交谈一样**。我会问您**问题**（并在不久之后给您答案），我也会开（看似愚蠢的）**玩笑**。

我的工作就是让您**理解**这个主题，所以我会尽可能地**避免使用花哨的数学符号**，而是用**通俗的语言来解释它**。

在这套书中，我将**指导**您在 PyTorch 中**开发**许多模型，并向您展示为什么 PyTorch 能在 Python

中让构建模型变得**更加容易**和**直观**：Autograd、动态计算图、模型类等。

我们将**逐步**构建模型，这不仅要构建模型本身，还包括您的**理解**，因为我将向您展示代码背后的**推理**以及**如何避免一些常见的陷阱和错误**。

专注于基础知识还有另一个好处：这套书的**知识保质期可能更长**。对于技术书籍，尤其是那些专注于尖端技术的书籍，很快就会过时。希望这套书不会出现这种情况，因为**基本的机理没有改变，概念也没有改变**。虽然预计某些语法会随着时间的推移而发生变化，但我认为不会很快出现向后兼容性的破坏性的变化。

还有一件事：如果您还没有注意到的话，那就是**我真**的很喜欢使用**视觉提示**，即**粗体和楷体突出显示**。我坚信这有助于读者更容易地**掌握**我试图在句子中传达的**关键思想**。您可以在"**如何阅读这套书？**"部分找到更多相关信息。

谁应该读这套书？

我为**一般初学者**写了这套书——不仅仅是 PyTorch 初学者。时不时地，会花一些时间来解释一些**基本概念**，我认为这些概念对于正确**理解代码中的内容**是至关重要的。

最好的例子是**梯度下降**，大多数人在某种程度上都熟悉它。也许您知道它的一般概念，也许您已经在 Andrew Ng 的机器学习课程中看到过它，或者您甚至**自己计算了一些偏导数**。

在真实情况下，梯度下降的**机制**将由 **PyTorch 自动处理**（呃，剧透警报）。但是，无论如何我都会引导您完成它（当然，除非您选择完全跳过第 0 章），因为如果您知道**代码中的很多元素**，以及**超参数的选择**（如学习率、小批量大小等）**从何而来**，则您可以更容易理解它们。

也许您已经很了解其中的一些概念：如果是这种情况，您可以直接**跳过**它们，因为我已经使这些解释尽可能独立于其余内容。

但是**我想确保每个人都在同一条起跑线上**，所以，如果您刚刚听说过某个特定概念，或者如果您不确定是否完全理解它，则这些解释就是为您准备的。

我需要知道什么？

这是一套面向初学者的书，所以我假设尽可能**少的先验知识**——如上一节所述，我将在必要时花一些时间解释基本概念。

话虽如此，但以下内容是我对读者的期望：

- 能够使用 Python 编写代码（如果您熟悉面向对象编程（OOP），那就更好了）。
- 能够使用 PyData 堆栈（如 **numpy**、**matplotlib** 和 **pandas** 等）和 **Jupyter Notebook** 工作。
- 熟悉**机器学习**中使用的一些基本概念，如：
  - 监督学习（回归和分类）。
  - 回归和分类的损失函数（如均方误差、交叉熵等）。

- 训练-验证-测试拆分。
- 欠拟合和过拟合(偏差-方差权衡)。
- 评估指标(如混淆矩阵、准确率、精确率、召回率等)。

即便如此,我仍然会简要地涉及上面的**一些**主题,但需要在某个地方划清界限;否则,这套书的篇幅将是巨大的。

 如何阅读这套书?

由于该书是**初学者指南**,您应按**顺序**阅读,因为想法和概念是逐步建立的。书中的**代码**也是如此:您应该能够重现所有输出,前提是您按照介绍的顺序执行代码块。

这套书在**视觉**上与其他书籍不同,正如我在"**为什么选择这套书?**"中提到的那样。我**真的**很喜欢利用**视觉提示**。虽然严格来说这不是一个**约定**,但可以通过以下方式解释这些提示。

- 用**粗体**来突出我认为在句子或段落中**最相关的词**,而楷体也被认为是重要的(虽然还不够重要到加粗)。
- 变量系数和参数一般用斜体表示,如公式中的字符等。
- 每个**代码单元**之后都有另一个单元显示相应的**输出**(如果有的话)。
- 本书中提供的**所有代码**都可以在 GitHub 上的**官方资料库**中找到,网址如下:

https://github.com/dvgodoy/PyTorchStepByStep

带有**标题**的代码单元是工作流程的重要组成部分:

标题显示在这里

```
1  #无论在这里做什么,都会影响其他的代码单元
2  #此外,大多数单元都由注释来解释正在发生的事情
3  x = [1., 2., 3.]
4  print(x)
```

如果代码单元有任何输出,无论是否有标题,都会有另一个代码单元描述相应的**输出**,以便您检查是否成功重现了它。

输出:

```
[1.0, 2.0, 3.0]
```

一些代码单元**没有**标题——运行它们不会影响工作流程:

```
#这些单元说明了如何编写代码,但它们不是主要工作流程的一部分
dummy = ['a', 'b', 'c']
print(dummy[::-1])
```

但即使是这些单元也显示了它们的输出。

输出:

```
['c', 'b', 'a']
```

根据相应的图标，我使用旁白来交流各种内容：

警告：潜在的**问题**或需要**注意**的事项。

提示：我真正希望您**记住**的关键内容。

信息：需要**注意**的重要信息。

技术性：**参数化**或**算法内部工作**的技术方面。

问和答：问自己**问题**(假装是您，即读者)，并在同一个区域或不久之后回答。

讨论：关于一个概念或主题的简短讨论。

稍后：稍后将详细介绍的重要主题。

趣闻：笑话、双关语、备忘录、电影中的台词。

下一步是什么？

是时候使用**设置指南**为您的学习之旅**设置**环境了。
扩展阅读
文中提到的阅读资料(网址)请读者按照本书封底的说明方法自行下载。

设置指南

官方资料库

本书的官方资料库在 GitHub 上，https://github.com/dvgodoy/PyTorchStepByStep。

它包含了本书中**每一章**的 **Jupyter Notebook**。每个 Notebook 都包括相应章节中所显示的**所有代码**，您应该能够**按顺序运行其代码**以获得**相同的输出**，如书中所示。我坚信，能够**重现结果**会给读者带来**信心**。

环境

您有**三种方法**可以用来运行 Jupyter Notebook：

- 谷歌 Colab（https://colab.research.google.com）。
- Binder（https://mybinder.org/）。
- 本地安装。

下面简单讨论一下每种方法的**优缺点**。

▶ 谷歌 Colab

谷歌 Colab"允许您在浏览器中编写和执行 Python、零配置、免费访问 GPU 和轻松共享"[15]。

您可以使用 Colab 的特殊网址（https://colab.research.google.com/github/）**直接从 GitHub 轻松加载 Notebook**。只需输入 GitHub 的用户或组织（如我的 dvgodoy），它就会显示所有公共资料库的列表（如本书的 PyTorchStepByStep）。

在选择一个资源库后，同时会列出可用的 Notebook 和相应的链接，以便在一个新的浏览器标签中打开它们（如图 00.1 所示）。

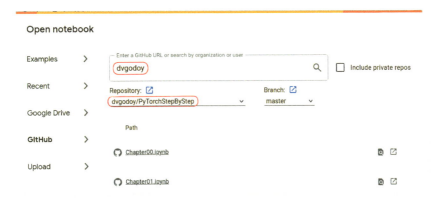

图 00.1　谷歌 Colab 的特殊网址

您还可以使用 **GPU**，这对于**更快**地训练深度学习模型非常有用。更重要的是，如果您对 Notebook 进行**更改**，谷歌 Colab 将会**保留这些更改**。整个设置非常方便，我能想到的**缺点**是：
- 需要**登录**谷歌账户。
- 需要(重新)安装不属于谷歌 Colab 默认配置的 Python 软件包。

▶ Binder

Binder"允许您创建可由许多远程用户共享和使用的自定义计算环境"[16]。

您也可以**直接从 GitHub 加载 Notebook**，但过程略有不同。Binder 会创建一个类似于"虚拟机"的东西(从技术上讲，它是一个容器，但我们暂且不论)，复制资料库并启动 Jupyter。这允许您在浏览器中访问 **Jupyter 的主页**，就像您在本地运行它一样，但一切都在 JupyterHub 服务器上运行。

只需访问 Binder 的网站(https://mybinder.org/)，并输入您想要浏览的 GitHub 资料库网址(如 https://github.com/dvgodoy/PyTorchStepByStep)，然后单击 **launch**(启动)按钮。构建映像并打开 Jupyter 的主页需要几分钟时间(如图 00.2 所示)。

图 00.2　Binder 的主页

您也可以通过链接直接**启动**本书资源库的 **Binder**，即 https://mybinder.org/v2/gh/dvgodoy/PyTorchStepByStep/master。

使用 Binder 非常方便，因为它**不需要任何类型的预先设置**。任何成功运行环境所需的 Python 软件包都可能在启动过程中被安装(如果由资料库的作者提供的话)。

另一方面，启动可能**需要一些时间**，并且在会话过期后它**不会保留您的修改**(因此，请确保**下载**您修改过的任何 Notebook)。

▶ 本地安装

该方法将为您提供更大的灵活性，但设置起来需要花费更多的时间。我提倡您尝试设置自己的环境。起初可能看起来令人生畏，但您肯定可以通过以下 7 个简单步骤完成它：

清　单

- □ 1. 安装 **Anaconda**。
- □ 2. 创建并激活一个**虚拟环境**。
- □ 3. 安装 **PyTorch** 软件包。
- □ 4. 安装 **TensorBoard** 软件包。
- □ 5. 安装 **GraphViz** 软件和 **TorchViz** 软件包(**可选**)。
- □ 6. 安装 **git** 并**复制**资料库。
- □ 7. 启动 **Jupyter** Notebook。

1. Anaconda

如果您还没有安装 **Anaconda 个人版**[17]，那么这将是安装它的好时机——这是一种方便的开始方式——因为它包含了数据科学家开发和训练模型所需要的大部分 Python 库。

请按照所属操作系统的**安装说明**进行相应操作：

- Windows(https：//docs.anaconda.com/anaconda/install/windows/)。
- macOS(https：//docs.anaconda.com/anaconda/install/mac-os/)。
- Linux(https：//docs.anaconda.com/anaconda/install/linux/)。

 确保您选择的是 **Python 3.x** 版本，因为 Python 2.x 已于 2020 年 1 月不再提供错误修复版或安全更新。

安装 Anaconda 之后，就可以创建环境了。

2. Conda(虚拟)环境

虚拟环境是隔离与不同项目相关的 Python 安装的便捷方式。

 "环境是什么？"

它几乎是 **Python 本身及其部分**(**或全部**)**库的复制**，因此，您最终会在计算机上安装多个 Python。

 您可能想知道："为什么我不能只安装一个 Python 来完成所有工作？"

有这么多独立开发的 Python **库**，每个库都有不同的版本，每个版本都有不同的**依赖关系**(对其他库)，**事情很快就会失控**。

讨论这些问题超出了本书的范围，但请相信我的话(或者通过网络搜寻答案)，如果您养成了**为每个项目创建不同环境的习惯**，将会受益匪浅。

 "我该如何创建一个环境？"

首先，您需要为自己的环境选择一个**名称**，称之为 pytorchbook（或其他任何您觉得容易记住的名称）。然后，您需要打开**终端**（在 Ubuntu 中）或 **Anaconda Prompt**（在 Windows 或 macOS 中），再输入以下命令：

```
$ conda create -n pytorchbook anaconda
```

上面的命令创建了一个名为 pytorchbook 的 Conda 环境，并在其中包含了**所有 Anaconda 软件包**（此时该喝杯咖啡了，因为这需要一段时间……）。如果您想了解有关创建和使用 Conda 环境的更多信息，请查看 Anaconda 的管理环境用户指南[18]。

环境创建完成了吗？很好，现在是**激活它**的时候了。也就是说，让 **Python 安装**成为现在要使用的环境。在同一个终端（或 Anaconda Prompt）中，只要键入以下命令：

```
$ conda activate pytorchbook
```

您看到的提示应该是这样的（如果您使用的是 Linux）：

```
(pytorchbook) $
```

或者像这样（如果您使用的是 Windows）：

```
(pytorchbook) C:\>
```

完成了，您现在正在使用一个**全新的 Conda 环境**。您需要在每次打开新终端时**激活它**，或者如果您是 Windows 或 macOS 用户，可以打开相应的 Anaconda Prompt［在我们的例子中，它将显示为 **Anaconda Prompt（pytorchbook）**］，这将从一开始就激活它。

重要提示：从现在开始，我假设您每次打开终端/Anaconda Prompt 时都会激活 pytorchbook 环境，进一步的安装步骤**必须**在这个环境中执行。

3. PyTorch

这里仅仅是以防您略过介绍，为了吸引您，我说 PyTorch 是最酷的**深度学习框架**之一。

它是"一个开源机器学习框架，加速了从研究原型到生产部署的过程"[19]。听起来不错，对吗？嗯，在这一点上我可能不需要说服您。

是时候安装"节目的明星"了，可以直接从**本地启动**（https://pytorch.org/get-started/locally/），它会自动选择最适合您的本地环境，并显示要**运行的命令**（如图 00.3 所示）。

下面给出其中的一些选项。

- PyTorch 构建：始终选择**稳定**版本。
- 软件包：假设您使用的是 **Conda**。
- 语言：很明显，是 **Python**。

因此，剩下两个选项：**您的操作系统和 CUDA**。

"CUDA 是什么？"您问。

设置指南

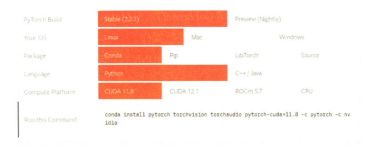

图 00.3 PyTorch 的本地启动

使用 GPU/CUDA

CUDA"是英伟达（NVIDIA）公司为在图形处理单元（GPU）上进行通用计算而开发的一个并行计算平台和编程模型"[20]。

如果您的计算机中有 **GPU**（可能是 GeForce 显卡），则可以利用它的强大功能来训练深度学习模型，速度比使用 CPU **快得多**。在这种情况下，您应该选择安装包含支持 CUDA 的 PyTorch。

但这还不够，如果您还没有这样做，则需要安装最新的驱动程序、CUDA 工具包和 CUDA 深度神经网络库（cuDNN）。关于 CUDA 更详细的安装说明不在本书的范围之内，感兴趣的读者可查阅相关资料。

使用 GPU 的**优势**在于，它允许您**更快地迭代**，并**尝试更复杂的模型和更广泛的超参数**。

就我而言，我使用 **Linux**，并且有一个安装了 CUDA 11.8 版的 **GPU**，所以我会在**终端**中运行以下命令（在激活环境后）：

```
(pytorchbook) $ conda install pytorch torchvision torchaudio pytorch-cuda=11.8 -c pytorch -c nvidia
```

使用 CPU

如果您**没有 GPU**，则应为 CUDA 选择 **None**。

"我可以在**没有** GPU 的情况下运行代码吗？"您问。

当然可以。本书中的代码和示例旨在让**所有读者**都能迅速理解它们。一些示例可能需要更多的计算能力，但也仅涉及 CPU 被占用的那**几分钟**，而不是几小时。如果您没有 GPU，**请不要担心**。此外，如果您需要使用 GPU 一段时间，可以随时使用谷歌 Colab。

如果我有一台 **Windows** 计算机，并且**没有 GPU**，我将不得不在 **Anaconda Prompt**（**pytorchbook**）中

.11

运行以下命令：

```
(pytorchbook) C:\> conda install pytorch torchvision torchaudio cpuonly -c pytorch
```

安装 CUDA

CUDA：为 GeForce 显卡、NVIDIA 的 cuDNN 和 CUDA 工具包等安装驱动程序可能具有挑战性，并且高度依赖您拥有的型号和使用的操作系统。

1）要安装 GeForce 的驱动程序，请访问 GeForce 的网站（https://www.geforce.com/drivers），选择您的操作系统和显卡型号，然后按照安装说明进行操作。

2）要安装 NVIDIA 的 CUDA 深度神经网络库（cuDNN），您需要在 https://developer.nvidia.com/cudnn 上注册。

3）对于安装 CUDA 工具包（https://developer.nvidia.com/cuda-toolkit），请按照您操作系统的提示，选择一个本地安装程序或可执行文件。

macOS：如果您是 macOS 用户，请注意 PyTorch 的二进制文件**不支持 CUDA**，这意味着如果想使用 GPU，则需要**从源代码**安装 PyTorch。这是一个有点复杂的过程（如 https://github.com/pytorch/pytorch#from-source 中所述），所以，如果您不喜欢它，可以选择**不使用 CUDA**，仍然能够执行本书中的代码。

4. TensorBoard

TensorBoard 是 TensorFlow 的**可视化工具包**，它"提供了机器学习实验所需的可视化和工具"[21]。

TensorBoard 是一个强大的工具，即使我们在 PyTorch 中开发模型也可以使用它。幸运的是，无需安装整个 TensorFlow 即可获得它，您可以使用 **Conda** 轻松地**单独安装 TensorBoard**。您只需要在**终端**或 **Anaconda Prompt** 中运行如下命令（同样，在激活环境后）：

```
(pytorchbook) $ conda install -c conda-forge tensorboard
```

5. GraphViz 和 TorchViz（可选）

此步骤是可选的，主要是因为 GraphViz 的安装有时可能具有**挑战性**（尤其是在 Windows 上）。如果由于某种原因，您无法正确安装它，或者如果您决定跳过此安装步骤，仍然**可以执行本书中的代码**（除了第 1 章动态计算图部分中生成模型结构图像的两个单元外）。

GraphViz 是一个开源的图形可视化软件。它是"一种将结构信息表示为抽象图和网络图的方法"[22]。

只有在安装 GraphViz 后才能使用 **TorchViz**，它是一个简洁的软件包，能够可视化模型的结构。请在 https://www.graphviz.org/download/ 中查看相应操作系统的**安装说明**。

如果您使用的是 Windows，请使用 **GraphViz 的 Windows 软件包**安装程序，网址是 https://graphviz.gitlab.io/_pages/Download/windows/graphviz-2.38.msi。

> 您还需要将 GraphViz 添加到 Windows 中的 PATH(环境变量)。最有可能的是,可以在 C:\ProgramFiles(x86)\Graphviz2.38\bin 中找到 GraphViz 可执行文件。找到它后,需要相应地设置或更改 PATH,才能将 GraphViz 的位置添加到其中。
>
> 有关如何执行此操作的更多详细信息,请参阅"How to Add to Windows PATH Environment Variable"[23]。

有关其他信息,您还可以查看"How to Install Graphviz Software"[24]。

在安装 GraphViz 之后,就可以安装 **TorchViz**[25] 软件包了。这个软件包**不是** Anaconda 发行库[26]的一部分,只在 Python 软件包索引 **PyPI**[27] 中可用,所以需要用 pip 安装它。

再次打开**终端**或 **Anaconda Prompt**,并运行如下命令(在激活环境后):

```
(pytorchbook) $ pip install torchviz
```

要检查 GraphViz/TorchViz 的安装情况,可以尝试下面的 Python 代码:

```
(pytorchbook) $ python

Python 3.9.0 (default, Nov 15 2020, 14:28:56)
[GCC 7.3.0] :: Anaconda, Inc. on linux
Type "help", "copyright", "credits" or "license" for more information.
>>> import torch
>>> from torchviz import make_dot
>>> v = torch.tensor(1.0, requires_grad=True)
>>> make_dot(v)
```

如果一切**正常**,应该会看到如下内容:

输出:

```
<graphviz.dot.Digraph object at 0x7ff540c56f50>
```

如果收到任何类型的**错误**(下面的错误很常见),则意味着 GraphViz 仍然存在一些**安装问题**。

输出:

```
ExecutableNotFound: failed to execute ['dot', '-Tsvg'], make sure the Graphviz executables are on your systems' PATH
```

6. git

下面向您介绍版本控制及其主流的工具 git,这部分内容远远超出了本书的范围。如果您已经熟悉了,可以跳过这一部分。否则,我建议您应了解更多信息,这**肯定**会对您以后有所帮助。同时,我将向您展示最基本的内容,因此您可以使用 git 来**复制**包含本书中使用的所有代码的**资料库**,并获得**自己的本地副本**,以便根据需要进行修改和实验。

首先,您需要安装它。因此,请前往其下载页面(https://git-scm.com/downloads),并按照适配您操作系统的说明进行操作。安装完成后,请打开一个**新的终端**或 **Anaconda Prompt**(关闭之前的就可以了)。在新终端或 Anaconda **Prompt** 中,应该能够**运行 git 命令**。

要复制本书的资料库,只需要运行如下命令:

```
(pytorchbook) $ git clone https://github.com/dvgodoy/PyTorchStepByStep.git
```

上面的命令将创建一个 PyTorchStepByStep 文件夹，其中包含 GitHub 资料库中所有可用内容的本地副本。

Conda 安装与 pip 安装

尽管它们乍一看似乎相同，但在使用 Anaconda 及其虚拟环境时，您应该更**喜欢 Conda 安装**而不是 **pip 安装**。原因是 Conda 安装对活动虚拟环境敏感：该软件包将仅为该环境安装。如果您使用 pip 安装，而 pip 本身没有安装在活动环境中，那么它将退回到**全局** pip，您肯定**不希望**这样。

为什么不呢？还记得我在虚拟环境一节中提到的**依赖关系**问题吗？这就是原因。Conda 安装程序假设它处理其资料库中的所有软件包，并跟踪它们之间复杂的依赖关系网络(要了解更多信息，请查看[28])。

要了解更多有关 Conda 和 pip 之间的差异信息，请阅读"Understanding Conda and Pip"[29]。

作为一条规则，首先尝试 Conda **安装**一个指定的软件包，只有当它不存在时，才退回到 pip 安装，正如对 **TorchViz** 所做的那样。

7. Jupyter

复制资料库后，导航到 PyTorchStepByStep 文件夹，**一旦进入该文件夹**，只需要在终端或 Anaconda Prompt 上**启动 Jupyter**，命令如下：

```
(pytorchbook) $ jupyter notebook
```

运行命令后，将打开您的浏览器，会看到 **Jupyter 的主页**，其中包含资源库的 Notebook 和代码(如图 00.4 所示)。

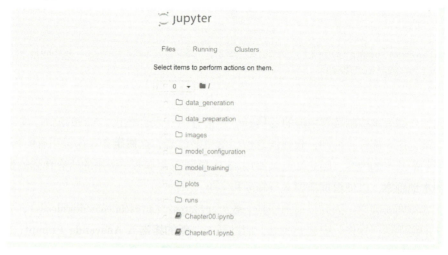

图 00.4　**Jupyter 的主页**

继续

不管您选择了三种环境中的哪一种，现在已经准备好继续前进了，**一步步**开发自己的第一个 PyTorch 模型吧。

扩展阅读

文中提到的阅读资料（网址）请读者按照本书封底的说明方法自行下载。

第 8 章

序 列

第 8 章

序　列

 剧透

在本章，将：

- 了解**序列数据**的特征并生成我们自己的数据。
- 了解**循环层的内部工作原理**。
- 构建和训练模型以执行**序列的分类**。
- 了解**隐藏状态**作为**序列表示**的重要性。
- 可视化从序列开始到结束的**隐藏状态的过程**。
- 使用**填充**和**打包**技术以及**整理函数**进行**长度可变序列**的预处理。
- 了解如何在序列数据上使用**一维卷积**。

 Jupyter Notebook

与第 8 章相对应的 Jupyter Notebook[131] 是 GitHub 上官方"**Deep Learning with PyTorch Step-by-Step**"资料库的一部分。您也可以直接在**谷歌 Colab**[132]中运行它。

如果您使用的是**本地安装**，请打开您的终端或 Anaconda Prompt，导航到您从 GitHub 复制的 PyTorchStepByStep 文件夹。然后，**激活** pytorchbook 环境并运行 Jupyter Notebook：

```
$conda activate pytorchbook
```

```
(pytorchbook) $ jupyter notebook
```

如果您使用的是 Jupyter 的默认设置，这个链接(http://localhost：8888/notebooks/Chapter08.ipynb)应该会打开第 8 章的 Notebook。如果没有，只需单击 Jupyter 主页中的 Chapter08.ipynb。

 导入

为了便于组织，在任何一章中使用的代码所需的库都在其开始时导入。在本章，需要以下的导入：

```
import numpy as np

import torch
import torch.optim as optim
import torch.nn as nn
import torch.nn.functional as F
from torch.utils.data import DataLoader, Dataset, random_split, TensorDataset
from torch.nn.utils import rnn as rnn_utils

from data_generation.square_sequences import generate_sequences
from stepbystep.v4 import StepByStep
```

·17

序列

在本套丛书的第三卷,将深入探讨一种新的输入:**序列**!到目前为止,每个数据点都被认为是独立存在的,也就是说,每个数据点都有一个自己的标签。手的图像仅根据其像素值被分类为"石头""剪刀"或"布",而不需要关注其他图像的像素值。这种情况**不会**再出现了。

在序列问题中,**有序的数据点序列共享一个标签**——强调是**有序的**。

   "为什么**有序**这么重要?"

如果数据点**没有排序**,即使它们共享一个标签,也**不是序列**,而是数据点的**集合**。

考虑一个稍微牵强的例子:带有打乱像素的灰度图像。每个像素都有一个值,但**单独的像素没有标签**。它是**打乱像素的集合**,即打乱的图像,具有**一个标签**:鸭子、狗或猫(当然是在打乱像素之前的标签)。

在打乱之前,像素是**有序的**,也就是说,它们具有底层的二维结构。卷积神经网络可以利用这种结构:围绕图像移动的内核查看中心的像素及其所有相邻像素的维度、高度和宽度。

但是,如果底层结构**只有一个维度**,那它就是一个**序列**。这种特殊的结构可以被**循环神经网络**(**RNN**)及其许多变体以及**一维卷积神经网络**所利用,它们构成了本章的主题。

序列问题主要有两种类型:**时间序列**和**自然语言处理**(**NLP**)。从生成一个合成数据集开始,并用它来说明**循环神经网络**、**编码器-解码器**模型、**注意力机制**甚至 **Transformer** 的**内部工作原理**。只有这样才能进入自然语言处理部分。

我选择遵循这一系列主题,是因为我发现在使用二维数据集时培养直觉(并产生有意义的可视化)要比 100 维单词嵌入更容易。

▶▶ 数据生成

我们的数据点是**二维的**,因此可以将它们可视化为图像,并且是**有序的**,因此它们是一个**序列**。要画的是正方形,如图 8.1 所示,每个正方形都有 **4 个角**,每个角都分配有一个**字母**和一种**颜色**。左下角是 **A** 和**灰色**,右下角是 **D** 和**红色**,以此类推。

四个角的**坐标**(x_0, x_1)是我们的**数据点**。这个"完美"正方形的坐标如图 8.1 所示:A = (-1, -1),B = (-1, 1),C = (1, 1),D = (1, -1)。当然,将生成一个充满**噪声的正方形**的数据集,每个正方形的角都围绕这些完美坐标。

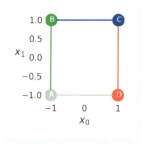

图 8.1 彩色正方形

现在,需要给每一个**数据点(角)**序列一个**标签**:假设可以从**任意一个角**开始画一个正方形,并且在任何时候**都不需要把笔抬起来画**,可以选择**顺时针**或**逆时针**画。这些是标签,如图 8.2 所示。

由于要从四个角开始,并且要沿着两个方向绘图,因此实际上有 8 种可能的序列,如图 8.3 所示。

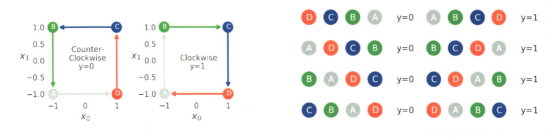

图 8.2　绘图方向　　　　　　　　　　　图 8.3　可能的角序列

我们的任务是针对**角序列进行分类:它是按顺时针方向绘制的吗**?这是一个熟悉的二元分类问题!

生成 128 个带有随机噪声的正方形:

数据生成

```
points, directions = generate_sequences(n=128, seed=13)
```

然后可视化前 10 个正方形,如图 8.4 所示:

```
fig = plot_data(points, directions)
```

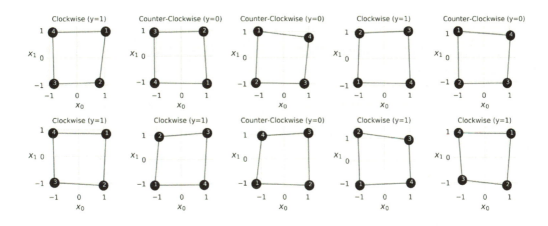

图 8.4　序列数据集

角显示它们被绘制的**顺序**。在第一个正方形中,绘图**从右上角**(对应蓝色 C 角)**开始**,**顺时针方向**(对应 CDAB 序列)。

　　在第 9 章,将使用**前两个角**来预测**另外两个角**,因此模型**不仅需要学习方向,还需要学习坐标**。构建一个**序列到序列**的模型,它将使用一个序列来预测另一个序列。

目前，我们正努力对给定正方形的 4 个数据点的**方向进行分类**。但是，首先，需要介绍循环神经网络。

循环神经网络（RNN）

循环神经网络非常适合处理**序列**问题，因为它利用了数据的**底层结构**，即**数据点的顺序**。我们将详细了解依次呈现给循环神经网络的**数据点是如何修改 RNN 内部（隐藏）状态的**，而这种状态最终将成为**完整序列的表示**。

剧透警告：循环神经网络都是关于**产生最能代表序列的隐藏状态**。

"但究竟什么是隐藏状态？"

好问题！隐藏状态只是一个**向量**。向量的大小取决于您。真的。您需要指定**隐藏维度**的数量，这意味着您可以指定表示隐藏状态的向量的大小。例如，创建一个**二维的隐蔽状态**：

```
hidden_state = torch.zeros(2)
hidden_state
```

输出：

```
tensor([0., 0.])
```

很快就会看到，这实际上是**初始隐藏状态**的一个很好的例子。但是，在开启通过 RNN 深入了解隐藏状态的旅程之前，看一下它的顶层表示，如图 8.5 所示。

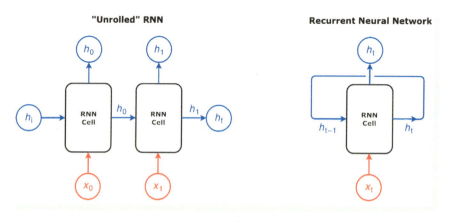

图 8.5 RNN 的顶层表示

如果您曾经见过代表 RNN 的图形，可能会碰到图 8.5 所描述的两个版本之一："未卷起"或"卷起"。**未卷起**显示了**两个数据点的序列**被送入一个 RNN。可以通过 **5 个简单的步骤**来描述 RNN 内部的信息流：

1）有一个**初始隐藏状态**（h_i），代表**空序列的状态**，通常用**零来初始化**（就像前面创建的那样）。

2）RNN 单元有**两个输入**：表示到目前为止序列状态的**隐藏状态**，以及来自序列的数据点（如给定正方形的一个角的坐标）。

3）两个输入用于**产生一个新的隐藏状态**（第一个数据点为h_0），表示**序列的更新状态**，因为有一个新的点被呈现给它。

4）新的隐藏状态既是**当前步的输出**，也是**下一步的输入之一**。

5）如果**序列中还有另一个数据点**，则返回**步骤 2**）；如果不是，最后的**隐藏状态**（上图中的h_1）也是整个 RNN 的**最终隐藏状态**（h_f）。

由于**最终的隐藏状态**是**完整序列**的表示，这就是用作**分类器**的特征。

 在某种程度上，这与使用卷积神经网络（CNN）的方式没有太大区别：CNN 将像素通过多个卷积块（卷积层+池化+激活）运行，并在最后将它们展平为一个向量，以此作为分类器的特征。在这里，通过 RNN 单元运行一系列数据点，并使用最终的隐藏状态（也是一个向量）作为分类器的特征。

但是，CNN 和 RNN 之间有一个**根本的区别**：虽然有几个**不同的卷积层**，每个都学习自己的滤波器，但 **RNN 单元是相同的**。从这个意义上说，"未卷起"的表示方式具有误导性，即看起来每个输入都被送入到不同的 RNN 单元，但事实并非如此。

 RNN 中实际只有**一个单元**，它将学习一组特定的权重和偏差，并且**会在序列的每一步中以完全相同的方式转换输入**。如果这对您来说还没有完全理解，请不要担心，我保证很快就会变得更加清晰，尤其是在"隐藏状态之旅"部分。

▶ RNN 单元

看一下 RNN 单元的一些内部结构，如图 8.6 所示。

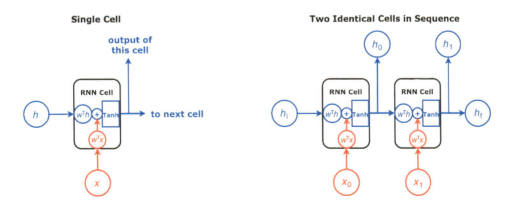

图 8.6　RNN 单元的内部结构

在图 8.6 的左侧，有**一个 RNN 单元**。它具有 **3 个主要组成部分**：

- 一个**线性层**，用于转换**隐藏状态**(蓝色)。
- 一个**线性层**，用于**从序列中转换数据点**(红色)。
- **激活函数**，通常是双曲正切(Tanh)，应用于**两个变换后的输入之和**。

也可以将它们表示为等式：

$$\text{RNN}: t_h = W_{hh} h_{t-1} + b_{hh}$$
$$t_x = W_{ih} x_t + b_{ih}$$
$$h_t = \tanh(t_h + t_x)$$

式 8.1-RNN

这里选择将等式拆分为更小的、彩色的部分，以突出一个事实，即这些是简单的线性层，产生**转换的隐藏状态**(t_h)和**转换的数据点**(t_x)。更新后的隐藏状态(h_t)既是该特定单元的输出，也是"下一个"单元的输入之一。

但是**没有其他单元**，真的，它只是**重复着同一个单元**，如图 8.6 的右侧所示。因此，在序列的第二步中，更新后的隐藏状态将通过与初始隐藏状态**相同的线性层**。第二个数据点也是如此。考虑到这一点，**没有"未卷起"**的表示方式是对 RNN 内部结构的更好描述。

更**深入**地研究 RNN 单元的内部结构，并从**神经元层面**去看，如图 8.7 所示。

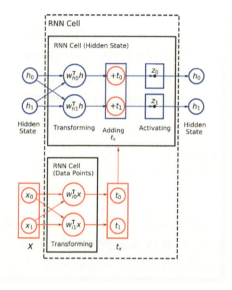

图 8.7 神经元层面的 RNN 单元

由于可以选择隐藏维度的数量，所以我选择了**二维**，只是因为我希望能够轻松地**可视化结果**。因此，**两个蓝色神经元**正在转换隐藏状态。

红色神经元的数量**必然**与选择的**隐藏维度数量相同**，因为需要将两个转换后的输出相加。但这**并不意味着数据点**必须具有**相同的维数**。

巧合的是，数据点有**两个坐标**，但即使有 25 个维度，这 25 个特征**仍然**会被两个红色神经元映射成**二维**。

剩下的唯一操作是激活函数，很可能是双曲正切，它将产生更新的隐藏状态。

"为什么是双曲正切？ReLU 不是更好的激活函数吗？"

双曲正切在这里具有"竞争优势"，因为它将特征空间映射到明确定义的边界：区间(-1, 1)。这保证了在序列的每一步，**隐藏状态总是在这些边界内**。鉴于**只有一个线性层被用来转换隐藏状态**，无论它被用于序列的哪一步，让它的值在可预测的范围内绝对是方便的。我们将在"隐藏状态之旅"部分中再讨论这个问题。

现在，看看 RNN 单元在代码中是如何工作的：使用 PyTorch 的 nn.RNNCell 创建一个单元，并将其**分解**成组件，以手动重现**更新隐藏状态**所涉及的所有步骤。要创建一个单元，需要告诉它 input_size（数据点中的特征数量）和 hidden_size（表示隐藏状态的向量的大小）。也可以告诉它不要添加偏差，并使用 ReLU 代替 Tanh，但坚持使用默认值。

```
n_features = 2
hidden_dim = 2

torch.manual_seed(19)
rnn_cell = nn.RNNCell(input_size=n_features, hidden_size=hidden_dim)
rnn_state = rnn_cell.state_dict()
rnn_state
```

输出：

```
OrderedDict([('weight_ih', tensor([[ 0.6627, -0.4245], [ 0.5373, 0.2294]])),
             ('weight_hh', tensor([[-0.4015, -0.5385], [-0.1956, -0.6835]])),
             ('bias_ih', tensor([0.4954, 0.6533])),
             ('bias_hh', tensor([-0.3565, -0.2904]))])
```

张量 weight_ih 和 bias_ih（i 代表输入——数据）对应于图 8.7 中的**红色神经元**，而张量 weight_hh 和 bias_hh（h 代表隐藏）对应于**蓝色神经元**。可以使用这些权重来创建**两个线性层**：

```
linear_input = nn.Linear(n_features, hidden_dim)
linear_hidden = nn.Linear(hidden_dim, hidden_dim)

with torch.no_grad():
    linear_input.weight = nn.Parameter(rnn_state['weight_ih'])
    linear_input.bias = nn.Parameter(rnn_state['bias_ih'])
    linear_hidden.weight = nn.Parameter(rnn_state['weight_hh'])
    linear_hidden.bias = nn.Parameter(rnn_state['bias_hh'])
```

现在，逐步了解 RNN 单元的机制。这一切都从表示**空序列的初始隐藏状态**开始：

```
initial_hidden = torch.zeros(1, hidden_dim)
initial_hidden
```

输出：

```
tensor([[0., 0.]])
```

然后使用**两个蓝色神经元**，即通过 linear_hidden 层来**转换隐藏状态**：

```
th = linear_hidden(initial_hidden)
th
```

输出：

```
tensor([[-0.3565, -0.2904]], grad_fn=<AddmmBackward>)
```

很好！现在，看一下数据集中的**一系列数据点**：

```
X = torch.as_tensor(points[0]).float()
X
```

输出：

```
tensor([[ 1.0349, 0.9661],
        [ 0.8055, -0.9169],
        [-0.8251, -0.9499],
        [-0.8670, 0.9342]])
```

正如预期的那样，得到 4 个数据点，每个点有两个坐标。第一个数据点[1.0349，0.9661]对应于正方形的右上角，利用 linear_input 层(**两个红色神经元**)对其进行转换：

```
tx = linear_input(X[0:1])
tx
```

输出：

```
tensor([[0.7712, 1.4310]], grad_fn=<AddmmBackward>)
```

好了，得到了 t_x 和 t_h。把它们加在一起：

```
adding = th + tx
adding
```

输出：

```
tensor([[0.4146, 1.1405]], grad_fn=<AddBackward0>)
```

添加 t_x 的效果类似于添加偏差的效果：它有效地将**转换**后的隐藏状态向右(0.7712)和向上(1.4310)平移。

最后，双曲正切激活函数将特征空间"压缩"回(-1, 1)区间：

```
torch.tanh(adding)
```

输出：

```
tensor([[0.3924, 0.8146]], grad_fn=<TanhBackward>)
```

这是更新后的**隐藏状态**。

现在，进行一次快速的完整性检查，将相同的输入提供给原始 RNN 单元：

```
rnn_cell(X[0:1])
```

输出：

```
tensor([[0.3924, 0.8146]], grad_fn=<TanhBackward>)
```

太好了，数值相符。

还可以**可视化**这一系列操作，假设每个隐藏空间"生活"在由双曲正切给出的边界所界定的特征空间中。因此，初始隐藏状态(0, 0)位于该特征空间的中心，如图 8.8 最左侧的图所示。

图 8.8 的第二幅图中描述了**转换后的隐藏状态**(linear_hidden 的输出)，它经历了**仿射变换**，中心的点对应的是 t_h。在第三幅图中，可以看到**添加 t_x**(linear_input 的输出)的效果，整个特征空间被向右上方**平移**。然后，在最右边的图中，**双曲正切**发挥了魔力，使整个特征空间**回到(-1, 1)范围内**。那是隐藏状态之旅的**第一步**。在训练模型之后，我们将使用完整的序列再次执行此操作。

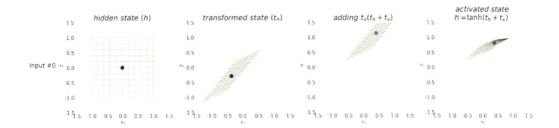

图 8.8 隐藏状态的演变

是时候将**完整的序列**输入到 RNN 单元了，对吧？您也可能很想这样做：

```
# WRONG!
rnn_cell(X)
```

输出：

```
tensor([[ 0.3924, 0.8146],
        [ 0.7864, 0.5266],
        [-0.0047, -0.2897],
        [-0.6817, 0.1109]], grad_fn=<TanhBackward>)
```

这个结果是**错误**的！请记住，RNN 单元有**两个输入**：一个隐藏状态和一个数据点。

 "那隐藏状态在哪里？"

这正是问题所在！如果未提供，则默认为对应于初始隐藏状态的零。因此，上面的调用**不是**处理**一个序列的四个步骤**，而是处理**假设为四个序列的第一步**。

为了在序列中有效地使用 RNN 单元，需要**遍历数据点**并**在每一步提供更新的隐藏状态**：

```
hidden = torch.zeros(1, hidden_dim)
for i in range(X.shape[0]):
    out = rnn_cell(X[i:i+1], hidden)
    print(out)
    hidden = out
```

输出：

```
tensor([[0.3924, 0.8146]], grad_fn=<TanhBackward>)
tensor([[ 0.4347, -0.0481]], grad_fn=<TanhBackward>)
tensor([[-0.1521, -0.3367]], grad_fn=<TanhBackward>)
tensor([[-0.5297, 0.3551]], grad_fn=<TanhBackward>)
```

这才是正确的结果！最后一个隐藏状态（-0.5297, 0.3551）是完整序列的表示。

图 8.9 描述了上述循环在神经元层面的样子。在其中，您可以轻松地看到我所说的"隐藏状态之旅"：它被多次**转变**、**换算**（添加输入）和**激活**。此外，您还可以看到**数据点是独立转换的**——模型将学习到转换它们的最佳方式。我们将在训练模型后再来讨论这个问题。

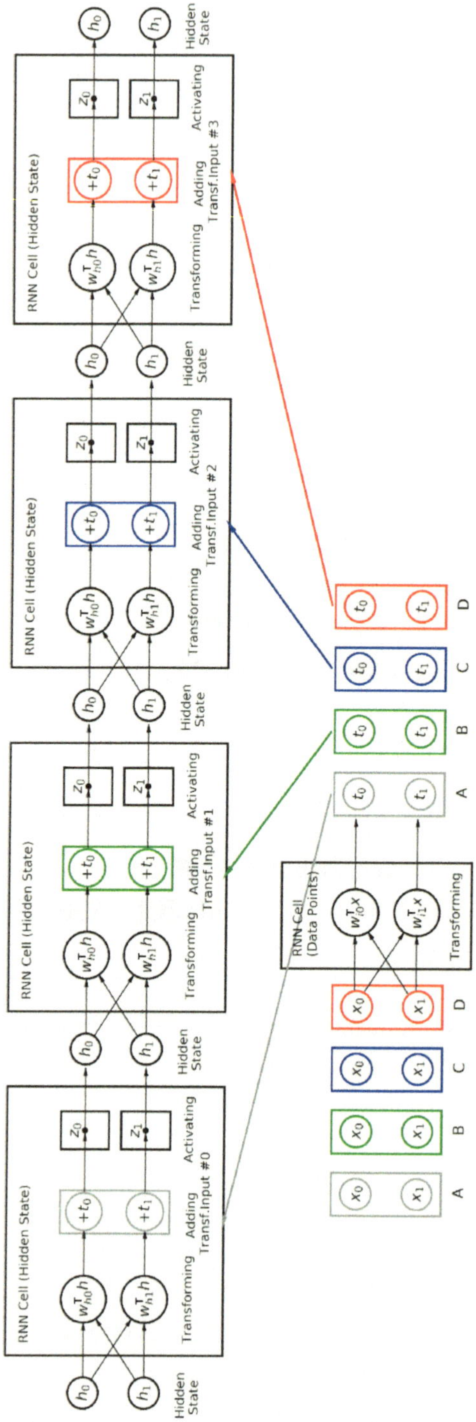

图 8.9 序列中的多个单元

这时候,您可能会想:

"循环处理一个序列中的数据点,看起来工作量很大!"

您说得很对!与其使用 RNN 单元,不如使用成熟的 RNN 层。

无论输入序列有多长,nn.RNN 层都可以处理隐藏状态。这是在模型中实际使用的层。我们已经了解了其单元的内部工作原理,但成熟的 RNN 提供了**更多选项**(例如堆叠和双向层)以及**关于输入和输出形状的一个棘手问题**。

看一下 RNN 的参数:
- input_size:它是序列的每个数据点中的特征数。
- hidden_size:它是您想要使用的隐藏维度的数量。
- bias:就像任何其他层一样,它包括等式中的偏差。
- nonlinearity:默认情况下,使用双曲正切,但您也可以根据需要将其更改为 ReLU。

上面的 4 个参数与 RNN 单元中的完全一样。所以可以像这样轻松地创建一个成熟的 RNN:

```
n_features = 2
hidden_dim = 2

torch.manual_seed(19)
rnn = nn.RNN(input_size=n_features, hidden_size=hidden_dim)
rnn.state_dict()
```

输出:

```
OrderedDict([('weight_ih_l0', tensor([[ 0.6627, -0.4245], [ 0.5373, 0.2294]])),
             ('weight_hh_l0', tensor([[-0.4015, -0.5385], [-0.1956, -0.6835]])),
             ('bias_ih_l0', tensor([0.4954, 0.6533])),
             ('bias_hh_l0', tensor([-0.3565, -0.2904]))])
```

由于种子完全相同,您会注意到**权重**和**偏差**与之前的 RNN 单元具有完全相同的值。唯一的区别在于**参数的名称**:现在它们都用一个"_l0"后缀来表示它们属于**第一**"**层**"。

"**层**是什么意思?RNN 本身不就是层吗?"

是的,RNN 本身可以是模型中的一个层。但它可能有**自己的内部层**!可以使用如下额外的参数来配置它们。

- num_layers:到目前为止一直使用的 RNN 有一个层(默认值),但如果您使用**多个层**,将创建一个**堆叠的 RNN**,并在它自己的部分中看到。
- bidirectional:到目前为止,RNN 一直在处理**从左到右方向**的序列(默认),但是如果您将此参数设置为 True,将创建一个**双向 RNN**,同样会在它自己的部分中看到。

- dropout：在其**内部层之间**引入 RNN **自己的丢弃层**，因此只有在使用**堆叠 RNN** 时才有意义。

我把最好的(实际上是最坏的)留到最后：

- batch_first：文档中声明"如果为 True，则输入和输出张量以(批量、序列、特征)的形式提供"，如果您认为只需将其设置为 True，它就会将所有内容都变成您熟悉的漂亮的张量，其中不同的批量会连接在一起作为它的第一维——那就大错特错了。

"为什么？这有什么问题？"

问题是，您需要非常认真地阅读文档：**只有**输入和输出张量是批量优先的(batch first)，而**隐藏状态永远不会是批量优先的**。这种行为可能会带来很多您需要注意的复杂情况。

▶ 形状

在进行示例之前，看一下 RNN 的预期输入和输出。

- 输入：
  - **输入张量**，包含要通过 RNN 运行的**序列**。
    - 默认形状是**序列优先**(sequence first)的，即(**序列长度**，**批量大小**，**特征数量**)，将其缩写为(**L, N, F**)。
    - 但是如果您选择 batch_first，它会交换前两个维度，然后期望得到一个(**N, L, F**)形状，这可能是您从数据加载器中得到的。
    - 顺便说一下，输入也可以是一个**打包序列**——将在后面的部分中讨论。
  - **初始隐藏状态**，如果未提供则默认为零。
    - 一个简单的 RNN 将有一个形状为(**1, N, H**)的隐藏状态张量。
    - 堆叠 RNN(下一节将详细介绍)将具有形状为(**堆叠层数, N, H**)的隐藏状态张量。
    - 双向 RNN(稍后会详细介绍)将具有形状为(**2×堆叠层数, N, H**)的隐藏状态张量。
- 输出：
  - **输出张量**包含与**序列中所有步骤**的 RNN 单元的输出相对应的**隐藏状态**。
    - 一个简单的 RNN 将有一个形状为(**L, N, H**)的输出张量。
    - 双向 RNN(稍后会详细介绍)将具有形状为(**L, N, 2×H**)的输出张量。
    - 如果您选择 batch_first，它会交换前两个维度，然后它会产生形状(**N, L, H**)的输出。
  - 对应于完整序列表示的**最终隐藏状态**及其形状，遵循与初始隐藏状态相同的规则。

通过创建一个包含 **3 个序列**的"批量"来说明形状的差异，每个序列有 **4 个数据点**(角)，每个数据点有**两个坐标**。它的形状是(**3, 4, 2**)，它是批量优先张量(**N, L, F**)的一个示例，就像您从数据加载器中获得的小批量一样：

```
batch = torch.as_tensor(points[:3]).float()
batch.shape
```

输出：

```
torch.Size([3, 4, 2])
```

由于 RNN 默认使用序列优先，所以可以使用 permute 来显式更改批量的形状以交换前两个维度：

```
permuted_batch = batch.permute(1, 0, 2)
permuted_batch.shape
```

输出：

```
torch.Size([4, 3, 2])
```

现在数据处于"RNN 友好"的形状，可以通过常规 RNN 运行它，以获取两个序列优先的张量：

```
torch.manual_seed(19)
rnn = nn.RNN(input_size=n_features, hidden_size=hidden_dim)
out, final_hidden = rnn(permuted_batch)
out.shape, final_hidden.shape
```

输出：

```
(torch.Size([4, 3, 2]), torch.Size([1, 3, 2]))
```

对于简单的 RNN，**输出的最后一个元素是最终的隐藏状态**！

```
(out[-1] == final_hidden).all()
```

输出：

```
tensor(True)
```

一旦完成了 RNN，就可以将数据**转换回我们熟悉的批量优先的形状**：

```
batch_hidden = final_hidden.permute(1, 0, 2)
batch_hidden.shape
```

输出：

```
torch.Size([3, 1, 2])
```

不过，这似乎需要做很多工作。或者，可以将 RNN 的 batch_first 参数设置为 True，这样就可以使用上面的批量而无需任何修改：

```
torch.manual_seed(19)
rnn_batch_first = nn.RNN(input_size=n_features,
                         hidden_size=hidden_dim,
                         batch_first=True)
out, final_hidden = rnn_batch_first(batch)
out.shape, final_hidden.shape
```

输出：

```
(torch.Size([3, 4, 2]), torch.Size([1, 3, 2]))
```

但是这样会得到这**两个不同的形状**：输出的批量优先(N，L，H)和最终隐藏状态的序列优先(1，N，H)。

一方面，这可能会导致混乱。另一方面，大多数时候我们**不会**处理隐藏状态，而是处理**批量优先输出**。所以，现在可以坚持**批量优先**，当必须处理隐藏状态时，我将再次强调形状的差异。

简而言之，**RNN 的默认行为**是处理具有形状(**L**，**N**，**H**)的张量用于隐藏状态，而(**L**，**N**，**F**)用于数据点序列。除非另有定制，否则数据集和**数据加载器**将生成形状为(**N**，**L**，**F**)的**数据点**。为了解决这种差异，可以使用 batch_first 参数将**输入和输出**都转换为这种**熟悉的批量优先形状**。

▶ 堆叠 RNN

首先，取**一个 RNN** 并为其提供**一系列数据点**。接下来，取**另一个 RNN** 并将**第一个 RNN 产生的输出序列提供给它**。好了，您得到了一个堆叠 RNN，其中每个 RNN 都被认为是堆叠的一个"**层**"。图 8.10 描绘了具有两个"**层**"的堆叠 RNN。

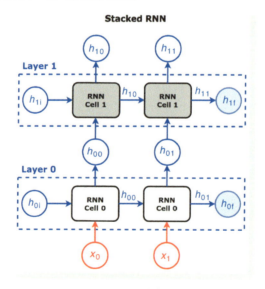

图 8.10　两层的堆叠 RNN

"只有两层？好像不多……"

虽然可能看起来不多，但一个两层堆叠的 RNN 在计算上的开销已经很高了，因为不仅一个单元依赖于前一个单元，而且一个"**层**"也依赖于另一个"**层**"。

每个"层"都以自己的初始隐藏状态开始,并产生**自己的最终隐藏状态**。堆叠 RNN 的输出,即序列每一步的隐藏状态是**最顶层的隐藏状态**。

创建一个包含两层的堆叠 RNN:

```
torch.manual_seed(19)
rnn_stacked = nn.RNN(input_size=2, hidden_size=2, num_layers=2, batch_first=True)
state = rnn_stacked.state_dict()
state
```

输出:

```
OrderedDict([('weight_ih_l0', tensor([[ 0.6627, -0.4245], [ 0.5373, 0.2294]])),
             ('weight_hh_l0', tensor([[-0.4015, -0.5385], [-0.1956, -0.6835]])),
             ('bias_ih_l0', tensor([0.4954, 0.6533])),
             ('bias_hh_l0', tensor([-0.3565, -0.2904])),
             ('weight_ih_l1', tensor([[-0.6701, -0.5811], [-0.0170, -0.5856]])),
             ('weight_hh_l1', tensor([[ 0.1159, -0.6978], [ 0.3241, -0.0983]])),
             ('bias_ih_l1', tensor([-0.3163, -0.2153])),
             ('bias_hh_l1', tensor([ 0.0722, -0.3242]))])
```

从状态字典中可以看到,它有**两组**权重和偏差,每层一组,且每层都由其对应的后缀(_l0和_l1)表示。

现在,创建**两个简单的 RNN**,并使用上面的权重和偏差来相应地设置它们的权重。每个 RNN 将表现为堆叠层中的一层:

```
rnn_layer0 = nn.RNN(input_size=2, hidden_size=2, batch_first=True)
rnn_layer1 = nn.RNN(input_size=2, hidden_size=2, batch_first=True)

rnn_layer0.load_state_dict(dict(list(state.items())[:4]))
rnn_layer1.load_state_dict(dict([(k[:-1]+'0', v)
                                 for k, v in
                                 list(state.items())[4:]]))
```

输出:

```
<All keys matched successfully>
```

现在,从合成数据集中生成**包含一个序列的批量**[因此具有形状(N=1, L=4, F=2)]:

```
x = torch.as_tensor(points[0:1]).float()
```

代表第一层的 RNN 可以像往常一样采用数据点序列:

```
out0, h0 = rnn_layer0(x)
```

第一层产生预期的两个输出:隐藏状态序列(out0)和该层的最终隐藏状态(h0)。
接下来,使用**隐藏状态序列作为下一层的输入**:

```
out1, h1 = rnn_layer1(out0)
```

第二层再次产生预期的两个输出:另一个隐藏状态序列(out1)和该层的最终隐藏状态(h1)。
堆叠 RNN 的整体输出也必须有两个元素:

- 由**最后一层**(out1)产生的**一系列隐藏状态**。
- **所有层的最终隐藏状态的串联。**

```
out1, torch.cat([h0, h1])
```

输出：

```
(tensor([[[-0.7533, -0.7711],
         [-0.0566, -0.5960],
         [ 0.4324, -0.2908],
         [ 0.1563, -0.5152]]], grad_fn=<TransposeBackward1>),
 tensor([[[-0.5297,  0.3551]],
         [[ 0.1563, -0.5152]]], grad_fn=<CatBackward>))
```

由此，我们使用两个简单的 RNN 复制了堆叠 RNN 的内部工作原理。您可以通过将数据点序列提供给实际的堆叠 RNN 本身来仔细检查结果：

```
out, hidden = rnn_stacked(x)
out, hidden
```

您会得到完全相同的结果。

对于**堆叠 RNN**，**输出的最后一个元素是最后一层的最终隐藏状态**！但是，由于使用的是 batch_first 层，还需要将隐藏状态的维度置换为批量优先：

```
(out[:, -1] == hidden.permute(1, 0, 2)[:, -1]).all()
```

输出：

```
tensor(True)
```

▶▶ 双向 RNN

首先，取**一个 RNN** 并为其提供**一系列数据点**。接下来，取**另一个 RNN**，并**以相反的顺序**向其提供**数据点序列**。好了，您得到了一个**双向 RNN**，其中每个 RNN 都被认为是双向 RNN 的一个"方向"。图 8.11 描述了一个双向 RNN。

每个"层"都以自己的初始隐藏状态开始，并产生**自己的最终隐藏状态**。但是，与堆叠版本不同的是，它**保留了**每一步产生的**隐藏状态序列**。此外，它还**颠倒**由反向层产生的隐藏状态序列，以使两个序列匹配(如 h_0 与 h_{0r}，h_1 与 h_{1r}，等等)。

"为什么需要双向 RNN？"

反向层允许网络查看给定序列中的"未来"信息，从而更好地描述序列元素所在的**上下文**。这在自然语言处理任务中尤为重要，在自然语言处理任务中，给定单词的作用有时只能通过其后面的单词来确定。这些关系永远不会被单向 RNN 捕获。

创建一个双向 RNN：

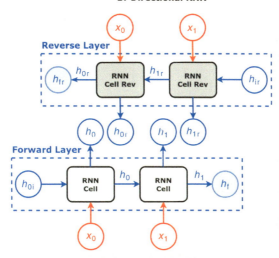

图 8.11 双向 RNN

```
torch.manual_seed(19)
rnn_bidirect = nn.RNN(input_size=2, hidden_size=2, bidirectional=True, batch_first=
True)
state = rnn_bidirect.state_dict()
state
```

输出：

```
OrderedDict([('weight_ih_l0', tensor([[ 0.6627, -0.4245], [ 0.5373, 0.2294]])),
             ('weight_hh_l0', tensor([[-0.4015, -0.5385], [-0.1956, -0.6835]])),
             ('bias_ih_l0', tensor([0.4954, 0.6533])),
             ('bias_hh_l0', tensor([-0.3565, -0.2904])),
             ('weight_ih_l0_reverse', tensor([[-0.6701, -0.5811], [-0.0170, -0.5856]])),
             ('weight_hh_l0_reverse', tensor([[ 0.1159, -0.6978], [ 0.3241, -0.0983]])),
             ('bias_ih_l0_reverse', tensor([-0.3163, -0.2153])),
             ('bias_hh_l0_reverse', tensor([ 0.0722, -0.3242]))])
```

从状态字典中可以看到，它有**两组**权重和偏差，每层一组，且每层都由其对应的后缀(_l0 和_l0_reverse) 表示。

再次，创建**两个简单的 RNN**，并使用上面的权重和偏差来相应地设置它们的权重。每个 RNN 将表现为双向层中的一层：

```
rnn_forward = nn.RNN(input_size=2, hidden_size=2, batch_first=True)
rnn_reverse = nn.RNN(input_size=2, hidden_size=2, batch_first=True)

rnn_forward.load_state_dict(dict(list(state.items())[:4]))
rnn_reverse.load_state_dict(dict([(k[:-8], v)
                         for k, v in
                         list(state.items())[4:]]))
```

输出：

<All keys matched successfully>

使用与之前相同的单序列批量，但也需要**相反的顺序**。可以使用 PyTorch 中的 flip 来反转序列（L）对应的维度：

```
x_rev = torch.flip(x, dims=[1]) #N, L, F
x_rev
```

输出：

```
tensor([[[-0.8670,  0.9342],
         [-0.8251, -0.9499],
         [ 0.8055, -0.9169],
         [ 1.0349,  0.9661]]])
```

由于两层之间**没有依赖关系**，所以只需要为每一层提供其对应的序列（常规和反向），并记住**要颠倒隐藏状态的顺序**。

```
out, h = rnn_forward(x)
out_rev, h_rev = rnn_reverse(x_rev)
out_rev_back = torch.flip(out_rev, dims=[1])
```

双向 RNN 的整体输出也必须有两个元素：

- **两个隐藏状态序列**（out 和 out_rev_back）的**并排连接**。
- **两层最终隐藏状态的串联**。

```
torch.cat([out, out_rev_back], dim=2), torch.cat([h, h_rev])
```

输出：

```
(tensor([[[ 0.3924,  0.8146, -0.9355, -0.8353],
          [ 0.4347, -0.0481, -0.1766,  0.2596],
          [-0.1521, -0.3367,  0.8829,  0.0425],
          [-0.5297,  0.3551, -0.2032, -0.7901]]], grad_fn=<CatBackward>),
 tensor([[[-0.5297,  0.3551]],
         [[-0.9355, -0.8353]]], grad_fn=<CatBackward>))
```

由此，我们使用两个简单的 RNN 复制了双向 RNN 的内部工作原理。您可以通过将数据点序列提供给实际的双向 RNN 本身来仔细检查结果：

```
out, hidden = rnn_bidirect(x)
```

而且，您将再次获得相同的结果。

对于**双向 RNN，输出的最后一个元素不是最终的隐藏状态**！再次强调，由于使用的是 batch_first 层，所以需要将隐藏状态的维度也置换为批量优先：

```
out[:, -1] == hidden.permute(1, 0, 2).view(1, -1)
```

输出：

```
tensor([[ True,  True, False, False]])
```

双向 RNN 是**不同的**,因为**最终隐藏状态**对应于**前向层序列中的最后一个元素**和**反向层序列中的第一个元素**。另一方面,输出与**序列对齐**,因此存在差异。

▶ 正方形模型

最后是构建一个**模型**来对绘制的正方形方向进行分类:顺时针或逆时针。把到目前为止所学到的知识付诸实践,用**简单的 RNN** 获得**代表完整序列的最终隐藏状态**,并使用它来训练与**逻辑回归**相同的**分类器层**。

"只能有一个……隐藏状态。"
康纳·麦克劳德

数据生成

如果您还没有注意到的话,目前这里只有一个**训练集**。但是,无论如何数据都是合成的,可以简单地**生成新数据**,根据定义,该数据对模型是不可见的,因此可以作为验证或测试数据(只要确保选择一个不同的种子来生成即可):

数据生成

```
test_points, test_directions = generate_sequences(seed=19)
```

数据准备

没有什么特别的:使用张量数据集和数据加载器进行典型的数据准备,这些数据集将产生具有形状(N=16, L=4, F=2)的序列。

数据准备

```
train_data = TensorDataset(
        torch.as_tensor(points).float(),
        torch.as_tensor(directions).view(-1, 1).float()
)
test_data = TensorDataset(
        torch.as_tensor(test_points).float(),
        torch.as_tensor(test_directions).view(-1, 1).float()
)
train_loader = DataLoader(train_data, batch_size=16, shuffle=True)
test_loader = DataLoader(test_data, batch_size=16)
```

模型配置

SquareModel 背后的主要结构非常简单:简单的 **RNN 层**,然后是**线性层**,该线性层可作为分类器生成 logit。然后,在 forward 方法中,线性层将循环层的**最后输出**作为其输入。

模型配置

```
class SquareModel(nn.Module):
    def __init__(self, n_features, hidden_dim, n_outputs):
```

```
        super(SquareModel, self).__init__()
        self.hidden_dim = hidden_dim
        self.n_features = n_features
        self.n_outputs = n_outputs
        self.hidden = None
        #简单的 RNN
        self.basic_rnn = nn.RNN(self.n_features, self.hidden_dim, batch_first=True)
        #产生与输出一样多 logit 的分类器
        self.classifier = nn.Linear(self.hidden_dim, self.n_outputs)

    def forward(self, X):
        #X 是批量优先(N, L, F)
        #输出是(N, L, H)
        #最终的隐藏状态是(1, N, H)
        batch_first_output, self.hidden = self.basic_rnn(X)

        #只有在序列中的最后一项(N, 1, H)
        last_output = batch_first_output[:, -1]
        #分类器将输出(N, 1, n_outputs)
        out = self.classifier(last_output)

        #最后的输出是(N, n_outputs)
        return out.view(-1, self.n_outputs)
```

"为什么要取**最后的输出**而不是**最终的隐藏状态**？它们不**一样吗？**"

在大多数情况下它们是相同的，但是如果您使用**双向 RNN**，它们就会**不同**。通过使用**最后一个输出**，能确保代码适用于各种 RNN：简单、堆叠和双向。此外，我们总是希望能避免处理隐藏状态，因为它始终处于**序列优先**的形状。

在第 9 章中，将使用**完整的输出**，即编码器-解码器模型的**完整隐藏状态序列**。

接下来，创建模型实例、二元分类问题的相应损失函数和优化器：

模型配置

```
torch.manual_seed(21)
model = SquareModel(n_features=2, hidden_dim=2, n_outputs=1)
loss = nn.BCEWithLogitsLoss()
optimizer = optim.Adam(model.parameters(), lr=0.01)
```

模型训练

然后，像往常一样训练 SquareModel 超过 100 个周期，将损失可视化(如图 8.12 所示)，并在测试数据上评估其准确性：

模型训练

```
sbs_rnn = StepByStep(model, loss, optimizer)
sbs_rnn.set_loaders(train_loader, test_loader)
sbs_rnn.train(100)

fig = sbs_rnn.plot_losses()
```

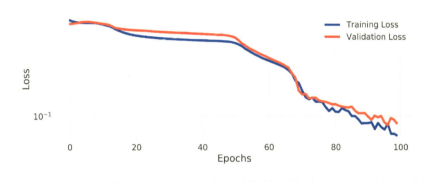

图 8.12　损失——SquareModel

```
StepByStep.loader_apply(test_loader, sbs_rnn.correct)
```

输出：

```
tensor([[50, 53],
        [75, 75]])
```

这个简单模型在测试数据上达到了 97.65% 的准确率。非常好，但话又说回来，这只是一个小数据集。

现在，有趣的部分来了。

▶ 可视化模型

在本节，将深入探讨模型**如何**成功地对序列进行分类。会看到：

- 模型如何**转换输入**。
- **分类器**如何**分离最终的隐藏状态**。
- **隐藏状态的序列**是什么样的。
- 经历每一次**转变**、**换算**和**激活**的**隐藏状态之旅**。

请系好安全带！

转换输入

虽然隐藏状态是按顺序转换的，但已经看到(在图 8.9 中)**数据点是独立转换的**，也就是说，每个数据点(角)都经过**相同的仿射变换**。这意味着可以简单地使用模型学习的参数 weights_ih_l0 和 bias_ih_l0 来查看输入(数据点)在被添加到转换后的隐藏状态之前发生了什么：

```
state = model.basic_rnn.state_dict()
state['weight_ih_l0'], state['bias_ih_l0']
```

输出：

```
(tensor([[-0.5873, -2.5140],
        [-1.6189, -0.4233]], device='cuda:0'),
 tensor([0.8272, 0.9219], device='cuda:0'))
```

"结果看起来怎么样？"

可视化转换后的"完美"正方形，如图 8.13 所示。

SquareModel 了解到，在每一步将输入（角）添加到转换后的隐藏状态之前，都需要**缩放**、**剪切**、**翻转**和**平移**输入（角）。

隐藏状态

请记住，有 8 种可能的序列（见图 8.3），因为可以从 4 个角中的任何一个开始，顺时针或逆时针方向移动。每个角都被分配了一种**颜色**（见图 8.3），由于**顺时针**是**正类**，所以用"+"号表示。

如果使用"完美"正方形作为训练模型的输入，那么 8 个序列中每个序列的**最终隐藏状态**的样子如图 8.14 所示。

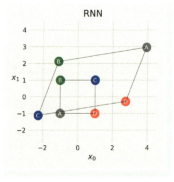
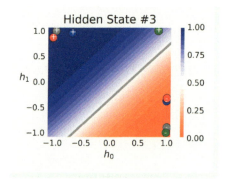

图 8.13　转换后的输入（角）　　　图 8.14　"完美"正方形的 8 个序列的最终隐藏状态

对于**顺时针**移动，最终隐藏状态位于左上角区域，而对于**逆时针**移动，最终隐藏状态位于右下角。正如逻辑斯谛回归（以下简称逻辑回归）所预期的那样，决策边界是一条直线。最接近决策边界的点，即模型不太确定的点，对应于从 B 角（绿色）开始并顺时针移动（+）的序列。

"实际序列的**其他隐藏状态**呢？"

也可以将它们可视化。在图 8.15 中，**顺时针**序列用**蓝点**表示，**逆时针**序列用**红点**表示。

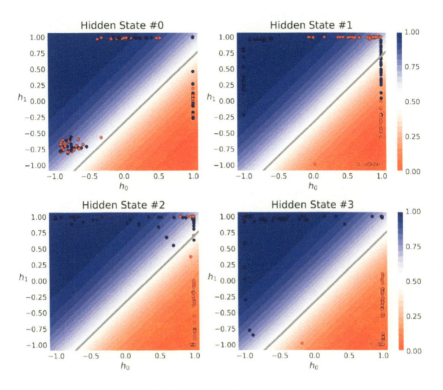

图 8.15　隐藏状态的序列

可以看到，模型在"看到"**两个数据点**(**角**)之后已经实现了一些分离，对应于"隐藏状态 1"。在"看到"第三个角之后，大多数序列已经被正确分类，并且在观察完所有角之后，得到了每个有噪声的正方形。

　"可以选择**一个序列**并观察其从初值到终值的**隐藏状态**吗？"

当然可以！

隐藏状态之旅

为此使用"完美"正方形的 **ABCD** 序列。默认情况下，初始隐藏状态为(0, 0)，颜色为黑色。每次要在计算中使用新的数据点(角)时，受影响的隐藏状态都会被相应地着色(依次为灰色、绿色、蓝色和红色)。

图 8.16 跟踪了 **RNN** 内部执行的每个操作的隐藏状态的进度。

第一列具有隐藏状态，该隐藏状态是给定步骤中 RNN 单元的**输入**；**第二列**具有转变后的隐藏**状态**；**第三列**是**换算后的隐藏状态**(通过添加转变后的输入得到)；**最后一列**是激活的隐藏状态。

在我们的序列中，有**四行**，每个数据点(角)一行。每一行的初始隐藏状态是上一行的激活状态,所以它从整个序列的初始隐藏状态(0,0)开始,处理完灰、绿、蓝、红角后,结束于最后的隐藏状态,最后一幅图中的红点靠近(-1,1)。

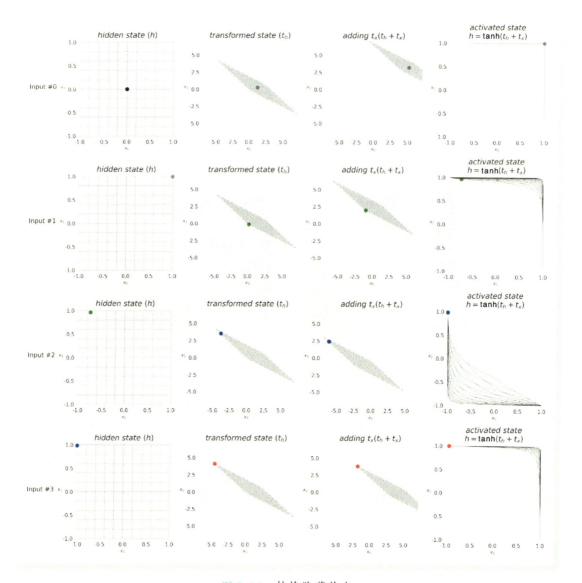

图 8.16 转换隐藏状态

如果在整个序列中**连接所有隐藏状态**的位置,并按照每个角的指定颜色为**路径着色**,最终可以在图 8.17 中可视化所有内容。

中心的红色方块显示了由双曲正切激活给出的[-1,1]界限。每个隐藏状态[给定颜色(角)的最后一点]都将位于红色正方形的内部或边缘。最终位置由五角星表示。

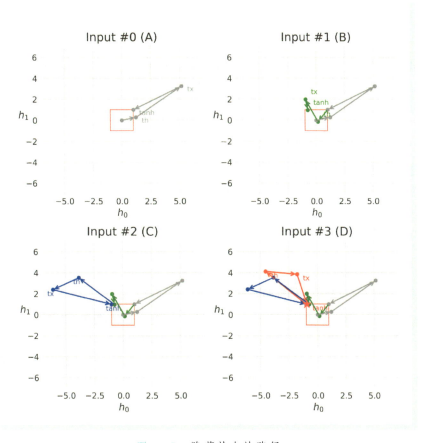

图 8.17 隐藏状态的路径

▶ 我们能做得更好吗?

我想提几个问题:

- 如果**之前的隐藏状态**比**新计算的隐藏状态**包含更多信息怎么办?
- 如果**数据点**比**之前的隐藏状态**添加了更多信息怎么办?

由于 RNN 单元将 t_h 和 t_x 放在相同的基础上并且**简单相加**,因此无法解决上述两个问题。为此,需要一些不同的东西,我们需要门控循环单元。

门控循环单元(GRU)

门控循环单元,简称 GRU,是回答这两个问题的答案!看看它们是如何一次解决一个问题的。如果不是简单地计算一个**新的隐藏状态**并使用它,而是尝试对**新旧**两种隐藏状态进行**加权平均**会怎么样?

$$h_{新} = \tanh(t_h + t_x)$$
$$h' = h_{新} * (1-z) + h_{旧} * z$$

式 8.2-新旧隐藏状态的加权平均值

新的**参数** z(z 表示更新)用来控制应赋予**旧隐藏状态**的**权重**。好了,第一个问题已经解决了,也可以简单地通过将 z 置为 **0** 来恢复典型的 RNN 行为。

现在,如果不是通过简单地将 t_h 和 t_x 相加来计算新的隐藏状态,而是先尝试**缩放** t_h 该怎么办?

$$h_{新} = \tanh(r * t_h + t_x)$$

式 8.3-缩放旧的隐藏状态

新的**参数** r(r 表示重置)用来控制在添加转换后的输入之前应**保留多少旧隐藏状态**。对于**较低的 r 值,数据点的相对重要性会增加**,从而解决了第二个问题。此外,可以简单地通过将 r 置为 **1** 来恢复典型的 RNN 行为。

接下来,将**这两个变化合并**为一个单一的表达式:

$$h' = \tanh(r * t_h + t_x) * (1-z) + h * z$$

式 8.4-GRU 方式的隐藏状态

我们已经自己(重新)**发明**了**门控循环单元**。

顺便说一下,这两个新参数 r 和 z 都被称为**门**,分别是**重置**门和**更新**门。它们都必须是**介于 0 和 1 之间**的值,因此**只允许原始值的一小部分**通过。

每个门都会**产生一个值向量**(每个值介于 0 和 1 之间),其**大小**对应于**隐藏维度的数量**。例如,对于**两个**隐藏维度,门可能具有 [0.52, 0.87] 之类的值。

由于门会产生向量,涉及它们的操作是**逐元素相乘**。

▶▶ GRU 单元

如果将两个表达式放在一起,可以更容易地看出 **RNN 是 GRU 的一种特殊情况**(对应于 $r = 1$ 和 $z = 0$):

$$\text{RNN}: h' = \tanh(t_h + t_x)$$
$$\text{GRU}: h' = \underbrace{\tanh(r * t_{hn} + t_{xn})}_{n} * (1-z) + h * z$$
$$\text{\small n 和 h 的加权平均}$$

式 8.5-RNN 与 GRU

"好的,我明白了……但是 r 和 z 是从哪里来的?"

这是一本关于深度学习的书,所以"**某物从何而来**"的**唯一正确答案**是**神经网络**。实际上,除了使用 **sigmoid** 激活函数这一事实外,还可以使用一个**几乎是 RNN 单元**的结构来训练**两个门**:

$$r(重置门) = \sigma(t_{hr} + t_{xr})$$
$$z(更新门) = \sigma(t_{hz} + t_{xz})$$
$$n = \tanh(r * t_{hn} + t_{xn})$$

式 8.6-门(r 和 z)和候选隐藏状态(n)

每个与其名字相同的**门**都将使用 **sigmoid 激活函数**来产生**介于 0 和 1 之间**的门兼容值。

此外，由于 GRU 的所有组件(n、r 和 z)都具有相似的结构，因此其相应的变换(t_h 和 t_x)以类似方式计算也就不足为奇了：

$$r(\text{隐藏}): t_{hr} = W_{hr}h + b_{hr}$$
$$r(\text{输入}): t_{xr} = W_{ir}x + b_{ir}$$
$$z(\text{隐藏}): t_{hz} = W_{hz}h + b_{hz}$$
$$z(\text{输入}): t_{xz} = W_{iz}x + b_{iz}$$
$$n(\text{隐藏}): t_{hn} = W_{hn}h + b_{hn}$$
$$n(\text{输入}): t_{xn} = W_{in}x + b_{in}$$

式 8.7-GRU 的转换

它们都遵循相同的逻辑！实际上，可以从字面上看一下所有这些组件是如何在图 8.18 中连接在一起的。

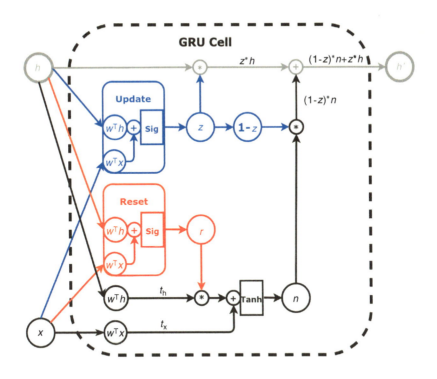

图 8.18　GRU 单元的内部结构

门遵循公式中使用的相同颜色的约定：**红色**代表**重置门**(r)，**蓝色**代表**更新门**(z)。(**新**)**候选隐藏状态**(n)的路径用**黑色**绘制，而加入的(旧)**隐藏状态**(h)用**灰色**绘制，以产生**实际的新隐藏状态**(h')。

要真正了解 GRU 单元内的信息流，我建议您尝试以下练习：

- 首先，学会看懂(或说忽略)**门的内部**：r 和 z 都只是**介于 0 和 1 之间的值**(对于每个隐藏维度)。
- 假设 $r=1$，您能看到结果 n 等价于一个**简单的 RNN** 的输出吗？
- 保持 $r=1$，现在假设 $z=0$；您能看到新的隐藏状态 h' 相当于一个**简单 RNN** 的输出吗？
- 现在假设 $z=1$；您能看到**新的隐藏状态** h' 只是**旧隐藏状态的一个副本**[换句话说，对数据(x)没有任何影响]吗？
- 如果**将 r 一直减小到 0**，则**所得的 n 受旧隐藏状态的影响越来越小**。
- 如果**将 z 一直减小到 0**，则**新的隐藏状态 h' 越来越接近** n。
- 对于 $r=0$ 和 $z=0$ 的情况，单元相当于一个**线性层**，后面跟着一个 **Tanh** 激活函数[换句话说，对旧的隐藏状态(h)没有任何影响]。

现在，看看 GRU 单元在代码中是如何工作的：使用 PyTorch 的 nn.GRUCell 创建一个 GRU 单元，并将其**分解**为组件，以手动方式重现**更新隐藏状态**所涉及的所有步骤。要创建一个单元，需要告诉它 input_size(数据点中的特征数量)和 hidden_size(表示隐藏状态的向量的大小)，这与 RNN 单元完全相同。然而作为双曲正切，非线性是固定的。

```
n_features = 2
hidden_dim = 2

torch.manual_seed(17)
gru_cell = nn.GRUCell(input_size=n_features, hidden_size=hidden_dim)
gru_state = gru_cell.state_dict()
gru_state
```

输出：

```
OrderedDict([('weight_ih', tensor([[-0.0930,  0.0497],
        [ 0.4670, -0.5319],
        [-0.6656,  0.0699],
        [-0.1662,  0.0654],
        [-0.0449, -0.6828],
        [-0.6769, -0.1889]])),
       ('weight_hh', tensor([[-0.4167, -0.4352],
        [-0.2060, -0.3989],
        [-0.7070, -0.5083],
        [ 0.1418,  0.0930],
        [-0.5729, -0.5700],
        [-0.1818, -0.6691]])),
       ('bias_ih', tensor([-0.4316,  0.4019,  0.1222, -0.4647, -0.5578,  0.4493])),
       ('bias_hh', tensor([-0.6800,  0.4422, -0.3559, -0.0279,  0.6553,  0.2918]))])
```

"等等，这些形状肯定有些奇怪……"

是的，state_dict 并不是为每个 GRU 单元的组件（r、z 和 n）返回**单独的权重**，而是返回**连接的权重和偏差**。

```
Wx, bx = gru_state['weight_ih'], gru_state['bias_ih']
Wh, bh = gru_state['weight_hh'], gru_state['bias_hh']

print(Wx.shape, Wh.shape)
print(bx.shape, bh.shape)
```

输出：

```
torch.Size([6, 2]) torch.Size([6, 2])
torch.Size([6]) torch.Size([6])
```

weight_ih 的形状为（3 * hidden_dim, n_features），weight_hh 的形状为（3 * hidden_dim, hidden_dim），两种偏差的形状均为（3 * hidden_dim）。

对于上面状态字典中的 W_x 和 b_x，可以这样拆分数值：

$$W_{xr} = \begin{cases} -0.0930, 0.0497, \\ 0.4670, -0.5319, \end{cases}$$

$$W_{xz} = \begin{cases} -0.6656, 0.0699, \\ -0.1662, 0.0654, \end{cases}$$

$$W_{xn} = \begin{cases} -0.0449, -0.6828, \\ -0.6769, -0.1889, \end{cases}$$

$$\underbrace{-0.4316, 0.4019}_{b_{xr}}, \underbrace{0.1222, -0.4647}_{b_{xz}}, \underbrace{-0.5578, 0.4493}_{b_{xn}}$$

式 8.8 - 将张量拆分为对应的 r、z 和 n 组件

在代码中，可以使用 split 来获取每个分量的张量：

```
Wxr, Wxz, Wxn = Wx.split(hidden_dim, dim=0)
bxr, bxz, bxn = bx.split(hidden_dim, dim=0)

Whr, Whz, Whn = Wh.split(hidden_dim, dim=0)
bhr, bhz, bhn = bh.split(hidden_dim, dim=0)

Wxr, bxr
```

输出：

```
(tensor([[-0.0930, 0.0497], [ 0.4670, -0.5319]]), tensor([-0.4316, 0.4019]))
```

接下来，使用权重和偏差来创建相应的线性层：

```
def linear_layers(Wx, bx, Wh, bh):
    hidden_dim, n_features = Wx.size()
    lin_input = nn.Linear(n_features, hidden_dim)
    lin_input.load_state_dict({'weight': Wx, 'bias': bx})
    lin_hidden = nn.Linear(hidden_dim, hidden_dim)
```

```
        lin_hidden.load_state_dict({'weight': Wh, 'bias': bh})
        return lin_hidden, lin_input

#复位门——红色
r_hidden, r_input = linear_layers(Wxr, bxr, Whr, bhr)
#更新门——蓝色
z_hidden, z_input = linear_layers(Wxz, bxz, Whz, bhz)
#候选门状态——黑色
n_hidden, n_input = linear_layers(Wxn, bxn, Whn, bhn)
```

然后，使用这些层来创建复制**两个门**（r和z）和**候选隐藏状态**（n）的函数：

```
def reset_gate(h, x):
    thr = r_hidden(h)
    txr = r_input(x)
    r = torch.sigmoid(thr + txr)
    return r #红色

def update_gate(h, x):
    thz = z_hidden(h)
    txz = z_input(x)
    z = torch.sigmoid(thz + txz)
    return z #蓝色

def candidate_n(h, x, r):
    thn = n_hidden(h)
    txn = n_input(x)
    n = torch.tanh(r * thn + txn)
    return n #黑色
```

所有的转换和激活都由上面的函数处理，这意味着可以在其组件层面上（r、z和n）复制GRU单元的机制。还需要一个**初始隐藏状态**和序列的**第一个数据点**（角）：

```
initial_hidden = torch.zeros(1, hidden_dim)
X = torch.as_tensor(points[0]).float()
first_corner = X[0:1]
```

可以使用这两个值来获取**重置门**（r）的输出：

```
r = reset_gate(initial_hidden, first_corner)
r
```

输出：

```
tensor([[0.2387, 0.6928]], grad_fn=<SigmoidBackward>)
```

在这里暂停一下。首先，重置门**返回一个大小为 2 的张量**，因为有**两个隐藏维度**。其次，这**两个值可能不同**。这是什么意思？

重置门可以**独立地缩放每个隐藏维度**。它可以完全抑制来自一个隐藏维度的值，同时让另一个不受挑战地通过。用几何术语来说，这意味着**隐藏空间可能会在一个方向收缩而在另一个方向拉伸**。我们将在(门控)隐藏状态之旅中将其可视化。

重置门是**候选隐藏状态**(n)的输入：

```
n = candidate_n(initial_hidden, first_corner, r)
n
```

输出：

```
tensor([[-0.8032, -0.2275]], grad_fn=<TanhBackward>)
```

如果不是**更新门**(z)，则以上结果将是 GRU 单元的结束，且这将是新的隐藏状态：

```
z = update_gate(initial_hidden, first_corner)
z
```

输出：

```
tensor([[0.2984, 0.3540]], grad_fn=<SigmoidBackward>)
```

这里又是一个短暂的停顿……更新门告诉我们保留**初始隐藏状态的第一维**的 **29.84%** 和**第二维的 35.40%**。剩下的 70.16% 和 64.6% 分别来自**候选隐藏状态**(n)。因此，相应地计算**新的隐藏状态**（**h_prime**）：

```
h_prime = n * (1-z) + initial_hidden * z
h_prime
```

输出：

```
tensor([[-0.5635, -0.1470]], grad_fn=<AddBackward0>)
```

现在，进行一次快速的完整性检查，将相同的输入提供给原始 GRU 单元：

```
gru_cell(first_corner)
```

输出：

```
tensor([[-0.5635, -0.1470]], grad_fn=<AddBackward0>)
```

完美的匹配！

但是，话又说回来，您可能不倾向于在使用 GRU 单元时自己循环序列，对吧？您可能想使用一个成熟的 GRU 层。

▶ GRU 层

无论输入序列有多长，nn.GRU 层都会处理隐藏状态。前面使用 RNN 层时经历过这种情况。它们的参数、输入和输出**几乎**完全相同，除了**一个小的区别**：您**不能**再选择不同的激活函数。就这样了。

是的，您也可以创建**堆叠 GRU** 和**双向 GRU**。逻辑没有任何改变——唯一的区别是您将使用**更高级的 GRU 单元**，而不是基本的 RNN 单元。

因此，直接使用门控循环单元**创建模型**。

▶ 正方形模型 II——速成

这个模型与原始的"正方形模型"几乎相同，除了**一个区别**：它的循环神经网络不再是一个普通的 RNN，而是一个 GRU。其他一切都保持不变。

模型配置

```python
class SquareModelGRU(nn.Module):
    def __init__(self, n_features, hidden_dim, n_outputs):
        super(SquareModelGRU, self).__init__()
        self.hidden_dim = hidden_dim
        self.n_features = n_features
        self.n_outputs = n_outputs
        self.hidden = None
        #简单的 GRU
        self.basic_rnn = nn.GRU(self.n_features, self.hidden_dim, batch_first=True)  ①
        #产生与输出一样多的 logits 的分类器
        self.classifier = nn.Linear(self.hidden_dim, self.n_outputs)

    def forward(self, X):
        #X 是批量优先(N, L, F)
        #输出是(N, L, H)
        #最终的隐藏状态是(1, N, H)
        batch_first_output, self.hidden = self.basic_rnn(X)

        #只有在序列中的最后一项(N, 1, H)
        last_output = batch_first_output[:, -1]
        #分类器将输出(N, 1, n_outputs)
        out = self.classifier(last_output)

        #最后的输出是(N, n_outputs)
        return out.view(-1, self.n_outputs)
```

① 代码中唯一的变化：从 nn.RNN 到 nn.GRU。

再次使用相同的数据加载器，因此将直接进行模型配置和训练。

▶ 模型配置和训练

模型配置

```python
torch.manual_seed(21)
model = SquareModelGRU(n_features=2, hidden_dim=2, n_outputs=1)
loss = nn.BCEWithLogitsLoss()
optimizer = optim.Adam(model.parameters(), lr=0.01)
```

模型训练

```python
sbs_gru = StepByStep(model, loss, optimizer)
sbs_gru.set_loaders(train_loader, test_loader)
sbs_gru.train(100)
```

```python
fig = sbs_gru.plot_losses()
```

很好，现在损失(如图 8.19 所示)下降得**更快**了，只需要从 RNN 切换到 GRU，就可以取得这样的效果。

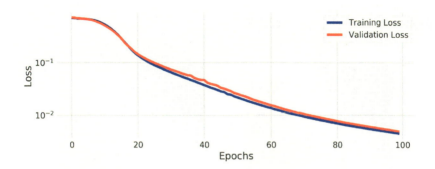

图 8.19 损失——SquareModelGRU

 "您所感受到的惊人感觉正在迅速加强。"
——拉米雷斯

```
StepByStep.loader_apply(test_loader, sbs_gru.correct)
```

输出：

```
tensor([[53, 53],
        [75, 75]])
```

这是 100% 的准确率！尝试**可视化** GRU 架构对隐藏状态分类的影响。

▶ 可视化模型

隐藏状态

如果再一次使用"完美"的正方形作为新训练模型的输入，则这就是 8 个序列中每个序列的**最终隐藏状态**的样子（与之前的模型并排绘制以便于比较），如图 8.20 所示。

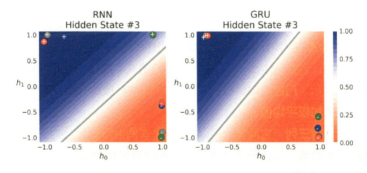

图 8.20 "完美"的正方形的 8 个序列的最终隐藏状态
（与之前的模型并排绘制以便于对比）

GRU 模型比其 RNN 模型实现了**更好**的序列**分离**。实际序列的情况如何呢？

与 RNN 一样，GRU 在看到更多数据点时也实现了越来越好的分离（如图 8.21 所示）。有趣的是，有 **4 组不同**的序列，每组对应一个**起始角**。

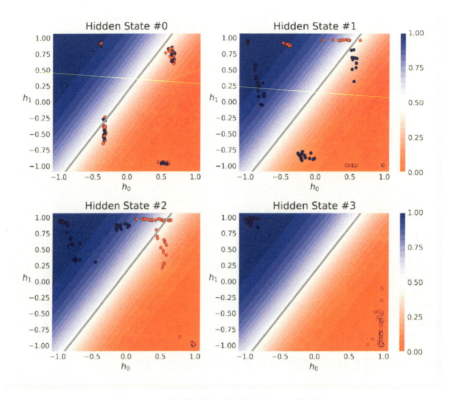

图 8.21　隐藏状态的序列（GRU 模型）

门控隐藏状态之旅

再一次使用"完美"的正方形的 **ABCD** 序列来跟踪隐藏状态**之旅**。默认情况下，初始隐藏状态为 (0, 0)，颜色为黑色。每次将在计算中使用新的数据点（角）时，受影响的隐藏状态都会被相应地着色（依次为灰色、绿色、蓝色和红色）。

图 8.22 跟踪了隐藏状态在 **GRU** 内部执行的每个操作的进度。

第一列具有隐藏状态，它是给定步骤中 GRU 单元的**输入**；**第三、第六**和**最后一列**对应于 GRU 执行的新操作。**第三列**显示了**门控隐藏状态**；**第六列**，即**门控（候选）隐藏状态**；**最后一列**，即**旧隐藏状态和候选隐藏状态的加权平均值**。

我想特别提醒您注意**第三列**：它清楚地显示了**门**（在本例中为重置门）在**特征空间**上的**效果**。由于门对**每个维度都有不同的值**，因此**每个维度都会以不同的方式收缩**（它只能收缩，因为值总是在 0 和 1 之间）。例如，在**第三行**中，第一个维度乘以 0.70，而第二个维度仅乘以 0.05，使得生成的特征空间**非常小**。

图 8.22 转换隐藏状态

我们能做得更好吗？

门控循环单元绝对是对常规 RNN 的改进，但我想提出几点：
- 在双曲正切**内部**使用复位门似乎很"**奇怪**"（我知道，这根本不是一个科学的参数）。
- **隐藏状态**的优点是它以双曲正切**为界**——保证下一个单元将获得相同范围内的隐藏状态。
- **隐藏状态**的缺点在于它受双曲正切的**限制**——限制了隐藏状态可以取的值，以及相应的**梯度**。
- 既然涉及被**限制**的隐藏状态时，**鱼和熊掌不能兼得**，那么什么理由能阻止我们在同**一个单元中使用两个隐藏状态**？

是的，试一试——两个隐藏状态肯定比一个好，对吧？

顺便说一句——我知道 GRU 是在 LSTM 开发之后很长时间才发明的，但我还是决定按照复杂程度增加的顺序来介绍它们。请不要把我所说的"**故事**"看得太重——这只是一种促进学习的方式。

长短期记忆（LSTM）

长短期记忆，或简称 LSTM，使用**两种状态**而不是一种状态。除了像往常一样由双曲正切限制的常规**隐藏状态**（h）之外，长短期记忆还引入了第二个**单元状态**（c），它是**不受限制**的。

因此，仔细研究上一节中提出的要点。首先，保持简单，使用**常规 RNN** 生成**候选隐藏状态**（g）：

$$g = \tanh(t_{hg} + t_{xg})$$

式 8.9-LSTM——候选隐藏状态

然后，将注意力转向**单元状态**（c）。使用旧单元状态和候选隐藏状态（g）的**加权和**来计算**新单元状态**（c'）怎么样？

$$c' = g * i + c * f$$

式 8.10-LSTM——新单元状态

"那 i 和 f 呢？它们又是什么？"

当然，它们是**输入**（i）门和**忘记**（f）门。现在，只缺少**新的隐藏状态**（h'）：如果**单元状态**是不受**限制**的，那么让它再次受限呢？

$$h' = \tanh(c') * o$$

式 8.11-LSTM——新的隐藏状态

您能猜出那个 o 是什么吗？它是**另一个门**，**输出**（o）门。

单元状态对应于**长期记忆**，而**隐藏状态**对应于**短期记忆**。

就是这样，我们自己(重新)**发明了长短期记忆单元**(以下简称 LSTM 单元)。

▶ LSTM 单元

如果将这三个表达式彼此相邻放置，可以更容易地看到它们之间的差异：

$$\text{RNN}: h' = \tanh(t_h + t_x)$$

$$\text{GRU}: h' = \tanh(t * t_{hn} + t_{xn}) * (1-z) + h * z$$

$$\text{LSTM}: c' = \underbrace{\tanh(t_{hg} + t_{xg})}_{g} * i + * f$$

$$h' = \tanh(c') * o$$

式 8.12-RNN、GRU 和 LSTM

老实说，它们并没有什么不同。当然，复杂性在增加，但这一切都归结于使用门找到**添加隐藏状态**的不同方法，包括**新旧隐藏状态**。

门本身总是遵循相同的结构：

$$i(输入门) = \sigma(t_{hi} + t_{xi})$$

$$f(遗忘门) = \sigma(t_{hf} + t_{xf})$$

$$o(输出门) = \sigma(t_{ho} + t_{xo})$$

$$g = \tanh(t_{hg} + t_{xg})$$

式 8.13-LSTM 门

门和单元内部使用的变换**也**遵循相同的结构：

$$i(隐藏): t_{hi} = W_{hi}h + b_{hi}$$

$$i(输入): t_{xi} = W_{ii}x + b_{ii}$$

$$f(隐藏): t_{hf} = W_{hf}h + b_{hf}$$

$$f(输入): t_{xf} = W_{if}x + b_{if}$$

$$g(隐藏): t_{hg} = W_{hg}h + b_{hg}$$

$$g(输入): t_{xg} = W_{ig}x + b_{ig}$$

$$o(隐藏): t_{ho} = W_{ho}h + b_{ho}$$

$$o(输入): t_{xo} = W_{io}x + b_{io}$$

式 8.14-门的内部变换

现在，**可视化** LSTM 单元的内部结构，如图 8.23 所示。

门遵循公式中使用的相同颜色的约定：**红色**代表**遗忘门**(f)，**蓝色**代表**输出门**(o)，**绿色**代表**输入门**(i)。(**新**)候选隐藏状态(g)的路径用**黑色**绘制，而加入的(**旧**)**单元状态**(c)，用**灰色**绘制，以生成**新的单元状态**(c')和**实际的新隐藏状态**(h')。

要真正了解 LSTM 单元内的信息流，我建议您尝试以下练习：

- 首先，要学会看懂(或者说忽略)**门的内部**：o、f 和 i 只是**介于 0 和 1 之间**的值(对于每个维度)。

- 假设 $i=1$ 和 $f=0$——您能看出**新的单元状态** c' 等价于**简单 RNN** 的输出吗？

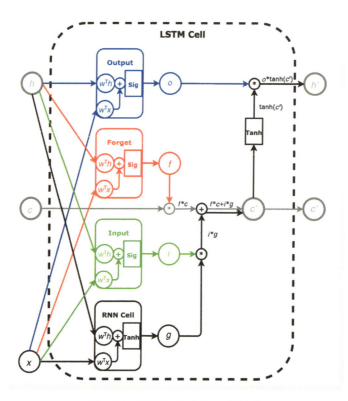

图 8.23　LSTM 单元的内部结构

- 假设 $i=0$ 和 $f=1$——您能看出**新的单元状态** c' 只是**旧单元状态的副本**[换句话说，对数据 (x) 没有任何影响]吗？
- 如果您**将 o 一直减小到 0，新的隐藏状态** h' 也将为 **0**。

隐藏和单元这两种状态之间还有另外一个重要**区别**：**单元状态仅使用两次乘法和一次加法**来计算。没有双曲正切！

　"那又怎样？Tanh 有什么问题吗？"

Tanh 没有任何问题，但它的**梯度会变得非常小，而且速度也很快**（正如在第 4 章中看到的那样）。对于较长的序列来说，这可能成为**梯度消失**问题。但是**单元状态不会受到这个问题的影响**：如果您愿意的话，它就像一条"梯度的高速公路"。不过，我们没有深入了解 LSTM 中梯度计算的细节。

现在，看看 LSTM 单元是如何在代码中工作的：使用 PyTorch 的 nn.LSTMCell 创建一个 LSTM 单元，并将其**分解**为组件，以手动重现**更新隐藏状态**所涉及的所有步骤。要创建一个 LSTM 单元，与之前介绍的两个单元完全相同，我们需要告诉它 input_size（数据点中的特征数量）和 hidden_size（表示隐藏状态的向量的大小）。非线性再次固定为双曲正切。

```
n_features = 2
hidden_dim = 2

torch.manual_seed(17)
lstm_cell = nn.LSTMCell(input_size=n_features, hidden_size=hidden_dim)
lstm_state = lstm_cell.state_dict()
lstm_state
```

输出:

```
OrderedDict([('weight_ih', tensor([[-0.0930, 0.0497],
                    [ 0.4670, -0.5319],
                    [-0.6656, 0.0699],
                    [-0.1662, 0.0654],
                    [-0.0449, -0.6828],
                    [-0.6769, -0.1889],
                    [-0.4167, -0.4352],
                    [-0.2060, -0.3989]])),
        ('weight_hh', tensor([[-0.7070, -0.5083],
                    [ 0.1418, 0.0930],
                    [-0.5729, -0.5700],
                    [-0.1818, -0.6691],
                    [-0.4316, 0.4019],
                    [ 0.1222, -0.4647],
                    [-0.5578, 0.4493],
                    [-0.6800, 0.4422]])),
        ('bias_ih', tensor([-0.3559, -0.0279, 0.6553, 0.2918, 0.4007, 0.3262,
-0.0778, -0.3002])),
        ('bias_hh', tensor([-0.3991, -0.3200, 0.3483, -0.2604, -0.1582, 0.5558,
0.5761, -0.3919]))])
```

同样奇怪的形状再次出现，但这次有 **4 个**组件，而不是 **3 个**。您已经知道了练习：使用 split 拆分权重和偏差，并使用 linear_layers 函数创建线性层。

```
Wx, bx = lstm_state['weight_ih'], lstm_state['bias_ih']
Wh, bh = lstm_state['weight_hh'], lstm_state['bias_hh']

#拆分数据点的权重和偏差
Wxi, Wxf, Wxg, Wxo = Wx.split(hidden_dim, dim=0)
bxi, bxf, bxg, bxo = bx.split(hidden_dim, dim=0)
#为隐藏状态拆分权重和偏差
Whi, Whf, Whg, Who = Wh.split(hidden_dim, dim=0)
bhi, bhf, bhg, bho = bh.split(hidden_dim, dim=0)

#为组件创建线性层
#输入门——绿色
i_hidden, i_input = linear_layers(Wxi, bxi, Whi, bhi)
#遗忘门——红色
f_hidden, f_input = linear_layers(Wxf, bxf, Whf, bhf)
```

```
#输出门——蓝色
o_hidden, o_input = linear_layers(Wxo, bxo, Who, bho)
```

"等等,是不是少了一个组件?前面提到了其中的 **4 个**,g 的线性层在哪里?"

很好!事实证明,我们**不需要** g 的线性层,因为它本身就是一个 **RNN 单元**。可以简单地使用 load_state_dict 来创建相应的单元:

```
g_cell = nn.RNNCell(n_features, hidden_dim) # black
g_cell.load_state_dict({'weight_ih': Wxg, 'bias_ih': bxg, 'weight_hh': Whg, 'bias_hh': bhg})
```

输出:

```
<All keys matched successfully>
```

那很容易,对吧?对于其他组件,由于它们是**门**,需要为它们创建函数:

```
def forget_gate(h, x):
    thf = f_hidden(h)
    txf = f_input(x)
    f = torch.sigmoid(thf + txf)
    return f #红色

def output_gate(h, x):
    tho = o_hidden(h)
    txo = o_input(x)
    o = torch.sigmoid(tho + txo)
    return o #蓝色

def input_gate(h, x):
    thi = i_hidden(h)
    txi = i_input(x)
    i = torch.sigmoid(thi + txi)
    return i #绿色
```

一切就绪——现在可以在其组件层面上(f、o、i 和 g)复制 LSTM 单元的机制。还需要一个**初始隐藏状态**、一个**初始单元状态**和一个序列的**第一个数据点**(角):

```
initial_hidden = torch.zeros(1, hidden_dim)
initial_cell = torch.zeros(1, hidden_dim)

X = torch.as_tensor(points[0]).float()
first_corner = X[0:1]
```

然后,首先使用 RNN 单元(g)及其对应的门(i)计算**门控输入**:

```
g = g_cell(first_corner)
i = input_gate(initial_hidden, first_corner)
gated_input = g * i
gated_input
```

输出:

　　tensor([[-0.1340, -0.0004]], grad_fn=<MulBackward0>)

接下来，使用**旧单元状态**(c)及其对应的门，即遗忘(f)门来计算**门控单元状态**:

```
f = forget_gate(initial_hidden, first_corner)
gated_cell = initial_cell * f
gated_cell
```

输出:

　　tensor([[0., 0.]], grad_fn=<MulBackward0>)

好吧，这有点无聊。因为旧单元状态是序列中第一个数据点的初始单元状态，无论是否门控，它将是一堆 0。

新的、更新的**单元状态**(c')只是**门控输入**和**门控单元状态**的总和:

```
c_prime = gated_cell + gated_input
c_prime
```

输出:

　　tensor([[-0.1340, -0.0004]], grad_fn=<AddBackward0>)

唯一缺少的是使用双曲正切和输出(o)门将单元状态"转换"为**新的隐藏状态**(h'):

```
o = output_gate(initial_hidden, first_corner)
h_prime = o * torch.tanh(c_prime)
h_prime
```

输出:

　　tensor([[-5.4936e-02, -8.3816e-05]], grad_fn=<MulBackward0>)

LSTM 单元必须按元组的顺序返回**隐藏状态**和**单元状态**:

```
(h_prime, c_prime)
```

输出:

　　(tensor([[-5.4936e-02, -8.3816e-05]], grad_fn=<MulBackward0>),
　　 tensor([[-0.1340, -0.0004]], grad_fn=<AddBackward0>))

就是这样——情况不是那么糟糕，对吧？乍一看，LSTM 的公式可能很吓人，尤其是当您同时遇到一个使用所有权重和偏差的庞大等式序列时，但不一定非要如此。

最后，做一个快速的完整性检查，将相同的输入提供给原始 LSTM 单元:

```
lstm_cell(first_corner)
```

输出:

　　(tensor([[-5.4936e-02, -8.3816e-05]], grad_fn=<MulBackward0>),
　　 tensor([[-0.1340, -0.0004]], grad_fn=<AddBackward0>))

至此，我们已经完成了 LSTM 单元的介绍。我想您应该知道接下来会发生什么了。

▶ LSTM 层

nn.LSTM 层可以用来处理隐藏和单元状态,无论输入序列有多长。在 RNN 层和 GRU 层都经历过一次。LSTM 的参数、输入和输出**几乎**与 GRU 相同,如您所知,**LSTM 会返回两个形状相同的状态**(隐藏和单元),而不是一个。顺便说一句,您也可以创建**堆叠 LSTM** 和**双向 LSTM**。

因此,直接使用长短期记忆**创建一个模型**。

▶ 正方形模型Ⅲ——巫师

这个模型与原始的"正方形模型"几乎相同,除了**两个不同之处**:它的循环神经网络不再是一个普通的 RNN,而是一个 LSTM,以及它将会产生两个状态作为输出而不是一个。其他一切都保持不变。

模型配置

```python
class SquareModelLSTM(nn.Module):
    def __init__(self, n_features, hidden_dim, n_outputs):
        super(SquareModelLSTM, self).__init__()
        self.hidden_dim = hidden_dim
        self.n_features = n_features
        self.n_outputs = n_outputs
        self.hidden = None
        self.cell = None                                                        ②
        #简单的 LSTM
        self.basic_rnn = nn.LSTM(self.n_features, self.hidden_dim, batch_first=True)  ①
        #产生与输出一样多的 logit 分类器
        self.classifier = nn.Linear(self.hidden_dim, self.n_outputs)

    def forward(self, X):
        #X 是批量优先(N, L, F)
        #输出是(N, L, H)
        #最终的隐藏状态是(1, N, H)
        #最终的单元状态是(1, N, H)
        batch_first_output, (self.hidden, self.cell) = self.basic_rnn(X)        ②

        #只有在序列中的最后一项(N, 1, H)
        last_output = batch_first_output[:, -1]
        #分类器将输出(N, 1, n_outputs)
        out = self.classifier(last_output)

        #最后的输出是(N, n_outputs)
        return out.view(-1, self.n_outputs)
```

① 第一个变化:从 RNN 到 LSTM。
② 第二个变化:将**单元状态**作为输出。

模型配置和训练

模型配置

```
torch.manual_seed(21)
model = SquareModelLSTM(n_features=2, hidden_dim=2, n_outputs=1)
loss = nn.BCEWithLogitsLoss()
optimizer = optim.Adam(model.parameters(), lr=0.01)
```

模型训练

```
sbs_lstm = StepByStep(model, loss, optimizer)
sbs_lstm.set_loaders(train_loader, test_loader)
sbs_lstm.train(100)

fig = sbs_lstm.plot_losses()
```

结果如图 8.24 所示。

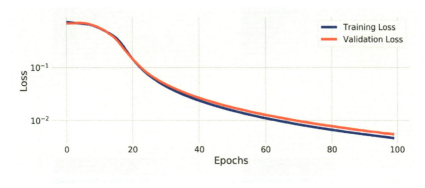

图 8.24　损失——SquareModelLSTM

```
StepByStep.loader_apply(test_loader, sbs_lstm.correct)
```

输出：

```
tensor([[53, 53],
        [75, 75]])
```

这又是 100% 的准确率！

可视化隐藏状态

如果再一次使用"完美"的正方形作为最新训练模型的输入，则这就是 8 个序列中每个序列的**最终隐藏状态**的样子(与之前的模型并排绘制以便于比较)，如图 8.25 所示。

LSTM 模型实现的差异不一定比 GRU 更好。那么实际序列的情况如何呢？如图 8.26 所示。

与 GRU 一样，LSTM 也呈现出 **4 组**不同的序列，对应于不同的起始角。此外，它能够在只看到 3 个点后正确分类大多数序列。

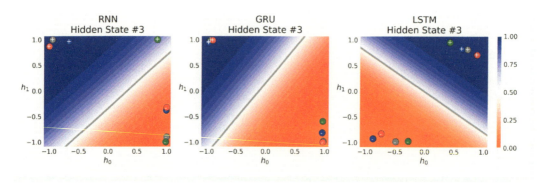

图 8.25 "完美"的正方形的 8 个序列的最终隐藏状态

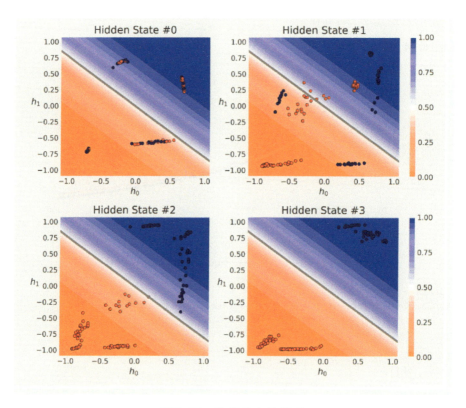

图 8.26 隐藏状态的序列

可变长度序列

到目前为止,我们一直在使用由 4 个数据点组成的完整、规则的序列,这很好。但是如果得到的是如下所示的**可变长度序列**,您会怎么做。

```
s0 = points[0] # 4 个数据点
s1 = points[1][2:] # 2 个数据点
s2 = points[2][1:] # 3 个数据点

s0.shape, s1.shape, s2.shape
```

输出：

```
((4, 2), (2, 2), (3, 2))
```

答案：您要**填充**它们！

"能再提醒我一次填充是什么吗？"

当然！填充意味着用 **0 来填充**。已经在第 5 章中介绍了**填充**：用它来给图像周围填充 0，以便在卷积后保持其原始大小。

现在**用 0 填充序列**，这样它们的**大小**就都能**匹配**。很简单，对吧？

"好吧，这很简单，但为什么要这样做呢？"

需要对序列进行填充，因为**无法**从具有**不同大小的元素**列表中**创建张量**：

```
all_seqs = [s0, s1, s2]
torch.as_tensor(all_seqs)
```

输出：

```
---------------------------------------------------------
ValueError Traceback (most recent call last)
<ipython-input-154-9b17f363443c> in <module>
----> 1 torch.as_tensor([x0, x1, x2])

ValueError: expected sequence of length 4 at dim 1 (got 2)
```

可以使用 PyTorch 的 nn.utils.rnn.pad_sequence 执行填充。它将**序列列表**、**填充值**(默认为 0)和使结果**批量优先**的选项作为参数。试一试吧：

```
seq_tensors = [torch.as_tensor(seq).float() for seq in all_seqs]
padded = rnn_utils.pad_sequence(seq_tensors, batch_first=True)
padded
```

输出：

```
tensor([[[ 1.0349, 0.9661],
         [ 0.8055, -0.9169],
         [-0.8251, -0.9499],
```

```
        [-0.8670,  0.9342]],

       [[-1.0911,  0.9254],
        [-1.0771, -1.0414],
        [ 0.0000,  0.0000],
        [ 0.0000,  0.0000]],

       [[-1.1247, -0.9683],
        [ 0.8182, -0.9944],
        [ 1.0081,  0.7680],
        [ 0.0000,  0.0000]]])
```

第二个和第三个序列都比第一个短,因此它们被相应地**填充**以**匹配最长序列的长度**。
现在可以照常进行,将**填充后的序列**输入 RNN 并查看结果:

```
torch.manual_seed(11)
rnn = nn.RNN(2, 2, batch_first=True)

output_padded, hidden_padded = rnn(padded)
output_padded
```

输出:

```
tensor([[[-0.6388,  0.8505],
         [-0.4215,  0.8979],
         [ 0.3792,  0.3432],
         [ 0.3161, -0.1675]],

        [[ 0.2911, -0.1811],
         [ 0.3051,  0.7055],
         [ 0.0052,  0.5819],
         [-0.0642,  0.6012]],

        [[ 0.3385,  0.5927],
         [-0.3875,  0.9422],
         [-0.4832,  0.6595],
         [-0.1007,  0.5349]]], grad_fn=<PermuteBackward>)
```

由于每个序列被填充为 **4 个数据点**,所以得到每个序列的 **4 个隐藏状态**作为输出。

"为什么**填充点**的**隐藏状态**与**最后一个真实数据点**的隐藏状态**不同**?"

尽管每个填充点只是一堆 0,但这并不意味着它不会改变隐藏状态。隐藏状态本身会被转换,即使填充点充满了 0,其相应的转换也可能包含一个偏置项,但仍会被添加。这不一定是个问题,但是,如果您不喜欢通过填充点修改隐藏状态,则可以通过**打包序列**来防止这种情况的发生。

不过,在介绍被打包的序列之前,检查一下(置换的、批量优先的)最终隐藏状态:

```
hidden_padded.permute(1, 0, 2)
```

输出：

```
tensor([[[ 0.3161, -0.1675]],

        [[-0.0642, 0.6012]],

        [[-0.1007, 0.5349]]], grad_fn=<PermuteBackward>)
```

 打包

打包的工作方式类似于序列的**串联**：它不是将它们填充为具有相等长度的元素，而是**将序列一个接一个地排列**并**跟踪长度**，因此它知道**与每个序列的开头相对应的索引**。

看一个使用 PyTorch 的 nn.utils.rnn.pack_sequence 的示例。首先，它需要一个**张量列表**作为输入。如果您的列表**未按序列长度递减排序**，则需要将其 enforce_sorted 参数设置为 False。

 仅当您计划使用 ONNX 格式导出模型时，**才**需要按序列长度对其进行排序，该格式允许您在不同框架中**导出模型**。

```
packed = rnn_utils.pack_sequence(seq_tensors, enforce_sorted=False)
packed
```

输出：

```
PackedSequence(data=tensor([[ 1.0349, 0.9661],
        [-1.1247, -0.9683],
        [-1.0911, 0.9254],
        [ 0.8055, -0.9169],
        [ 0.8182, -0.9944],
        [-1.0771, -1.0414],
        [-0.8251, -0.9499],
        [ 1.0081, 0.7680],
        [-0.8670, 0.9342]]), batch_sizes=tensor([3, 3, 2, 1]),
   sorted_indices=tensor([0, 2, 1]), unsorted_indices=tensor([0, 2, 1]))
```

至少可以说，输出有点神秘。从 unsorted_indices_tensor 开始，逐段解密它。即使我们自己没有对列表进行排序，PyTorch 内部也这样做了，它发现**最长的序列**是**第一个**(4 个数据点，索引 0)，其次是第三个(3 个数据点，索引 2)，然后是最短的一个(两个数据点，索引 1)。

一旦序列按长度递减的顺序列出(如图 8.27 所示)，则**长度至少为 t 步**的**序列数**(对应于图中的列下方的数字)由 batch_sizes 属性给出。

例如，图 8.27 中的**第三列**的 batch_size 为 **2**，因为**两个序列至少有 3 个数据点**。然后，它以**相同的逐列方式**，从上到下、从左到右遍历数据点，将数据点分配给数据张量中的相应**索引**。

最后，它使用这些索引来**组装数据张量**，如图 8.28 所示。

因此，为了检索原始序列的值，需要相应地对 data 张量进行切片。例如，可以通过读取对应索引 0、3、6 和 8 的值来从 data 张量中检索第一个序列。

```
(packed.data[[0, 3, 6, 8]] ==seq_tensors[0]).all()
```

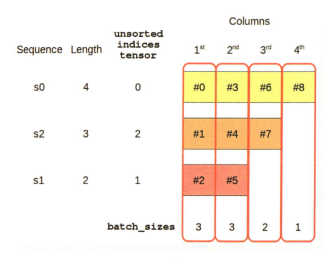

图 8.27 打包序列

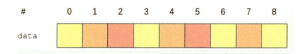

图 8.28 打包数据点

输出：

```
tensor(True)
```

一旦序列被正确**打包**，就可以直接将它提供给 RNN：

```
output_packed, hidden_packed = rnn(packed)
output_packed, hidden_packed
```

输出：

```
(PackedSequence(data=tensor([[-0.6388, 0.8505],
        [ 0.3385, 0.5927],
        [ 0.2911, -0.1811],
        [-0.4215, 0.8979],
        [-0.3875, 0.9422],
        [ 0.3051, 0.7055],
        [ 0.3792, 0.3432],
        [-0.4832, 0.6595],
        [ 0.3161, -0.1675]], grad_fn=<CatBackward>), batch_sizes
        =tensor([3, 3, 2, 1]), sorted_indices=tensor([0, 2, 1]), unsorted_indices=
tensor([0, 2, 1])),
tensor([[[ 0.3161, -0.1675],
        [ 0.3051, 0.7055],
        [-0.4832, 0.6595]]], grad_fn=<IndexSelectBackward>))
```

如果**输入被打包**,则**输出张量也会被打包**,但**隐藏状态不是**。

比较两个最终隐藏状态,来自**填充**序列和**打包**序列:

```
hidden_packed == hidden_padded
```

输出:

```
tensor([[[ True, True],
         [False, False],
         [False, False]]])
```

三个序列中只有一个匹配。好吧,这应该不足为奇,毕竟,我们正在**打包序列以避免使用填充输入来更新隐藏状态**。

   "很好,这样我就可以使用已置换的隐藏状态了,对吧?"

嗯,回答不唯一:

- 可以,如果您使用的网络**不是双向的**——最终的隐藏状态与最后的输出匹配。
- 不可以,如果您使用的是**双向**网络——您**只**会在**最后一个输出**中得到**正确对齐的隐藏状态**,所以您需要**解包它**。

例如,要为最短序列解包**隐藏状态**的实际**序列**,可以从打包输出中的 data 张量中获取相应的索引:

```
output_packed.data[[2, 5]] # x1 sequence
```

输出:

```
tensor([[ 0.2911, -0.1811],
        [ 0.3051,  0.7055]], grad_fn=<IndexBackward>)
```

但这会非常烦人,不过您不必这样做。

▶ 解包(至填充)

您可以使用 PyTorch 的 nn.utils.rnn.pad_packed_sequence 来**解包序列**。这个名字看起来没有用,我宁愿称它为 unpack_sequence_to_padded。无论如何,可以使用它来将**打包的输出**转换为**常规**的**填充输出**:

```
output_unpacked, seq_sizes = \
    rnn_utils.pad_packed_sequence(output_packed, batch_first=True)
output_unpacked, seq_sizes
```

输出:

```
(tensor([[[-0.6388, 0.8505],
          [-0.4215, 0.8979],
```

```
        [ 0.3792,  0.3432],
        [ 0.3161, -0.1675]],

       [[ 0.2911, -0.1811],
        [ 0.3051,  0.7055],
        [ 0.0000,  0.0000],
        [ 0.0000,  0.0000]],

       [[ 0.3385,  0.5927],
        [-0.3875,  0.9422],
        [-0.4832,  0.6595],
        [ 0.0000,  0.0000]]], grad_fn=<IndexSelectBackward>), tensor([4, 2, 3]))
```

它可以返回**填充序列**和**原始大小**，这也很有用。

 "那么问题解决了吗？现在可以取**最后一个输出**了吗？"

差不多了……如果您按照之前的方式获取最后一个输出，您**仍然会得到一些填充的 0**：

```
output_unpacked[:, -1]
```

输出：

```
tensor([[ 0.3161, -0.1675],
        [ 0.0000,  0.0000],
        [ 0.0000,  0.0000]], grad_fn=<SelectBackward>)
```

所以，要**真正得到最后的输出**，需要使用一些**花式索引**和 pad_packed_sequence 返回的**原始大小信息**：

```
seq_idx = torch.arange(seq_sizes.size(0))
output_unpacked[seq_idx, seq_sizes-1]
```

输出：

```
tensor([[ 0.3161, -0.1675],
        [ 0.3051,  0.7055],
        [-0.4832,  0.6595]], grad_fn=<IndexBackward>)
```

即使使用的是双向网络，最终也会得到每个打包序列的**最后一个输出**。

▶ 打包（从填充）

您还可以使用 PyTorch 的 nn.utils.rnn.pack_padded_sequence 将已填充的序列转换为打包序列。但是，由于序列已经被填充，需要自己计算**原始大小**：

```
len_seqs = [len(seq) for seq in all_seqs]
len_seqs
```

输出：

```
[4, 2, 3]
```

然后将它们作为参数传递：

```
packed = rnn_utils.pack_padded_sequence(padded, len_seqs,
                                        enforce_sorted=False,
                                        batch_first=True)
packed
```

输出：

```
PackedSequence(data=tensor([[ 1.0349,  0.9661],
        [-1.1247, -0.9683],
        [-1.0911,  0.9254],
        [ 0.8055, -0.9169],
        [ 0.8182, -0.9944],
        [-1.0771, -1.0414],
        [-0.8251, -0.9499],
        [ 1.0081,  0.7680],
        [-0.8670,  0.9342]]), batch_sizes=tensor([3, 3, 2, 1]),
 sorted_indices=tensor([0, 2, 1]), unsorted_indices=tensor([0, 2, 1]))
```

▶▶ 可变长度数据集

创建一个具有**可变长度序列**的数据集，并使用它训练一个模型：

```
var_points, var_directions = generate_sequences(variable_len=True)
var_points[:2]
```

输出：

```
[array([[ 1.12636495,  1.1570899 ],
        [ 0.87384513, -1.00750892],
        [-0.9149893 , -1.09150317],
        [-1.0867348 ,  1.07731667]]),
 array([[ 0.92250954, -0.89887678],
        [ 1.0941646 ,  0.92300589]])]
```

▶▶ 数据准备

根本**无法使用 TensorDataset**，因为无法从具有**不同大小的元素**列表中创建张量。

因此，需要构建**一个自定义数据集**，该数据集**从每个序列中生成一个张量**，并在提示输入给定项目时返回相应的张量和相关标签：

数据准备

```
class CustomDataset(Dataset):
    def __init__(self, x, y):
```

```python
        self.x = [torch.as_tensor(s).float() for s in x]
        self.y = torch.as_tensor(y).float().view(-1, 1)

    def __getitem__(self, index):
        return (self.x[index], self.y[index])

    def __len__(self):
        return len(self.x)

train_var_data = CustomDataset(var_points, var_directions)
```

但这还不够,如果为自定义数据集创建一个**数据加载器**,并尝试从中**检索一个小批量**,它将**引发错误**:

数据准备

```python
train_var_loader = DataLoader(train_var_data, batch_size=16, shuffle=True)
next(iter(train_var_loader))
```

输出:

```
-----------------------------------------------------------------
RuntimeError Traceback (most recent call last) <ipython-input-34-596b8081f8d1> in <module>
1 train_var_loader = DataLoader(train_var_data, batch_size=16, shuffle=True)
----> 2 next(iter(train_var_loader))
...
RuntimeError: stack expects each tensor to be equal size, but got [3, 2] at entry 0 and [4, 2] at entry 2
```

事实证明,数据加载器正在**尝试将序列堆叠在一起**,正如我们所知,这些序列具有**不同的大小**,因此**无法堆叠在一起**。

我们**可以**简单地**填充**所有序列,然后继续使用 **TensorDataset** 和常规数据加载器。但是,在那种情况下,最终的隐藏状态会受到填充数据点的影响,正如前面已经讨论过的那样。

可以做得**更好**:使用**整理函数打包**我们的小批量。

整理函数

整理函数获取一个**元组列表**(使用它的 __get_item__ 从数据集中采样),并将它们一起**整理成一个由数据加载器返回的批量**。您可以按照自己希望的方式将**采样数据点制作成小批量**。

在我们的例子中,想要获取所有序列(每个元组中的第一项)并将它们打包。此外,可以获取所有标签(每个元组中的第二项)并将它们变成一个形状正确的张量,以用于二元分类任务:

数据准备

```python
def pack_collate(batch):
    X = [item[0] for item in batch]
    y = [item[1] for item in batch]
```

```
        X_pack = rnn_utils.pack_sequence(X, enforce_sorted=False)

        return X_pack, torch.as_tensor(y).view(-1, 1)
```

通过创建一个包含两个元素的虚拟批量，并将函数应用于此来查看函数的实际作用：

```
#数据集返回的元组列表
dummy_batch = [train_var_data[0], train_var_data[1]]
dummy_x, dummy_y = pack_collate(dummy_batch)
dummy_x
```

输出：

```
PackedSequence(data=tensor([[ 1.1264,  1.1571],
        [ 0.9225, -0.8989],
        [ 0.8738, -1.0075],
        [ 1.0942,  0.9230],
        [-0.9150, -1.0915],
        [-1.0867,  1.0773]]), batch_sizes=tensor([2, 2, 1, 1]),
sorted_indices=tensor([0, 1]), unsorted_indices=tensor([0, 1]))
```

两个不同大小的序列进入，一个打包序列出来。现在可以创建一个**使用整理函数的数据加载器**：

数据准备

```
train_var_loader = DataLoader(train_var_data,
                              batch_size=16,
                              shuffle=True,
                              collate_fn=pack_collate)
x_batch, y_batch = next(iter(train_var_loader))
```

现在从数据加载器中出来的每一批量都有一个打包的序列。

"模型必须改变吗？"

▶ 正方形模型Ⅳ——打包

需要对模型进行一些改变。通过创建一个使用**双向LSTM**并期望将**打包序列作为输入**的模型来说明它们。

首先，由于X现在是一个打包序列，这意味着**输出是打包的**，因此需要将它**解包**为**填充输出**。

解包后，可以使用**更高级的索引**获取**最后一个输出**，以获取填充序列的最后一个(实际)元素。此外，使用双向LSTM意味着每个序列的输出具有(**N, 1, 2 * H**)形状。

模型配置

```
class SquareModelPacked(nn.Module):
    def __init__(self, n_features, hidden_dim, n_outputs):
        super(SquareModelPacked, self).__init__()
```

```python
        self.hidden_dim = hidden_dim
        self.n_features = n_features
        self.n_outputs = n_outputs
        self.hidden = None
        self.cell = None
        #简单的 LSTM
        self.basic_rnn = nn.LSTM(self.n_features, self.hidden_dim, bidirectional=True)
        #产生与输出一样多的 logit 分类器
        self.classifier = nn.Linear(2 * self.hidden_dim, self.n_outputs)       ③

    def forward(self, X):
        #X 现在是打包序列
        #最终的隐藏状态是(2, N, H)——双向的
        #最终的单元状态是(2, N, H)——双向的
        rnn_out, (self.hidden, self.cell) = self.basic_rnn(X)
        #解包输出(N, L, 2* H)
        batch_first_output, seq_sizes = \
            rnn_utils.pad_packed_sequence(rnn_out, batch_first=True)           ①

        #只有在序列中的最后一项(N, 1, 2* H)
        seq_idx = torch.arange(seq_sizes.size(0))
        last_output = batch_first_output[seq_idx, seq_sizes-1]                 ②
        #分类器将输出(N, 1, n_outputs)
        out = self.classifier(last_output)

        #最后的输出是(N, n_outputs)
        return out.view(-1, self.n_outputs)
```

① 解包输出。
② 用花式索引检索填充序列的最后输出。
③ 双向网络中两个隐藏状态并排连接。

▶ 模型配置和训练

可以使用输出打包序列的数据加载器(train_var_loader)来为 SquareModelPacked 模型提供数据，并以通常的方式对其进行训练：

模型配置

```python
torch.manual_seed(21)
model = SquareModelPacked(n_features=2, hidden_dim=2, n_outputs=1)
loss = nn.BCEWithLogitsLoss()
optimizer = optim.Adam(model.parameters(), lr=0.01)
```

模型训练

```python
sbs_packed = StepByStep(model, loss, optimizer)
sbs_packed.set_loaders(train_var_loader)
sbs_packed.train(100)
```

```
fig = sbs_packed.plot_losses()
```

结果如图 8.29 所示。

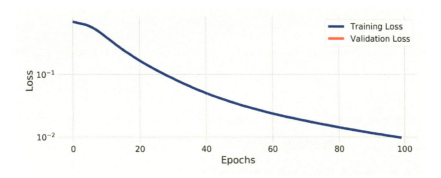

图 8.29　损失——SquareModelPacked

```
StepByStep.loader_apply(train_var_loader, sbs_packed.correct)
```

输出：

```
tensor([[66, 66],
        [62, 62]])
```

　一维卷积

在第 5 章，了解了**卷积**及其**内核**和**滤波器**，以及如何通过对图像上的移动区域重复**应用滤波器**来执行**卷积**。然而，这些是**二维卷积**，意味着**滤波器在二维中移动**，即沿着图像的宽度(从左到右)和高度(从上到下)。

猜猜**一维卷积**有什么作用？它们在**一维**中**移动滤波器**，从左到右。滤波器像一个**移动窗口**一样工作，**对其移动过的区域中的值进行加权求和**。以 13 天内的温度值序列为例，如图 8.30 所示。

```
temperatures = np.array([5, 11, 15, 6, 5, 3, 3, 0, 0, 3, 4, 2, 1])
```

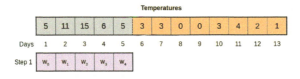

图 8.30　在温度序列上移动窗口

然后，使用大小为 **5** 的**窗口**(**滤波器**)，如图 8.30 所示。第一步，窗口覆盖第一天到第五天。下一步，由于只能向右移动，所以它将覆盖第二天到第六天。顺便说一句，**向右移动的大小**称为步幅。

现在，为**滤波器**中的每个**权重**分配相同的值(0.2)，并使用 PyTorch 的 F.conv1d 对**滤波器与序列进行卷积**(暂时不要介意形状，我们将在下一节中讨论它)：

```
size = 5
weight = torch.ones(size) * 0.2
F.conv1d(torch.as_tensor(temperatures).float().view(1, 1, -1), weight=weight.view(1, 1, -1))
```

输出：

```
tensor([[[8.4000, 8.0000, 6.4000, 3.4000, 2.2000, 1.8000, 2.0000, 1.8000, 2.0000]]])
```

是不是很眼熟？这是一个**移动平均**，就像在第 6 章中使用的一样。

"这是否意味着每个一维卷积都是移动平均？"

好吧，有点……在上面的函数式形式中，必须提供权重，但正如预期的那样，相应的**模块**(nn.Conv1d)将自己**学习权重**。由于没有要求权重必须加起来为 1，因此它不会是移动平均，而是**移动加权和**。

此外，不太可能将它用于上面示例中的**单个特征**。随着**更多的特征**要与**滤波器**卷积，事情会变得**更加有趣**，这就带到了下一个主题。

又回到形状的话题，……不幸的是，没有逃避的余地。在第 4 章，讨论了图像的 **NCHW** 形状：

- **N** 代表图像数量(如在小批量中)。
- **C** 代表每幅图像中的通道(或**滤波器**)的数量。
- **H** 代表每幅图像的高度。
- **W** 代表每幅图像的宽度。

但是，对于**序列**，形状应该是 **NCL**：

- **N** 代表序列数(如在小批量中)。
- **C** 代表序列的每个元素中的通道(或**滤波器**)的数量。
- **L** 代表每个序列的长度。

"等等，其中的**特征数量**在哪里？"

问得好！由于一维卷积仅沿序列移动，因此**每个特征都被视为一个输入通道**。因此，如果您愿意，可以将形状视为 **NFL** 或 **N(C/F)L**。

"不会**又**是一个输入序列的形状问题吧？"

很不幸，是的。但是我已经创建了这个小表格来帮助您在使用序列作为输入时，围绕不同形状的约定进行思考：

形状		使用示例
批量优先	N, L, F	典型形状；batch_first = True 的 RNN
RNN 友好	L, N, F	RNN 的默认值(batch_first = False)
序列最后	N, F, L	一维卷积的默认值

既然(有希望地)弄清了这一点，现在就可以用 permute 来使序列具有适当的形状：

```
seqs = torch.as_tensor(points).float() # N, L, F
seqs_length_last = seqs.permute(0, 2, 1)
seqs_length_last.shape # N, F=C, L
```

输出：

```
torch.Size([128, 2, 4])
```

多特征或通道

角序列有两个坐标，即**两个特征**。就**一维卷积**而言，这些特征将被视为(输入)**通道**，因此相应地创建卷积层：

```
torch.manual_seed(17)
conv_seq = nn.Conv1d(in_channels=2, out_channels=1, kernel_size=2, bias=False)
conv_seq.weight, conv_seq.weight.shape
```

输出：

```
(Parameter containing: tensor([[[-0.0658, 0.0351], [ 0.3302, -0.3761]]], requires_grad=
True), torch.Size([1, 2, 2]))
```

只使用**一个输出通道**，所以只有**一个滤波器**，它将为窗口移动的每个区域产生**一个输出值**。由于**内核大小为 2**，每个窗口将移动**两个角**。任意**两个相邻的角**构成正方形的**边**，因此**每条边都会有一个输出**。这些信息对于可视化模型的实际操作非常有用。

由于每个通道(特征)将逐元素乘以其在滤波器中的相应权重，并且**所有通道的所有值都相加以产生单个值**，因此我选择在图 8.31 中表示的序列(和滤波器)，好像它是二维的。

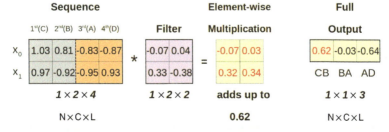

图 8.31 对序列应用滤波器

第一个序列对应于角 CBAD，对于第一个区域(灰色，对应于 CB 边)，它的输出为 0.6241。使用卷积层来获取所有输出：

```
conv_seq(seqs_length_last[0:1])
```

输出：

```
tensor([[[ 0.6241, -0.0274, -0.6412]]], grad_fn=<SqueezeBackward1>)
```

生成的**形状**由式 8.15 给出，其中 l 是序列的长度，f 是滤波器的大小，p 是填充，s 是步幅：

$$l_i * f = \frac{(l_i + 2p) - f}{s} + 1$$

式 8.15-生成的形状

如果任何一个结果的维度不是整数，则必须**向下舍入**。

 膨胀

还有另一种操作可以用于任意维数的卷积，但还没有讨论过：**膨胀**[⊖]。一般的想法很简单：它使用**膨胀的内核**，而不是**连续**的内核。例如，**大小为 2 的膨胀**意味着内核使用**每个其他元素**(无论是像素还是序列中的特征值)。

 "我为什么要这么做？"

简而言之，这个想法是捕捉序列的长期属性(例如时间序列中的季节性)或整合图像中不同尺度的信息(局部和全局上下文)。不过，除了解释机制本身，我们并没有深入研究。

在我们的示例中，**大小为 2 的内核**(因此它遍历序列中的**两个值**)和**膨胀为 2**(因此它**跳过**序列中的每个**其他值**)的工作方式如图 8.32 所示。

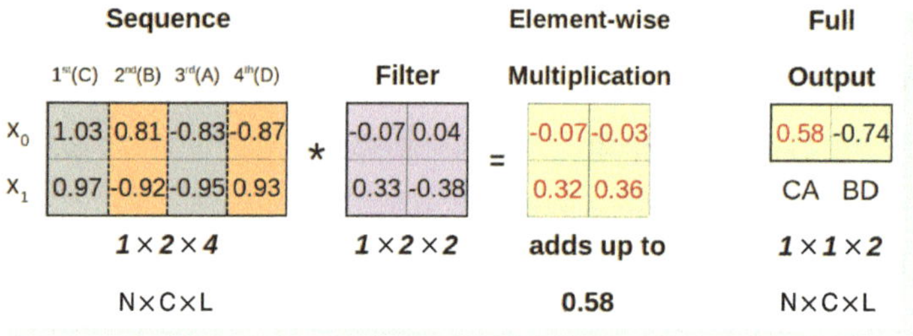

图 8.32 在序列上应用膨胀滤波器

第一个**膨胀区域**(灰色)由**第一个和第三个值**(角 C 和角 A)给出，与滤波器卷积后，将输出 0.58 的值。然后，下一个**膨胀区域**将由**第二个和第四个值**(角 B 和角 D)给出。现在，卷积层也有一个 dilation 参数：

⊖ 有些资料中也译成"空洞"或"扩张"。——编辑注

```
torch.manual_seed(17)
conv_dilated = nn.Conv1d(in_channels=2, out_channels=1,
                         kernel_size=2, dilation=2, bias=False)
conv_dilated.weight, conv_dilated.weight.shape
```

输出：

```
(Parameter containing: tensor([[[-0.0658, 0.0351], [ 0.3302, -0.3761]]], requires_grad=
True), torch.Size([1, 2, 2]))
```

如果通过它运行序列，会得到与图 8.32 相同的输出。

```
conv_dilated(seqs_length_last[0:1])
```

输出：

```
tensor([[[ 0.5793, -0.7376]]], grad_fn=<SqueezeBackward1>)
```

这个输出比前一个**小**，因为根据下面的公式，**膨胀会影响输出的形状**（d 代表膨胀大小）：

$$l_i * f = \frac{(l_i + 2p) - d(f-1) - 1}{s} + 1$$

式 8.16 - 膨胀的结果形状

如果任何一个结果的维度不是整数，则必须**向下舍入**。

▶ 数据准备

数据准备步骤与其他步骤非常相似，只是需要**置换**维度以符合一维卷积的"序列最后"（NFL）形状：

数据准备

```
train_data = TensorDataset(torch.as_tensor(points).float().permute(0, 2, 1),
                           torch.as_tensor(directions).view(-1, 1).float())
test_data = TensorDataset(torch.as_tensor(test_points).float().permute(0, 2, 1),
                          torch.as_tensor(test_directions).view(-1, 1).float())

train_loader = DataLoader(train_data, batch_size=16, shuffle=True)
test_loader = DataLoader(test_data, batch_size=16)
```

▶ 模型配置和训练

该模型非常简单：一个单一的 Conv1d 层，后跟一个激活函数（ReLU），一个展平层（仅挤压通道维度），以及一个用于将输出的线性层（每个序列三个值，如图 8.31 所示）合并为二元分类的 logit。

模型配置

```
torch.manual_seed(21)
model = nn.Sequential()
model.add_module('conv1d', nn.Conv1d(in_channels=2, out_channels=1, kernel_size=2))
model.add_module('relu', nn.ReLU())
```

```
model.add_module('flatten', nn.Flatten())
model.add_module('output', nn.Linear(3, 1))
loss = nn.BCEWithLogitsLoss()
optimizer = optim.Adam(model.parameters(), lr=0.01)
```

模型训练

```
sbs_conv1 = StepByStep(model, loss, optimizer)
sbs_conv1.set_loaders(train_loader, test_loader)
sbs_conv1.train(100)

fig = sbs_conv1.plot_losses()
```

结果如图 8.33 所示。

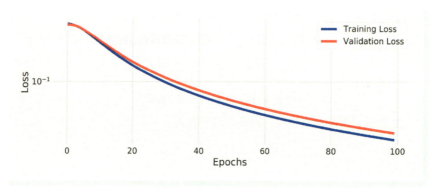

图 8.33 损失——边模型

```
StepByStep.loader_apply(test_loader, sbs_conv1.correct)
```

输出：

```
tensor([[53, 53],
        [75, 75]])
```

再一次，该模型的准确率是完美的。也许您已经注意到训练也快得多。为什么这个简单模型的表现会如此出色？下面将试图弄清楚它在幕后做了什么。

▶ 可视化模型

模型的关键组件是 nn.Conv1d 层，所以看一下它的 state_dict：

```
model.conv1d.state_dict()
```

输出：

```
OrderedDict([('weight', tensor([[[-0.2186, 2.3289], [-2.3765, -0.1814]]], device='cuda:0')),
             ('bias', tensor([-0.5457], device='cuda:0'))])
```

然后，看看这个滤波器在做什么，从角 A 开始向它输入一个"完美"的正方形，并沿逆时针(序列 ADCB) 执行，如图 8.34 所示。

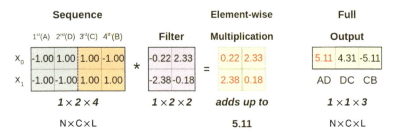

图 8.34 在"完美"的正方形上应用滤波器

图 8.34 展示了**第一个区域**的逐元素相乘以及结果，对应于正方形的 **AD 边**（不包括来自卷积层的偏差值）。右侧的输出是"边特征"。

实际上，可以得到将它们计算为包含在卷积区域中的**第一个**（x^{1st}）和**第二个**（x^{2nd}）角的**坐标的加权和**的表达式：

$$边特征 = -0.22\, x_0^{1st} - 2.38\, x_1^{1st} + 2.33\, x_0^{2nd} - 0.18\, x_1^{2nd} - 0.5457$$

式 8.17 - "边特征"的公式

根据上面的表达式，并且假设坐标值接近 1（绝对值），则**边特征**具有**正值**的唯一方法是 x_1^{1st} 和 x_0^{2nd} 分别约为 -1 和 1。这仅适用于**两条边**，**AD** 和 **DC**：

$$\overline{AD} 或 \overline{DC} \Rightarrow x_1^{1st} \approx -1\ 和\ x_0^{2nd} \approx 1 \Rightarrow 边特征 > 0$$

式 8.18 - 检测到的边

每隔一条边将返回一个**负值**，因此被 ReLU 激活函数裁剪为**零**。模型学会了**选择两个具有相同方向的边**来执行分类。

 "为什么要两条边？一条边不就够了吗？"

如果序列**有 4 条边**，是可以的，但实际上**没有**。虽然有 **4 个角**，但只能**从中构建 3 条边**，因为缺少连接最后一个角和第一个角的边。任何依赖于单边的模型都可能在该特定边缺失的情况下失败。因此，需要对至少两条边进行正确分类。

归纳总结

在本章，使用了**循环神经网络**、普通 RNN、GRU 和 LSTM，来生成一个**隐藏状态**，该状态**可用于序列分类**。使用了**固定长度**和**可变长度**的序列，在**整理函数**的帮助下**填充**或**打包**它们，并构建了**确保**数据**正确形状**的模型。

 固定长度数据集

对于固定长度的序列，数据准备是常规的：

数据生成和准备

```python
points, directions = generate_sequences(n=128, seed=13)
train_data = TensorDataset(torch.as_tensor(points).float(),
                torch.as_tensor(directions).view(-1, 1).float())
train_loader = DataLoader(train_data, batch_size=16, shuffle=True)
```

可变长度数据集

但是，对于可变长度的序列，需要构建一个**自定义数据集**和一个**整理函数**来**打包序列**：

数据生成

```python
var_points, var_directions = generate_sequences(variable_len=True)
```

数据准备

```python
class CustomDataset(Dataset):
    def __init__(self, x, y):
        self.x = [torch.as_tensor(s).float() for s in x]
        self.y = torch.as_tensor(y).float().view(-1, 1)

    def __getitem__(self, index):
        return (self.x[index], self.y[index])

    def __len__(self):
        return len(self.x)

train_var_data = CustomDataset(var_points, var_directions)
def pack_collate(batch):
    X = [item[0] for item in batch]
    y = [item[1] for item in batch]
    X_pack = rnn_utils.pack_sequence(X, enforce_sorted=False)

    return X_pack, torch.as_tensor(y).view(-1, 1)

train_var_loader = DataLoader(train_var_data, batch_size=16,
                    shuffle=True, collate_fn=pack_collate)
```

选择一个合适的模型

在本章开发了许多模型，选择哪一个更合适，取决于所使用的**循环层的类型**（RNN、GRU 或 LSTM）和**序列的类型**（打包与否）。但是，下面的模型能够处理不同的配置：

- rnn_layer 参数允许您使用您喜欢的任何循环层。
- **kwargs 允许您进一步配置循环层（例如，使用 num_layers 和 bidirectional 参数）。
- 自动计算出循环层的**输出维度**以构建**匹配的线性层**。

- 如果输入是一个**打包序列**，它会处理**解包和花式索引**以检索实际的**最后隐藏状态**。

模型配置

```python
class SquareModelOne(nn.Module):
    def __init__(self, n_features, hidden_dim, n_outputs, rnn_layer=nn.LSTM, **kwargs):
        super(SquareModelOne, self).__init__()
        self.hidden_dim = hidden_dim
        self.n_features = n_features
        self.n_outputs = n_outputs
        self.hidden = None
        self.cell = None
        self.basic_rnn = rnn_layer(self.n_features, self.hidden_dim,
                                   batch_first=True, **kwargs)
        output_dim = (self.basic_rnn.bidirectional + 1) * self.hidden_dim
        #产生与输出一样多的 logit 分类器
        self.classifier = nn.Linear(output_dim, self.n_outputs)

    def forward(self, X):
        is_packed = isinstance(X, nn.utils.rnn.PackedSequence)
        #X 是打包序列,不需要置换

        rnn_out, self.hidden = self.basic_rnn(X)
        if isinstance(self.basic_rnn, nn.LSTM):
            self.hidden, self.cell = self.hidden

        if is_packed:
            #解包输出
            batch_first_output, seq_sizes = rnn_utils.pad_packed_sequence(rnn_out,
                                                    batch_first=True)
            seq_slice = torch.arange(seq_sizes.size(0))
        else:
            batch_first_output = rnn_out
            seq_sizes = 0 # so it is -1 as the last output
            seq_slice = slice(None, None, None) # same as ':'

        #只有在序列中的最后项(N, 1, H)
        last_output = batch_first_output[seq_slice, seq_sizes-1]

        #分类器将输出(N, 1, n_outputs)
        out = self.classifier(last_output)

        #最后的输出是(N, n_outputs)
        return out.view(-1, self.n_outputs)
```

模型配置和训练

下面的模型使用**双向 LSTM**，并且已经在训练集上达到了 100% 的准确率。可随意尝试不同的循环层、层数、单向或双向，以及在固定和可变长度序列之间切换。

模型配置

```
torch.manual_seed(21)
model = SquareModelOne(n_features=2, hidden_dim=2, n_outputs=1,
                rnn_layer=nn.LSTM, num_layers=1,
                bidirectional=True)
loss = nn.BCEWithLogitsLoss()
optimizer = optim.Adam(model.parameters(), lr=0.01)
```

模型训练

```
sbs_one = StepByStep(model, loss, optimizer)
#sbs_one.set_loaders(train_loader)
sbs_one.set_loaders(train_var_loader)
sbs_one.train(100)

#StepByStep.loader_apply(train_loader, sbs_one.correct)
StepByStep.loader_apply(train_var_loader, sbs_one.correct)
```

回顾

在本章，学习了**序列数据**以及如何使用**循环神经网络**来执行分类任务。通过在不同循环层（**RNN**、**GRU** 和 **LSTM**）内发生的所有转换来跟踪**隐藏状态之旅**。我们了解了**填充**和**打包**可变长度序列之间的区别，以及如何为打包序列**构建数据加载器**。还回顾了卷积，并使用它的**一维**版本来处理序列数据。以下就是所涉及的内容：

- 了解**序列数据**中**顺序**的重要性。
- 生成一个合成的二维数据集，这样我们就可以可视化模型"幕后"发生的事情。
- 了解什么是**隐藏状态**。
- 了解隐藏状态如何被 **RNN 单元**内的**数据点修改**。
- 将 RNN 单元分解为**两个线性层**和一个**激活函数**。
- 了解使用**双曲正切**作为 RNN 中激活函数的**原因**。
- 学习**数据点是独立变换的**，而**隐藏状态是有序变换的**。
- 使用 **RNN 层**自动处理隐藏状态输入和输出，而无须**遍历序列**。
- 讨论数据的形状问题以及**典型的批量优先**（**N**，**L**，**F**）和**序列优先**（**L**，**N**，**F**）在形状上的区别。
- 了解**堆叠 RNN** 和**双向 RNN** 只不过是组合**两个或多个简单 RNN**，并将它们的**输出连接起来**的不同方式。
- 训练一个**正方形模型**，将序列分类为**顺时针**方向或**逆时针**方向。
- 可视化**转换后的输入**和用于分离**最终隐藏状态**的**决策边界**。
- 通过 RNN 层内发生的每一次转换，可视化**隐藏状态之旅**。
- 将**门**添加到 RNN 单元，并将其变成**门控循环单元**。

- 学习**门**只是其中的值介于 **0 和 1 之间的向量**，隐藏状态的每个维度都有一个值。
- 将 GRU 单元拆分为相应的组件，以更好地了解其内部机制。
- 可视化**使用门**对**隐藏状态的影响**。
- 向 RNN 单元添加**另一个状态**和更多门，使其成为**长短期记忆单元**。
- 将 LSTM 单元拆分成许多组件，以更好地了解其内部机制。
- 生成**可变长度序列**。
- 了解**具有不同大小**的张量和利用**填充**使所有序列长度相等的问题。
- 将**打包**序列作为填充的替代方法，并了解**数据在打包序列中的组织方式**。
- 使用**整理函数**使数据加载器**产生您自己组装的小批量**。
- 了解**一维卷积**以及如何将它们用于**序列数据**。
- 讨论这些卷积预期的**形状**（**N，C，L**）的**另一个问题**。
- 了解**特征**在这些卷积中可以被视为**通道**。
- 了解**膨胀卷积**。
- 可视化**卷积模型**是如何学会根据正方形的**边**来对序列进行分类的。

恭喜您！您迈出了**使用序列数据构建模型**的**第一步**（非同小可的一步，所以请给自己点个赞）。您现在熟悉了**循环层**的内部工作原理，并且了解了**隐藏状态**作为**序列表示的重要性**。此外，您拥有了用来**塑造序列的工具**。

第 9 章将在此基础之上（尤其是隐藏状态部分）进行构建，并开发**生成序列**的模型。这些模型使用**编码器-解码器**架构，可以在其中添加各种内容，比如**注意力机制**、**位置编码**等。

扩展阅读

文中提到的阅读资料（网址）请读者按照本书封底的说明方法自行下载。

第 9 章（上）

序列到序列

第 9 章（上）

序列到序列

 剧透

在本章的前半部分，将：

- 了解**编码器-解码器**架构。
- 构建和训练模型，由**源序列**预测**目标序列**。
- 了解**注意力**机制及其组件（"键""值"和"查询"）。
- 构建一个**多头注意力**（multi-headed attention）机制。

 Jupyter Notebook

与第 9 章相对应的 Jupyter Notebook[133] 是 GitHub 上官方"**Deep Learning with PyTorch Step-by-Step**"资料库的一部分。您也可以直接在**谷歌 Colab**[134] 中运行它。

如果您使用的是**本地安装**，请打开您的终端或 Anaconda Prompt，导航到您从 GitHub 复制的 PyTorchStepByStep 文件夹。然后，**激活 pytorchbook 环境并运行 Jupyter Notebook**：

```
$conda activate pytorchbook
```

```
(pytorchbook) $ jupyter notebook
```

如果您使用 Jupyter 的默认设置，这个链接（http://localhost：8888/notebooks/Chapter09.ipynb）应该会打开第 9 章的 Notebook。如果没有，只需单击 Jupyter 主页中的 Chapter09.ipynb。

 导入

为了便于组织，在任何一章中使用的所有代码所需的库都在其开始时导入。在本章，需要以下的导入：

```python
import copy
import numpy as np

import torch
import torch.optim as optim
import torch.nn as nn
import torch.nn.functional as F
from torch.utils.data import DataLoader, Dataset, random_split, TensorDataset

from data_generation.square_sequences import generate_sequences
from stepbystep.v4 import StepByStep
```

.83

序列到序列

序列到序列的问题比在第 8 章中处理的问题更复杂。现在有**两个序列**：**源**序列和**目标**序列。用前者来预测后者，它们甚至可能有不同的长度。

序列到序列问题的一个典型例子是**翻译**：一个句子输入（英语单词序列），另一个句子输出（法语单词序列）。这个问题可以使用**编码器-解码器**架构来解决，其在 Sutskever I. 等人的论文 "Sequence to Sequence Learning with Neural Networks"[135]中进行了描述。

语言翻译显然是一项艰巨的任务，因此回到一个更简单的问题来说明编码器-解码器架构的工作原理。

数据生成

我们将**继续绘制**与以前**相同的正方形**，如图 9.1 所示，但这次将自己**绘制前两个角**（源序列）并要求模型**预测接下来的两个角**（目标序列）。和每个与序列相关的问题一样，**顺序很重要**，因此仅获得正确的角坐标是不够的，它们还应该**遵循相同的方向**（顺时针或逆时针）。

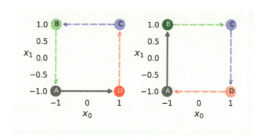

图 9.1　绘制的前两个角，从 A 开始向 D 或 B 移动

由于要从 4 个角开始，并遵循两个方向，所以实际上有 8 个可能的序列（纯色表示源序列中的角，半透明颜色表示目标序列），如图 9.2 所示。

图 9.2　可能的角序列

由于模型的期望输出是一**系列坐标**(x_0, x_1),则现在正在处理**回归问题**。因此,将使用典型的**均方误差**损失来比较**目标序列中两个点**的预测坐标和实际坐标。

生成 128 个带有随机噪声的正方形:

数据生成

```
1  points, directions = generate_sequences(n=256, seed=13)
```

然后可视化前五个正方形(与第 8 章中的相同),如图 9.3 所示:

```
fig = plot_data(points, directions, n_rows=1)
```

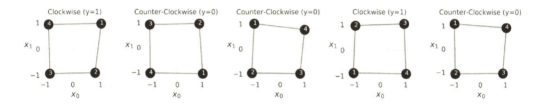

图 9.3　序列数据集

角显示它们被绘制的**顺序**。在第三个正方形中,绘图**从右上角**(对应蓝色 C 角)**开始**,**顺时针方向**(对应 CDAB 序列)。该正方形的**源序列**将包括角点 **C 和 D(1 和 2)**,而**目标序列**将依次包括角点 **A 和 B(3 和 4)**。

为了**输出一个序列**,需要一个更复杂的架构,即需要编码器-解码器架构。

编码器-解码器架构

编码器-解码器是**两种模型**的组合:**编码器和解码器**。

编码器

 　编码器的目标是**生成源序列的表示**,即对其进行编码。

　"等等,我们已经做到了,对吧?"

当然了!这就是**循环层**所做的工作:它们生成了一个**最终隐藏状态**,这是**输入序列的表示**。现在您知道为什么我如此坚持这个想法,并在第 8 章中一遍又一遍地重复它了吧。

图 9.4 应该很熟悉了:它是用来**编码源序列**的**典型循环神经网络**。

编码器模型是第 8 章模型的精简版本:它只是返回**一系列隐藏状态**。

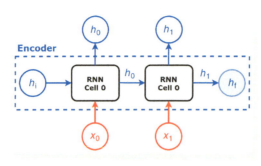

图 9.4 编码器

编码器

```
1  class Encoder(nn.Module):
2    def __init__(self, n_features, hidden_dim):
3        super().__init__()
4        self.hidden_dim = hidden_dim
5        self.n_features = n_features
6        self.hidden = None
7        self.basic_rnn = nn.GRU(self.n_features, self.hidden_dim,
8  batch_first=True)
9
10   def forward(self, X):
11       rnn_out, self.hidden = self.basic_rnn(X)
12
13       return rnn_out # N, L, F
```

"我们不是只需要**最后的隐藏状态**吗?"

这是正确的。到目前为止,**只使用最终的隐藏状态**。

在"注意"部分,将使用**所有隐藏状态**,这就是要这样实现编码器的原因。

看一个简单的**编码**示例:从一个"**完美**"的正方形的坐标序列开始,并将其拆分为**源序列和目标序列**:

```
full_seq = (torch.tensor([[-1, -1], [-1, 1], [1, 1], [1, -1]]).float().view(1, 4, 2))
source_seq = full_seq[:, :2] # 前两个角
target_seq = full_seq[:, 2:] # 后两个角
```

现在,对**源序列**进行编码并获取**最终的隐藏状态**:

```
torch.manual_seed(21)
encoder = Encoder(n_features=2, hidden_dim=2)
hidden_seq = encoder(source_seq) # 输出为 N, L, F
hidden_final = hidden_seq[:, -1:] # 使用最终的隐藏状态
hidden_final
```

输出：

```
tensor([[[ 0.3105, -0.5263]]], grad_fn=<SliceBackward>)
```

当然，模型是未经训练的，所以上面的最终隐藏状态是完全随机的。然而，在经过**训练的模型**中，最终的隐藏状态将**编码有关源序列**的信息。在第 8 章，使用它来**分类**绘制的正方形的**方向**，因此可以肯定地说，**最终隐藏状态编码了绘制方向**(顺时针或逆时针)。

很简单，对吧？现在，看一下解码器。

解码器

解码器的目标是从**初始表示**中**生成目标序列**，即**解码它**。

听起来像一个完美的匹配，不是吗？**对源序列进行编码**，获取其表示(**最终隐藏状态**)，并将其提供给**解码器**，以便**生成目标序列**。

"解码器如何将隐藏状态转换为序列？"

也可以为此使用**循环层**，如图 9.5 所示。

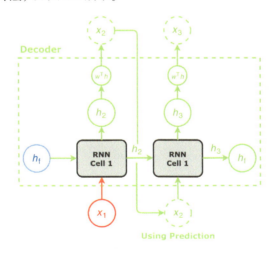

图 9.5　解码器

分析一下图 9.5：
- 在**第一步**中，**初始隐藏状态**将成为**编码器的最终隐藏状态**(h_f，蓝色)。
- 第一个单元将**输出一个新的隐藏状态**(h_2)：它既是该**单元的输出**，也是**下一个单元的输入之一**，正如在第 8 章中已经看到的那样。
- 以前，只通过线性层运行最终的隐藏状态以产生 logit，但现在**通过线性层**($w^T h$)**运行每个单元的输出**，以**将每个隐藏状态转换为预测坐标**(x_2 和 x_3)。

- 然后将**预测坐标**用作**第二步**(x_2)的输入之一。

"很好，但在**第一步**中似乎缺少一个输入。"

这是对的！**第一个单元**具有**初始隐藏状态**(h_f，蓝色，即编码器的输出)和**第一个数据点**(x_1，红色)。

假设编码器的最终隐藏状态(h_f)**编码了绘图的方向**。解码器接收该信息，并从其**第一个数据点**(x_1)开始，按照编码方向预测下一个角的坐标。当然，这只是为了培养直觉而进行的粗略简化。编码信息比这要更复杂。

在我们的例子中，解码器的第一个数据点实际上是**源序列中的最后一个数据点**，因为**目标序列**不是一个新序列，而是**源序列的延续**。

情况并非总是如此：在某些自然语言处理任务中，如翻译，其目标序列是一个新序列，第一个数据点是一些"**特殊**"词元(token)，表示该新序列的开始。

编码器和解码器之间还有一个很小但**基本**的区别：由于解码器**使用这一步的预测作为下一步的输入**，则必须**手动循环生成目标序列**。

这也意味着需要**跟踪**从这一步到下一步的**隐藏状态**，同时使用这一步的**隐藏状态作为下一步的输入**。

但是，可以通过将**隐藏状态**作为解码器模型的**属性**来轻松(并且非常优雅地)处理这个问题，而不是让隐藏状态同时作为 forward 方法的输入和输出。

解码器模型实际上与在第 8 章中开发的模型非常相似：

解码器

```
1  class Decoder(nn.Module):
2      def __init__(self, n_features, hidden_dim):
3          super().__init__()
4          self.hidden_dim = hidden_dim
5          self.n_features = n_features
6          self.hidden = None
7          self.basic_rnn = nn.GRU(self.n_features, self.hidden_dim,
8  batch_first=True)
9          self.regression = nn.Linear(self.hidden_dim, self.n_features)
10
11     def init_hidden(self, hidden_seq):
12         #只需要最终的隐藏状态
13         hidden_final = hidden_seq[:, -1:] # N, 1, H
14         #但是需要让它序列优先
15         self.hidden = hidden_final.permute(1, 0, 2) #1, N, H  ①
16
17     def forward(self, X):
18         #X是 N, 1, F
```

```
19        batch_first_output, self.hidden = self.basic_rnn(X, self.hidden)       ②
20
21
22        last_output = batch_first_output[:, -1:]
23        out = self.regression(last_output)
24
          # N, 1, F
          return out.view(-1, 1, self.n_features)                                 ③
```

① 使用编码器的**最终隐藏状态**来初始化解码器的隐藏状态。
② 循环层既使用又**更新**隐藏状态。
③ 输出与输入具有相同的形状(N, 1, F)。

来看看这些不同之处：

- 由于**初始隐藏状态**必须来自编码器，则需要一种方法来初始化隐藏状态，并设置相应的属性——尽管编码器的输出是批量优先的，而**隐藏状态**必须**始终是序列优先的**，所以对其前两个维度进行置换。
- **隐藏状态属性**可以同时用作循环层的**输入**和**输出**。
- **输出的形状**必须与**输入的形状**相匹配，即**长度为 1 的序列**。
- 当循环生成目标序列时，将**多次**调用 forward 方法。

通过代码中的实际示例可以更好地理解整个事件，因此，是时候尝试一些**解码**来**生成目标序列**了：

```
torch.manual_seed(21)
decoder = Decoder(n_features=2, hidden_dim=2)

#初始隐藏状态将是编码器的最终隐藏状态
decoder.init_hidden(hidden_seq)
#初始数据点是源序列的最后一个元素
inputs = source_seq[:, -1:]

target_len = 2
for i in range(target_len):
    print(f'Hidden: {decoder.hidden}')
    out = decoder(inputs) # 预测坐标
    print(f'Output: {out}\n')
    #预测坐标是下一步的输入
    inputs = out
```

输出：

```
Hidden: tensor([[[ 0.3105, -0.5263]]], grad_fn=<SliceBackward>)
Output: tensor([[[-0.2339, 0.4702]]], grad_fn=<ViewBackward>)

Hidden: tensor([[[ 0.3913, -0.6853]]], grad_fn=<StackBackward>)
Output: tensor([[[-0.0226, 0.4628]]], grad_fn=<ViewBackward>)
```

创建了一个**循环**来生成**长度为 2 的目标序列**，使用这一步的预测作为下一步的输入。另一方面，隐藏状态完全由模型本身使用其 hidden 属性处理。

但是，上述方法存在**一个问题**，**未经训练的模型**会做出**非常糟糕的预测**，而这些预测仍将用作后续步骤的输入。这给模型训练徒增了很多**困难**，因为**这一步中的预测误差是由**（**未经训练的**）**模型和上一步中的预测误差引起的**。

"难道不能用**实际的目标序列**来代替吗？"

当然可以！这种技术称为**教师强制**（teacher forcing）。

教师强制

思路很简单：**忽略预测**并使用来自**目标序列的真实数据**。在代码中，只需要更改**最后一行**：

```python
#初始隐藏状态将是编码器的最终隐藏状态
decoder.init_hidden(hidden_seq)
#初始数据点是源序列的最后一个元素
inputs = source_seq[:, -1:]

target_len = 2
for i in range(target_len):
    print(f'Hidden: {decoder.hidden}')
    out = decoder(inputs) # 预测坐标
    print(f'Output: {out}\n')
    # 完全忽略了预测并使用真实数据代替
    inputs = target_seq[:, i:i+1]
```
①

① 下一步的输入不再是预测。

输出：

```
Hidden: tensor([[[ 0.3105, -0.5263]]], grad_fn=<SliceBackward>)
Output: tensor([[[-0.2339, 0.4702]]], grad_fn=<ViewBackward>)

Hidden: tensor([[[ 0.3913, -0.6853]]], grad_fn=<StackBackward>)
Output: tensor([[[0.2265, 0.4529]]], grad_fn=<ViewBackward>)
```

现在，**错误的预测**只能追溯到**模型本身**，前面步骤中的任何错误预测都不会产生任何影响。

"这对训练时间**很有好处**，但是当目标序列未知时，对**测试**时间的影响又如何呢？"

在**测试**时，无法避免仅使用模型**自己对先前步骤的预测**。

问题是，使用**教师强制**训练的模型，将在**目标序列的每一步都提供正确输入**的情况下最小化损失。但是，由于在**测试时永远不会出现这种情况**，因此当使用**自己的预测作为输入**时，模型可能会**表现不佳**。

"那我们能做些什么呢？"

还是随机应变吧。在训练过程中，模型**有时**会使用**教师强制**，**有时**会使用**自己的预测**。所以偶尔会通过提供实际输入来帮助模型，但仍然强制它足够健壮以生成和使用自己的输入。在代码中，只需要添加**一个 if 语句**并**抽取一个随机数**：

```python
#初始隐藏状态是编码器的最终隐藏状态
decoder.init_hidden(hidden_seq)
#初始数据点是源序列的最后一个元素
inputs = source_seq[:, -1:]

teacher_forcing_prob = 0.5
target_len = 2
for i in range(target_len):
    print(f'Hidden: {decoder.hidden}')
    out = decoder(inputs)
    print(f'Output: {out}\n')
    #如果它是教师强制
    if torch.rand(1) <= teacher_forcing_prob:
        #获取实际元素
        inputs = target_seq[:, i:i+1]
    else:
        #否则使用最后的预测输出
        inputs = out
```

输出：

```
Hidden: tensor([[[ 0.3105, -0.5263]]], grad_fn=<SliceBackward>)
Output: tensor([[[-0.2339, 0.4702]]], grad_fn=<ViewBackward>)

Hidden: tensor([[[ 0.3913, -0.6853]]], grad_fn=<StackBackward>)
Output: tensor([[[0.2265, 0.4529]]], grad_fn=<ViewBackward>)
```

您可以将 teacher_forcing_prob 设置为 1.0 或 0.0，以复制之前生成的两个输出中的任何一个。现在是时候归纳总结一下了。

▶▶ 编码器+解码器

图 9.6 说明了从编码器到解码器的信息流。

再来回顾一遍：

- **编码器**接收**源序列**(x_0 和 x_1，红色)并生成**源序列的表示**，即其**最终隐藏状态**(h_f，蓝色)。
- **解码器**接收来自**编码器的隐藏状态**(h_f，蓝色)，连同**序列的最后一个已知元素**(x_1，红色)，输出**隐藏状态**(h_2，绿色)，并**转换为第一个使用线性层**($w^T h$，绿色)的一组预测坐标(x_2，绿色)。
- 在循环的下一次迭代中，模型**随机使用预测的**(x_2，绿色)或**实际的**(x_2，红色)**坐标集**作为其输入之一，从而输出**第二组预测坐标**(x_3)达到**目标长度**。
- **编码器+解码器**模型的**最终输出**是预测**坐标的完整序列**：$[x_2, x_3]$。

可以将迄今为止开发的点点滴滴整合成一个模型，给定编码器和解码器模型，它可以实现一个

forward 方法，将**输入分成**源序列和目标序列，循环**生成目标序列**，以及在训练模式下实施教师强制。

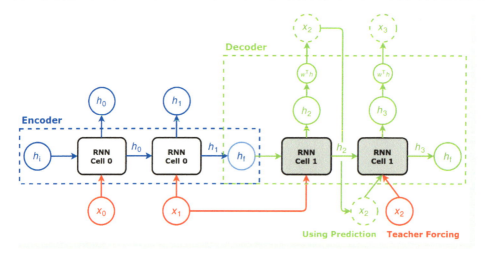

图 9.6　编码器+解码器

下面的模型主要是关于处理集成编码器和解码器所需的模板：

编码器+解码器

```
1  class EncoderDecoder(nn.Module):
2      def __init__(self, encoder, decoder, input_len,
3                   target_len, teacher_forcing_prob=0.5):
4          super().__init__()
5          self.encoder = encoder
6          self.decoder = decoder
7          self.input_len = input_len
8          self.target_len = target_len
9          self.teacher_forcing_prob = teacher_forcing_prob
10         self.outputs = None
11
12     def init_outputs(self, batch_size):
13         device = next(self.parameters()).device
14         # N, L (目标), F
15         self.outputs = torch.zeros(batch_size,
16                                    self.target_len,
17                                    self.encoder.n_features).to(device)
18
19     def store_output(self, i, out):
20         #存储输出
21         self.outputs[:, i:i+1, :] = out
22
23     def forward(self, X):
24         #拆分源序列和目标序列中的数据
25         #目标序列在测试模式下将为空
26         # N, L, F
```

```
27            source_seq = X[:, :self.input_len, :]
28            target_seq = X[:, self.input_len:, :]
29            self.init_outputs(X.shape[0])
30
31            #预期编码器 N, L, F
32            hidden_seq = self.encoder(source_seq)
33            #输出是 N, L, H
34            self.decoder.init_hidden(hidden_seq)
35
36            #编码器的最后一个输入也是解码器的第一个输入
37            dec_inputs = source_seq[:, -1:, :]
38
39            #生成与目标长度一样多的输出
40            for i in range(self.target_len):
41                #解码器的输出是 N, 1, F
42                out = self.decoder(dec_inputs)
43                self.store_output(i, out)
44
45                prob = self.teacher_forcing_prob
46                #在评估/测试中目标序列是未知的
47                #所以不能使用教师强制
48                if not self.training:
49                    prob = 0
50
51                #如果它是教师强制
52                if torch.rand(1) <= prob:
53                    #获取实际元素
54                    dec_inputs = target_seq[:, i:i+1, :]
55                else:
56                    #否则使用最后的预测输出
57                    dec_inputs = out
58
59            return self.outputs
```

真正新添加的是 init_outputs 方法,它创建了一个用于存储生成的目标序列的张量,以及 store_output 方法,它实际上存储了解码器产生的输出。

使用已经创建的另外两个模型来创建上面模型的实例:

```
encdec = EncoderDecoder(encoder, decoder,
                input_len=2, target_len=2,
                teacher_forcing_prob=0.5)
```

在**训练模式**下,模型需要**完整的序列**,因此它可以随机使用**教师强制**:

```
encdec.train()
encdec(full_seq)
```

输出:

```
tensor([[[-0.2339, 0.4702],
        [ 0.2265, 0.4529]]], grad_fn=<CopySlices>)
```

但是，在**评估/测试模式**下，它**只需要源序列**作为输入：

```
encdec.eval()
encdec(source_seq)
```

输出：

```
tensor([[[-0.2339, 0.4702],
         [-0.0226, 0.4628]]], grad_fn=<CopySlices>)
```

利用这些知识来构建**训练集和测试集**。

▶ 数据准备

对于**训练集**，需要**完整的序列**作为**特征**(X)来使用**教师强制**，**目标序列**作为**标签**(y)，这样就可以计算**均方误差**损失了：

数据生成——训练

```
1  points, directions = generate_sequences(n=256, seed=13)
2  full_train = torch.as_tensor(points).float()
3  target_train = full_train[:, 2:]
```

但是，对于**测试集**，只需要**源序列**作为**特征**(X)，**目标序列**作为**标签**(y)：

数据生成——测试

```
1  test_points, test_directions = generate_sequences(seed=19)
2  full_test = torch.as_tensor(test_points).float()
3  source_test = full_test[:, :2]
4  target_test = full_test[:, 2:]
```

这些都是简单的张量，所以可以使用 TensorDatasets 和简单的数据加载器：

数据准备

```
1  train_data = TensorDataset(full_train, target_train)
2  test_data = TensorDataset(source_test, target_test)
3  generator = torch.Generator()
4  train_loader = DataLoader(train_data, batch_size=16,
5                            shuffle=True, generator=generator)
6  test_loader = DataLoader(test_data, batch_size=16)
```

在 1.7 版本中，PyTorch 对 DataLoader 中负责**打乱**数据的随机采样器进行了**修改**。为了**确保可重复性**，我们需要为 DataLoader **分配一个** Generator(在第 4 章使用其他采样器时做了类似的事情)。幸运的是，StepByStep 类**已经**在它的 set_seed 方法中为生成器**设置了一个种子**(如果有的话)，所以您不需要担心这个。

顺便说一句，这次**没有使用方向**来构建数据集。

现在拥有**训练第一个序列到序列模型**所需的一切了！

模型配置和训练

模型配置非常简单：创建编码器和解码器模型，将它们用作处理模板的大型 EncoderDecoder 模型的参数，并像往常一样创建损失和优化器。

模型配置

```
1  torch.manual_seed(23)
2  encoder = Encoder(n_features=2, hidden_dim=2)
3  decoder = Decoder(n_features=2, hidden_dim=2)
4  model = EncoderDecoder(encoder, decoder, input_len=2,
5                         target_len=2, teacher_forcing_prob=0.5)
6  loss = nn.MSELoss()
7  optimizer = optim.Adam(model.parameters(), lr=0.01)
```

接下来，使用 StepByStep 类来训练模型：

模型训练

```
1  sbs_seq = StepByStep(model, loss, optimizer)
2  sbs_seq.set_loaders(train_loader, test_loader)
3  sbs_seq.train(100)
```

```
fig = sbs_seq.plot_losses()
```

结果如图 9.7 所示。

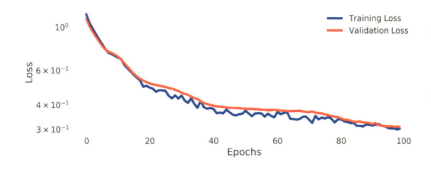

图 9.7 损失——编码器+解码器

只有在处理这样的"回归"问题时，才能通过查看损失来判断模型的性能有多差。将**预测可视化**后效果会更加明显。

可视化预测

绘制**预测坐标**并使用**虚线**连接它们，同时使用**实线**连接**实际坐标**。**测试集**的前**十个序列**如图 9.8 所示：

```
fig = sequence_pred(sbs_seq, full_test, test_directions)
```

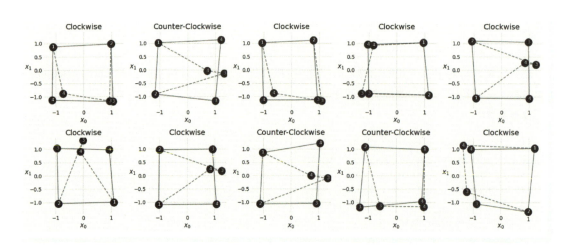

图 9.8 预测

结果是**喜忧参半**的。在**一半**的序列中，**预测坐标**与实际坐标**非常接近**。但是，在另一半中，预测坐标**相互重叠**并且接近实际坐标之间的中点。无论出于何种原因，只要**第一个角**在正方形的**右边**，该模型就能够学会做出**很好的预测**，否则预测就非常糟糕。

▶ 我们能做得更好吗？

编码器–解码器架构非常有趣，但它有一个**瓶颈**：整个**源序列**由**单个隐藏状态表示**，即编码器部分的最终隐藏状态。即使对于这样的非常短的源序列，让**解码器用这么少的信息生成目标序列**也是一个**难以满足的要求**。

"我们可以让解码器使用更多信息吗？"

我们当然可以！

注意力

这是一个(不是那么)疯狂的想法：如果**解码器**可以**选择**一个(或多个)**编码器的隐藏状态**来使用，而不是被迫只能选择最后一个呢？这肯定会让它更**灵活**地使用隐藏状态，这在**目标序列生成**的给定步骤中**更有用**。

用一个简单的、非数字的例子来说明它：使用谷歌翻译从英语翻译成法语。原句为"the European economic zone"，其法语翻译为"la zone économique européenne"。

现在，比较一下它们的第一个单词：法语中的"la"显然对应于英语中的"the"。我对您的问题是：

"谷歌(或任何其他翻译工具)能否在没有任何其他信息的情况下将'**the**'翻译成'la'？"

答案是**不能**。英语中只有一个定冠词——"the"，而法语(和许多其他语言)有很多定冠词。这意味着"the"**可以被翻译成多种不同的方式**，只有在找到它所指的**名词**之后才能确定正确的(翻译的)冠词。在这种情况下，名词是 zone，它是英语句子中的**最后一个单词**。巧合的是，它的翻译也是 zone，在法语中是**单数阴性名词**，因此在这种情况下，"la"是"the"的正确翻译。

"那又怎样？这和隐藏状态有什么关系？"

好吧，如果认为英语句子是 一个(**源**)**单词序列**，那么法语句子就是一个(**目标**)**单词序列**。假设可以将每个单词映射到一个数字向量，那么可以使用编码器对英语单词进行编码，**每个单词对应一个隐藏状态**。

解码器的作用是**生成翻译后的单词**，如果允许解码器**从编码器中选择**由哪些**隐藏状态**来生成每个输出，这意味着它可以**选择**由**哪些英语单词**来生成每个翻译的单词。

已经看到，为了将"the"翻译成"la"，翻译者(即解码器)需要知道对应的名词，因此可以合理地假设解码器会选择第一个和最后一个编码隐藏状态(对应英文句子中的"the"和"zone")生成第一个翻译词。

换句话说，可以说解码器正在**关注源序列**中的不同元素。简而言之，这就是著名的**注意力机制**。

现在，试着回答这个问题：

"为了生成第二个法语单词(zone)，解码器要注意哪个英语单词？"

可以合理地假设它只关注最后一个英文单词，即"zone"。其余的英文单词不应该在这个特定的翻译片段中发挥作用。

更进一步，构建一个以英语单词(源序列)为列，法语单词(目标序列)为行的矩阵，如图 9.9 所示。该矩阵中的条目代表解码器对每个英语单词分配**多少注意力**以生成给定法语单词的猜测。

顺便说一句，图 9.9 中的数字完全是虚构的。由于翻译的"la"是基于"the"和"zone"的，我只是猜测翻译者(解码器)可能将 80% 的注意力分配给定冠词，剩下 20% 的注意力分配给相应的名词，用来确定其极性。这些权重或 α 值是**注意力分数**。

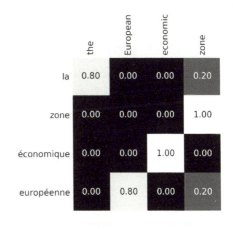

图 9.9 为翻译而使用的注意力

来自编码器的隐藏状态与解码器的**相关性越大，分数越高**。

"好的，我知道注意力分数代表了什么，但解码器实际上是**如何**使用它们的呢？"

如果您还没有注意到的话，其实**注意力分数**实际上**加起来是1**，因此它们将用于计算**编码器隐藏状态的加权平均值**。

使其尽量简短，将有助于对此问题的理解：所以只翻译两个单词，从英语中的"the zone"到法语中的"la zone"。然后，可以使用前面介绍的**编码器-解码器**架构，如图 9.10 所示。

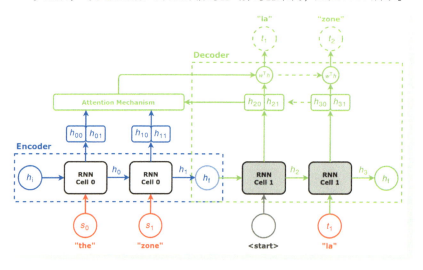

图 9.10 用于翻译的编码器-解码器

在上面的翻译示例中，源序列和目标序列是独立的，因此解码器的**第一个输入**不再是源序列的最后一个元素，而是指示**新序列**开始的**特殊词元**。

主要区别在于，**解码器**不会仅仅根据**自己的隐藏状态生成预测**，而是会使用**注意力机制**来帮助它决定必须注意源序列的哪些部分。

在这个虚构的例子中，注意力机制通知解码器它应该将80%的注意力放在编码器与单词"the"相对应的隐藏状态上，剩下20%的注意力放在单词"zone"上。图 9.11 说明了这一点。

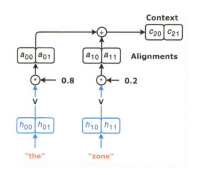

图 9.11 为单词分配注意力

▶▶ "值"

从现在开始，将**编码器的隐藏状态**(或它们的仿射变换)称为**"值"**(**V**)。"值"与其相应的**注意力分数**相乘的结果称为**对齐向量**。而且，正如您在图 9.11 中看到的那样，所有**对齐向量的总和**(即隐藏状态的加权平均值)称为**上下文向量**。

$$\text{上下文向量} = \underbrace{\alpha_0 * h_0}_{\text{对齐向量0}} + \underbrace{\alpha_1 * h_1}_{\text{对齐向量1}} = 0.8 * \text{值}_{the} + 0.2 * \text{值}_{zone}$$

式 9.1-上下文向量

> "好的，但是注意力分数是从**哪里**来的？"

▶▶ "键"和"查询"

注意力分数是基于将**解码器**(h_2)的**每个隐藏状态**与**编码器**(h_0和h_1)的每个隐藏状态进行的**匹配**。其中一些将是**好的匹配**(较高的注意力分数)，而另一些将是**较差的匹配**(低注意力分数)，如图 9.12 所示。

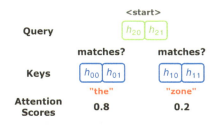

图 9.12 将查询与键匹配

> **编码器的隐藏状态**称为**"键"**(**K**)，而**解码器的隐藏状态**称为**"查询"**(**Q**)。

> "等一下……我以为**编码器的隐藏状态**被称为**'值'**(**V**)……"

您说得很对。**编码器的隐藏状态**同时用作**"键"**(**K**)和**"值"**(**V**)。稍后，对隐藏状态应用**仿射变换**，一个用于"键"，另一个用于"值"，因此它们实际上将具有不同的值。

> "这些名字到底是从哪里来的？"

好吧，一般的想法是**编码器**像**键-值存储**一样工作，就好像它是某种数据库一样，然后**解码器**就可以**查询**它。注意力机制将在其键(匹配部分)中**查找查询并返回其值**。老实说，我认为这个想法没有多大帮助，因为该机制不会返回单个原始值，而是返回所有这些值的加权平均值。但是这个命名约定无处不在,所以您需要知道它。

"在这种情况下,为什么'the'的匹配程度会比'zone'更好?"

很好。这些是虚构的值,它们的唯一目的是说明注意力机制。如果有帮助,请考虑句子更有可能以"the"开头而不是"zone",因此前者可能更适合特殊的<start>词元。

"好,接着往下讲吧……"

谢谢!即使实际上还没有讨论**如何**将给定的"查询"(Q)与"键"(K)**匹配**,但可以更新图形以包含它们,如图9.13所示。

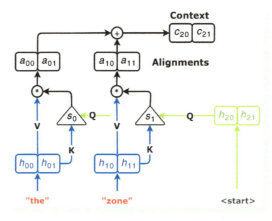

图9.13 计算上下文向量

"查询"(Q)与两个**"键"(K)匹配**,由此得到用于计算**上下文向量**的**注意力分数**(s),它们只是**"值"(V)的加权平均**。

▶ 计算上下文向量

使用我们自己的序列到序列问题和"**完美**"的正方形作为输入来查看一个简单的代码示例:

```
full_seq = (torch.tensor([[-1, -1], [-1, 1], [1, 1], [1, -1]]).float().view(1, 4, 2))
source_seq = full_seq[:, :2]
target_seq = full_seq[:, 2:]
```

源序列是**编码器**的输入,它输出的**隐藏状态**将是**"值"**(V)和**"键"**(K):

```
torch.manual_seed(21)
encoder = Encoder(n_features=2, hidden_dim=2)
hidden_seq = encoder(source_seq)

values = hidden_seq # N, L, H
values
```

输出：

```
tensor([[[ 0.0832, -0.0356], [ 0.3105, -0.5263]]], grad_fn=<PermuteBackward>)

keys = hidden_seq # N, L, H
keys
```

输出：

```
tensor([[[ 0.0832, -0.0356], [ 0.3105, -0.5263]]], grad_fn=<PermuteBackward>)
```

编码器-解码器动态保持完全相同：仍然使用**编码器的最终隐藏状态**作为**解码器的初始隐藏状态**(尽管会将整个序列发送到解码器，但它仍然只使用最后一个隐藏状态)，使用**源序列的最后一个元素**作为解码器第一步的**输入**：

```
torch.manual_seed(21)
decoder = Decoder(n_features=2, hidden_dim=2)
decoder.init_hidden(hidden_seq)

inputs = source_seq[:, -1:]
out = decoder(inputs)
```

第一个"查询"(Q)是解码器的隐藏状态(记住，隐藏状态总是序列优先，所以将其置换为批量优先)：

```
query = decoder.hidden.permute(1, 0, 2) # N, 1, H
query
```

输出：

```
tensor([[[ 0.3913, -0.6853]]], grad_fn=<PermuteBackward>)
```

好的，得到了"键"和"查询"，所以假设可以使用它们计算**注意力分数**(α)：

```
def calc_alphas(ks, q):
    N, L, H = ks.size()
    alphas = torch.ones(N, 1, L).float() * 1/L
    return alphas

alphas = calc_alphas(keys, query)
alphas
```

输出：

```
tensor([[[0.5000, 0.5000]]])
```

必须确保 α 具有**正确的形状**($N, 1, L$)，这样，当乘以**形状为**(N, L, H)的**"值"**时，它将得到**形状为**($N, 1, H$)的对齐向量的加权和。可以使用**批量矩阵乘法**(torch.bmm)：

$$(N, 1, L) \times (N, L, H) = (N, 1, H)$$

式 9.2-批量矩阵乘法的形状

换句话说，可以简单地**忽略第一个维度**，PyTorch 将检查小批量中的所有元素：

```
#N, 1, L x N, L, H -> 1, L x L, H -> 1, H
context_vector = torch.bmm(alphas, values)
context_vector
```

输出：

```
tensor([[[ 0.1968, -0.2809]]], grad_fn=<BmmBackward0>)
```

 "为什么要在所有事物的**矩阵乘法**上花这么多时间？"

尽管这似乎是一个相当基础的话题，但正确地**确定形状和尺寸**对于正确实施算法或技术至关重要。有时，在操作中使用错误的维度可能不会引发明显的误差，但它会**损害模型的学习能力**。出于这个原因，我相信花一些时间详细了解它是值得的。

一旦**上下文向量**准备好，就可以将它**连接**到"**查询**"（**解码器的隐藏状态**），并将其用作实际生成预测坐标的线性层的输入：

```
concatenated = torch.cat([context_vector, query], axis=-1)
concatenated
```

输出：

```
tensor([[[ 0.1968, -0.2809, 0.3913, -0.6853]]], grad_fn=<CatBackward>)
```

图9.14 说明了编码器、解码器和注意力机制的所有内容。

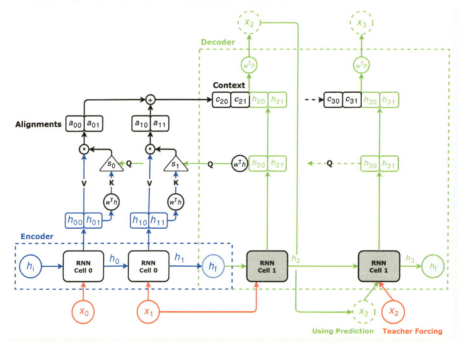

图9.14　编码器+解码器+注意力机制

"注意力机制看起来不同……现在'键'和'查询'都有**仿射变换**($w^T h$)……"

是的,**评分方法**将使用**转换后的"键"和"查询"**来计算**注意力分数**,所以我已经将它们包含在图 9.14 中。顺便说一句,这是一个将信息总结成表格的好时机:

	键(K)	查询(Q)	值(V)
源	编码器	解码器	编码器
仿射变换	是	是	不是
目的	评分	评分	对齐向量

"我想现在是时候看看**评分方法如何**运作了,对吧?"

绝对是这样!了解**评分方法**如何将"查询"和"键"之间的**良好匹配**转换为**注意力分数**。

评分方法

"键"(K)是编码器的隐藏状态,**"查询"**(Q)是解码器的隐藏状态。它们都是维数相同的**向量**,即底层循环神经网络的**隐藏维数**。

评分方法需要确定**两个向量**是否**良好匹配**,或者换种说法,它**需要确定两个向量**是否相似。

"如何计算两个向量之间的**相似度**?"

好吧,这实际上很简单:使用**余弦相似度**。如果两个向量**指向同一方向**,则它们的余弦相似度是 **1**。如果它们是**正交的**(即它们之间存在直角),则它们的余弦相似度为 **0**。如果它们指向**相反的方向**,则它们的余弦相似度为 **−1**。

其公式为:

$$\cos\theta = \frac{\sum_i q_i k_i}{\sqrt{\sum_j q_j^2} \sqrt{\sum_j k_j^2}}$$

式 9.3 - 余弦相似度

不幸的是,余弦相似度**并没有**考虑向量的**范数**(**大小**),只考虑它的方向(向量的大小在上式的分母中)。

"如果我们通过两个向量的**范数**来衡量相似度怎么样?"

做一下变形：

$$\cos\theta \sqrt{\sum_j q_j^2} \sqrt{\sum_j k_j^2} = \sum_i q_i k_i$$

式 9.4 - 缩放的余弦相似度

余弦旁边的两项是向量"**查询**"(**Q**)和"**键**"(**K**)的**范数**，而等式右边的项实际上是两个向量之间的**点积**：

$$\cos\theta \|Q\| \|K\| = Q \cdot K$$

式 9.5 - 余弦相似度与点积

点积等于余弦相似度乘以**向量的范数**。换句话说，点积：
- 会**更高**(小角度和**大余弦值**)，如果"**键**"(**K**)和"**查询**"(**Q**)向量都**对齐**。
- 与"**查询**"向量(**Q**)的范数(**大小**)成**正比**。
- 与"**键**"向量(**K**)的范数(**大小**)成**正比**。

点积是计算**对齐**(**和注意力**)**分数**的最常用方法之一，但它不是唯一的方法。有关不同机制的更多信息以及一般注意事项，请参阅 Lilian Weng 关于该主题的精彩博文[136]。

要一次计算所有点积，可以再次使用 PyTorch 的批量矩阵乘法(torch.bmm)。但是，必须通过**置换**最后**两个维度**来转置"**键**"矩阵：

```
# N, 1, H x N, H, L -> N, 1, L
products = torch.bmm(query, keys.permute(0, 2, 1))
products
```

输出：

```
tensor([[[0.0569, 0.4821]]], grad_fn=<BmmBackward0>)
```

"但这些值**加起来不等于1**……它们不可能是**注意力分数**，对吧？"

您说得很对，这些是**对齐分数**。

注意力分数

要将对齐分数转换为**注意力分数**，可以使用 **softmax** 函数：

```
alphas = F.softmax(products, dim=-1)
alphas
```

输出：

```
tensor([[[0.3953, 0.6047]]], grad_fn=<SoftmaxBackward>)
```

这还差不多，它们加起来就是1！上面的注意力分数意味着**第一个隐藏状态**贡献了**大约40%**的**上下文向量**，而**第二个隐藏状态**贡献了剩余的**60%**的上下文向量。

也可以通过**更新** calc_alphas 函数来**实际计算它们**：

```
def calc_alphas(ks, q):
    #N, 1, H x N, H, L -> N, 1, L
    products = torch.bmm(q, ks.permute(0, 2, 1))
    alphas = F.softmax(products, dim=-1)
    return alphas
```

可视化上下文向量

从创建 1 个虚拟"查询"和 3 个虚拟"键"开始：

```
q = torch.tensor([.55, .95]).view(1, 1, 2) # N, 1, H
k = torch.tensor([[.65, .2],
                  [.85, -.4],
                  [-.95, -.75]]).view(1, 3, 2) # N, L, H
```

然后，**可视化**向量及其**范数**，以及每个"键"和"查询"之间的角度的**余弦**：

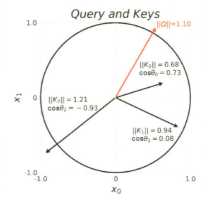

可以使用上图中的值来计算每个"键"和"查询"之间的**点积**：

$$Q \cdot K_0 = \cos \theta_0 \|Q\| \|K_0\| = 0.73 * 1.10 * 0.68 = 0.54$$

$$Q \cdot K_1 = \cos \theta_1 \|Q\| \|K_1\| = 0.08 * 1.10 * 0.94 = 0.08$$

$$Q \cdot K_2 = \cos \theta_2 \|Q\| \|K_2\| = -0.93 * 1.10 * 1.21 = -1.23$$

式 9.6-点积

```
#N, 1, H x N, H, L -> N, 1, L
prod = torch.bmm(q, k.permute(0, 2, 1))
prod
```

输出：

```
tensor([[[ 0.5475, 0.0875, -1.2350]]])
```

尽管**第一个**"键"（K_0）的**大小最小**，但它与"查询"的**对齐最好**，总体而言，它是具有**最大点积**的"键"。这意味着**解码器**将**最关注**这个特定的键。

将 softmax 应用于这些值，就得到了以下的**注意力分数**：

```
scores = F.softmax(prod, dim=-1)
scores
```

输出：

```
tensor([[[0.5557, 0.3508, 0.0935]]])
```

不出所料，第一个键的权重最大。使用这些权重来计算**上下文向量**：

$$\text{上下文向量} = 0.5557 * \begin{bmatrix} 0.65 \\ 0.20 \end{bmatrix} + 0.3508 * \begin{bmatrix} 0.85 \\ -0.40 \end{bmatrix} + 0.0935 * \begin{bmatrix} -0.95 \\ -0.75 \end{bmatrix}$$

式9.7-计算上下文向量

```
v = k
context = torch.bmm(scores, v)
context
```

输出：

```
tensor([[[ 0.5706, -0.0993]]])
```

再一次，**可视化**上下文向量：

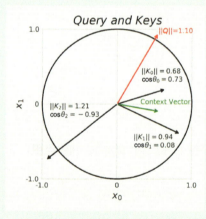

由于上下文向量是**值**(或键，因为还没有应用任何仿射变换)的**加权和**，所以它的位置在其他向量之间的某个地方是合乎逻辑的。

▶▶ 缩放点积

到目前为止，我们在"查询"和每个"键"之间使用了简单的**点积**。但是，假设两个向量之间的点积是两个向量逐元素相乘后的**元素之和**，猜猜当向量增长到**更大的维数**时会发生什么？**方差**也**变大**了。

因此，需要(在某种程度上)通过乘以**标准差的倒数**，即缩放点积的方式来对其进行**标准化**：

$$\text{缩放点积} = \frac{Q \cdot K}{\sqrt{d_k}}$$

式9.8-缩放点积

```
dims = query.size(-1)
scaled_products = products / np.sqrt(dims)
scaled_products
```

输出：

```
tensor([[[0.0403, 0.3409]]], grad_fn=<DivBackward0>)
```

 "为什么我们需要对点积进行缩放？"

如果不这样做，注意力分数的分布将变得过于偏斜，因为 **softmax** 函数实际上受到其输入**缩放**的影响：

```
dummy_product = torch.tensor([4.0, 1.0])
(F.softmax(dummy_product, dim=-1), F.softmax(100* dummy_product, dim=-1))
```

输出：

```
(tensor([0.9526, 0.0474]), tensor([1., 0.]))
```

看到了吗？随着点积的缩放越来越大，得到的 softmax 分布变得越来越偏斜。
在我们的例子中，区别并不明显，因为向量**只有两个维度**：

```
alphas = F.softmax(scaled_products, dim=-1)
alphas
```

输出：

```
tensor([[[0.4254, 0.5746]]], grad_fn=<SoftmaxBackward>)
```

使用**缩放点积**计算**上下文向量**的过程通常如图 9.15 所示。

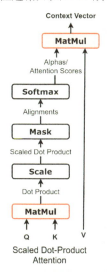

图 9.15 缩放的点积注意力

点积的标准差

您可能已经注意到,将**维数的平方根**作为**标准差**是凭空出现的。没有关于它的证明或任何东西,但我们可以尝试**模拟**大量的点积,看看会发生什么。

```
n_dims = 10
vector1 = torch.randn(10000, 1, n_dims)
vector2 = torch.randn(10000, 1, n_dims).permute(0, 2, 1)
torch.bmm(vector1, vector2).squeeze().var()
```

输出:

```
tensor(9.8681)
```

即使来自编码器和解码器的隐藏状态值都被**双曲正切限制为**$(-1, 1)$,仍可能会对这些值执行**仿射变换**以同时生成"键"和"查询"。这意味着上面的模拟(其值是从**正态分布**中提取的)并不像乍看起来那样牵强。

如果尝试不同的维数值,您会发现就平均而言,**方差等于维数**。因此,**标准差**由**维数的平方根**给出:

$$\mathrm{Var}(\text{向量}1\cdot\text{向量}2) = d_{\text{向量}1} = d_{\text{向量}2}$$

$$\sigma(\text{向量}1\cdot\text{向量}2) = \sqrt{d_{\text{向量}1}} = \sqrt{d_{\text{向量}2}}$$

式 9.9 - 点积的标准差

如果您更喜欢以代码的形式看到它,则它看起来像这样:

```
def calc_alphas(ks, q):
    dims = q.size(-1)
    # N, 1, H x N, H, L -> N, 1, L
    products = torch.bmm(q, ks.permute(0, 2, 1))
    scaled_products = products / np.sqrt(dims)
    alphas = F.softmax(scaled_products, dim=-1)
    return alphas
```

```
alphas = calc_alphas(keys, query)
# N, 1, L x N, L, H -> 1, L x L, H -> 1, H
context_vector = torch.bmm(alphas, values)
context_vector
```

输出:

```
tensor([[[ 0.2138, -0.3175]]], grad_fn=<BmmBackward0>)
```

"代码中仍然缺少**掩码**……这是怎么回事?"

我们将很快在下一节中讨论。请保持这个想法!

现在需要组织这一切，建立一个类来处理注意力机制。

▶ 注意力机制

完整的注意力机制如图 9.16 所示。

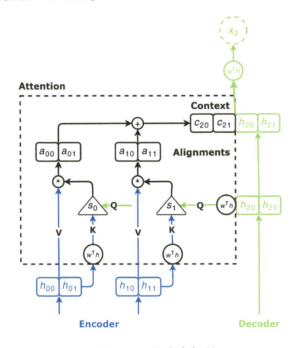

图 9.16　注意力机制

 对于注意力机制的一些很酷的**动画**，一定要查看这些很棒的帖子：Jay Alammar 的"Visualizing A Neural Machine Translation Model"[137] 和 Raimi Karim 的"Attn：Illustrated Attention"[138]。

在序列到序列问题中，特征和隐藏状态都是二维的。可以选择**任意数量的隐藏维度**，但使用两个隐藏维度可以更轻松地可视化图表和绘图。

通常情况**并非**如此，**隐藏维度**的数量与**特征**的数量（**输入维度**）不同。目前，这种**维度的变化**是由**循环层**执行的。

 自注意力（self-attention）机制（下一个主题）**不再**使用循环层，因此必须以不同的方式处理这种维度变化。幸运的是，应用于"键""查询"和"值"（很快）的**仿射变换**也可用于将**维度**从输入数**更改**为隐藏维数。因此，在 Attention 类中包含一个 input_dim 参数来处理这个问题。

相应的代码被整齐地组织成一个模型，如下所示：

注意力机制

```python
class Attention(nn.Module):
  def __init__(self, hidden_dim, input_dim=None, proj_values=False):
    super().__init__()
    self.d_k = hidden_dim
    self.input_dim = hidden_dim if input_dim is None else input_dim
    self.proj_values = proj_values
    # Q、K 和 V 的仿射变换
    self.linear_query = nn.Linear(self.input_dim, hidden_dim)
    self.linear_key = nn.Linear(self.input_dim, hidden_dim)
    self.linear_value = nn.Linear(self.input_dim, hidden_dim)
    self.alphas = None

  def init_keys(self, keys):
    self.keys = keys
    self.proj_keys = self.linear_key(self.keys)
    self.values = self.linear_value(self.keys) \
                  if self.proj_values else self.keys

  def score_function(self, query):
    proj_query = self.linear_query(query)
    #缩放点积
    # N, 1, H x N, H, L -> N, 1, L
    dot_products = torch.bmm(proj_query, self.proj_keys.permute(0, 2, 1))
    scores = dot_products / np.sqrt(self.d_k)
    return scores

  def forward(self, query, mask=None):
    #查询是批量优先 N, 1, H
    scores = self.score_function(query) # N, 1, L                    ①
    if mask is not None:
      scores = scores.masked_fill(mask == 0, -1e9)
    alphas = F.softmax(scores, dim=-1) # N, 1, L                     ②
    self.alphas = alphas.detach()

    # N, 1, L x N, L, H -> N, 1, H
    context = torch.bmm(alphas, self.values)                         ③
    return context
```

① 第一步：对齐分数(缩放点积)。
② 第二步：注意力分数(α)。
③ 第三步：上下文向量。

回顾一下以上模型中的每一种方法。

- 在构造方法中，有：
    - **3 个线性层**对应于"键"和"查询"的**仿射变换**(以及"值"的未来变换)。
    - 隐藏维度数的一个属性(用于缩放点积)。

- 注意力分数(α)的占位符。
- init_keys 方法用来从**编码器**接收**隐藏状态的批量优先**序列。
  - 这些在开始时**计算一次**,并且将在每次提交给注意力机制的**新"查询"**中**反复**使用。
  - 因此,最好将"键"和"值"**初始化一次**,而不是每次都将它们作为参数传递给 forward 方法。
- score_function 只是按比例**缩放点积**,但这次在"查询"上使用仿射变换。
- forward 方法将**批量优先隐藏状态**作为**"查询"**,并执行**注意力机制**的 **3 个步骤**:
  - 使用"键"和"查询"来计算**对齐分数**。
  - 使用对齐分数来计算**注意力分数**(α)。
  - 使用"值"和注意力分数来生成**上下文向量**。

"又出现了那个无法解释的掩码……"

我正在做!

▶ 源掩码

掩码可以用来**遮掩一些"值"**,以**强迫注意力机制忽略它们**。

"为什么要强迫它这样做?"

想到了**填充**——您可能不想关注序列中的**填充数据点**,对吧?尝试一个例子:假设有一个源序列,其中包含**一个真实数据点和一个填充数据点**,并且它通过编码器生成相应的"键":

```
source_seq = torch.tensor([[[-1., 1.], [0., 0.]]])
#假设这里有一个编码器……
keys = torch.tensor([[[-.38, .44], [.85, -.05]]])
query = torch.tensor([[[-1., 1.]]])
```

每个**填充数据点**的**源掩码**应为 False,其形状应为(**N**,**1**,**L**),其中 **L** 是**源序列的长度**。

```
source_mask = (source_seq != 0).all(axis=2).unsqueeze(1)
source_mask # N, 1, L
```

输出:

```
tensor([[[ True, False]]])
```

掩码将**使填充数据点的注意力分数为 0**。如果使用刚刚编写的"键"来初始化注意力机制的实例,并使用上面的**源掩码**调用它,看到结果为:

```
torch.manual_seed(11)
attnh = Attention(2)
```

.111

```
attnh.init_keys(keys)

context = attnh(query, mask=source_mask)
attnh.alphas
```

输出：

```
tensor([[[1., 0.]]])
```

正如预期的那样，**第二个数据点**的注意力分数**设置为 0**，即将全部注意力集中在第一个数据点上。

▶ 解码器

还需要对**解码器**做一些**小的调整**：

解码器+注意力

```
 1  class DecoderAttn(nn.Module):
 2    def __init__(self, n_features, hidden_dim):
 3        super().__init__()
 4        self.hidden_dim = hidden_dim
 5        self.n_features = n_features
 6        self.hidden = None
 7        self.basic_rnn = nn.GRU(self.n_features, self.hidden_dim,
 8  batch_first=True)
 9        self.attn = Attention(self.hidden_dim)                              ①
10        self.regression = nn.Linear(2 * self.hidden_dim, self.n_features)   ①
11
12
13    def init_hidden(self, hidden_seq):
14        #编码器的输出为 N, L, H
15        #并且 init_keys 也期望批量优先
16        self.attn.init_keys(hidden_seq)                                     ②
17        hidden_final = hidden_seq[:, -1:]
18        self.hidden = hidden_final.permute(1, 0, 2) # L, N, H
19
20    def forward(self, X, mask=None):
21        #X 是 N, 1, F
22        batch_first_output, self.hidden = self.basic_rnn(X, self.hidden)
23
24        query = batch_first_output[:, -1:]
25        #注意力
26        context = self.attn(query, mask=mask)                               ③
27        concatenated = torch.cat([context, query], axis=-1)                 ③
28        out = self.regression(concatenated)
29
          #N, 1, F
          return out.view(-1, 1, self.n_features)
```

① 设置注意力模块，调整回归层的输入维度。

② 设置注意力模块的"键"(和"值")。

③ 将"查询"提供给注意力机制并将其连接到上下文向量。

通过下面一个简单的代码示例，了解如何使用更新的**解码器**和**注意力**类：

```python
full_seq = (torch.tensor([[-1, -1], [-1, 1], [1, 1], [1, -1]]).float().view(1, 4, 2))
source_seq = full_seq[:, :2]
target_seq = full_seq[:, 2:]

torch.manual_seed(21)
encoder = Encoder(n_features=2, hidden_dim=2)
decoder_attn = DecoderAttn(n_features=2, hidden_dim=2)

#生成隐藏状态(键和值)
hidden_seq = encoder(source_seq)
decoder_attn.init_hidden(hidden_seq)

#目标序列生成
inputs = source_seq[:, -1:]
target_len = 2
for i in range(target_len):
    out = decoder_attn(inputs)
    print(f'Output: {out}')
    inputs = out
```

输出：

```
Output: tensor([[[-0.3555, -0.1220]]], grad_fn=<ViewBackward>)
Output: tensor([[[-0.2641, -0.2521]]], grad_fn=<ViewBackward>)
```

上面的代码只使用注意力机制来生成目标序列。如果要实际使用**教师强制训练模型**，还需要将**两个(或三个)类放在一起**。

▶ 编码器+解码器+注意力机制

在处理序列到序列问题时，编码器、解码器和注意力机制的整合被描绘在图 9.17 中(与"计算上下文向量"部分的图 9.14 完全一样)。

需要花点时间可视化信息流：

- 首先，**源序列**(红色)中的数据点输入**编码器**(蓝色)并生成**"键"**(**K**)和**"值"**(**V**)到**注意力机制**(黑色)。
- 接下来，解码器的**每个输入**(绿色)**一次生成一个"查询"**(**Q**)以生成**上下文向量**(黑色)。
- 最后，上下文向量**连接**到解码器的当前**隐藏状态**(绿色)，并由**输出层**(绿色)转换为**预测坐标**(绿色)。

前面介绍的 EncoderDecoder 类与 DecoderAttn 的实例无缝协作：

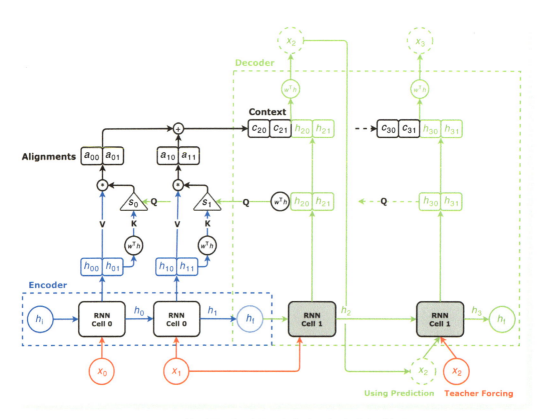

图 9.17 编码器+解码器+注意力(序列到序列问题)

```
encdec = EncoderDecoder(encoder, decoder_attn, input_len=2, target_len=2,
            teacher_forcing_prob=0.0)
encdec(full_seq)
```

输出:

```
tensor([[[-0.3555, -0.1220],
     [-0.2641, -0.2521]]], grad_fn=<CopySlices>)
```

已经可以用它来训练模型了……但会错过一些有趣的东西:**可视化注意力分数**。为了可视化注意力分数,需要先**存储**它们。最简单的方法是创建一个**继承**自 EncoderDecoder 的新类并**覆盖** init_outputs 和 store_output 方法:

编码器+解码器+注意力

```
1  class EncoderDecoderAttn(EncoderDecoder):
2    def __init__(self, encoder, decoder, input_len, target_len,
3          teacher_forcing_prob=0.5):
4      super().__init__(encoder, decoder, input_len, target_len,
5            teacher_forcing_prob)
6      self.alphas = None
7
```

```
8   def init_outputs(self, batch_size):
9       device = next(self.parameters()).device
10      # N, L(目标), F
11      self.outputs = torch.zeros(batch_size,
12                                 self.target_len,
13                                 self.encoder.n_features).to(device)
14      # N, L(目标), L(源)
15      self.alphas = torch.zeros(batch_size,
16                                self.target_len,
17                                self.input_len).to(device)
18
19  def store_output(self, i, out):
20      #存储输出
21      self.outputs[:, i:i+1, :] = out
22      self.alphas[:, i:i+1, :] = self.decoder.attn.alphas
```

注意力分数存储在**注意力模型**的 alphas 属性中，而该属性又是**解码器**的 attn **属性**。对于目标序列生成的每一步，对应的分数都会被复制到 EncoderDecoderAttn 模型的 alphas 属性中。

重要提示：注意 alphas 属性的形状：（**N**, **L**$_{目标}$, **L**$_{源}$）。对于小批量的 N 个序列中的每一个，都有一个**矩阵**，其中来自**目标序列**（该矩阵中的行）的每个"**查询**"（**Q**）具有与在**源序列**中（该矩阵中的列）的"**键**"（**K**）一样多的**注意力分数**。

将很快**可视化**这些矩阵。此外，正确理解注意力分数是如何在 alphas 属性中组织的，将使我们更容易理解下一节："**自注意力**"。

▶ 模型配置和训练

只需将**解码器**和**模型**的原始类替换为它们的**注意力**对应的类，就可以了：

模型配置

```
1  torch.manual_seed(23)
2  encoder = Encoder(n_features=2, hidden_dim=2)
3  decoder_attn = DecoderAttn(n_features=2, hidden_dim=2)
4  model = EncoderDecoderAttn(encoder, decoder_attn,
5                              input_len=2, target_len=2,
6                              teacher_forcing_prob=0.5)
7  loss = nn.MSELoss()
8  optimizer = optim.Adam(model.parameters(), lr=0.01)
```

模型训练

```
1  sbs_seq_attn = StepByStep(model, loss, optimizer)
2  sbs_seq_attn.set_loaders(train_loader, test_loader)
3  sbs_seq_attn.train(100)
```

```
fig = sbs_seq_attn.plot_losses()
```

结果如图 9.18 所示。

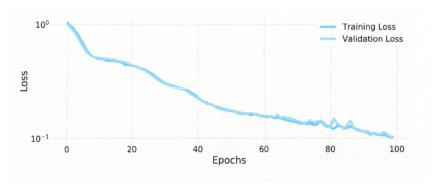

图 9.18　损失——编码器+解码器+注意力机制

该损失比之前的分心(没有引入注意力机制)模型**小了一个数量级**，这个模型看起来很有希望!

▶ 可视化预测

绘制**预测坐标**，并使用**虚线**连接它们，同时使用**实线**连接**实际坐标**，就像以前一样，结果如图 9.19 所示。

```
fig = sequence_pred(sbs_seq_attn, full_test, test_directions)
```

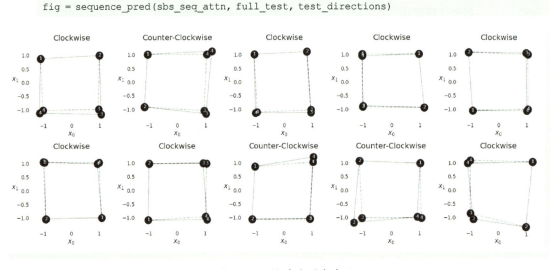

图 9.19　预测后两个角

效果好多了! 没有重叠的角，新模型肯定是关注到了什么。

可视化注意力

通过检查 alphas 属性中存储的内容来看看模型正在关注什么。每个源序列的分数会有所不同，所以尝试对第一个序列进行预测：

```
inputs = full_train[:1, :2]
out = sbs_seq_attn.predict(inputs)
sbs_seq_attn.model.alphas
```

输出：

```
tensor([[[0.0011, 0.9989],
         [0.0146, 0.9854]]], device='cuda:0')
```

 "该如何解释这些注意力分数呢？"

列表示**源序列**中的元素，**行**表示**目标序列**中的元素：

目标	源			目标	源	
	x_0	x_1			x_0	x_1
x_2	α_{20}	α_{21}	$\Rightarrow$	x_2	0.0011	0.9989
x_3	α_{30}	α_{31}		x_3	0.0146	0.9854

式 9.10-注意力分数矩阵

由注意力分数矩阵得到的注意力分数告诉我们，模型**主要关注源序列的第二个数据点**。但是，并非每个序列都如此。检查一下模型对训练集中前 10 个序列的关注点，如图 9.20 所示。

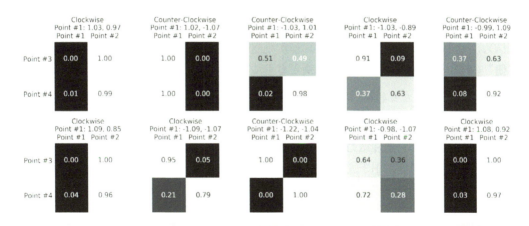

图 9.20 注意力分数

看到了吗？对于第二个序列，它**只**关注**第一个数据点**。这说明模型会根据输入来选择要查看的内容。这有多神奇？

您知道还有比**单一注意力机制更好**的吗?

▶▶ **多头注意力**

没有理由**只使用单一注意力机制**:可以同时使用**多种**注意力机制,每一种都称为**注意力头**。

每个注意力头都会输出**自己的上下文向量**,它们都将**连接在一起**并使用**线性层进行组合**。最后,**多头注意力机制**仍然会输出**单个上下文向量**。

广义注意力与狭义注意力

这种机制被称为**广义注意力**:每个**注意力头**都能获得完整的"**隐藏状态**"并产生大小相同的**上下文向量**。如果"**隐藏维度**"的数量很少,这完全没问题。

然而,对于**更多的维数**,每个**注意力头**都会获得"**隐藏状态**"的**仿射变换**的一部分来处理。这是**最重要**的一个细节:它**不是原始**"**隐藏状态**"**的一部分**,而是它的转换。

例如,假设有 **512 个维度**处于隐藏状态,想使用 **8 个注意力头**:每个**注意力头**只能处理 **64 个维度**的块。这种机制被称为**狭义注意力**,将在下一章中讨论它。

"我应该使用哪一个?"

一方面,与在相同数量的维度上使用**狭义注意力**相比,**广义注意力**可能会产生更好的模型。另一方面,**狭义注意力**可以使用**更多的维度**,这也可以在某种程度上提高模型的质量。很难告诉您哪一个是最好的,但我可以告诉您,**最先进的大型 Transformer 模型**使用**狭义注意力**。然而,在更简单、更小的模型中,我们一直使用**广义注意力**。

图 9.21 说明了两个注意力头的信息流。

来自**编码器**("**键**"和"**值**")和**解码器**("**查询**")的**相同隐藏状态**将提供**所有注意力头**。起初,您可能认为注意力头最终会变得多余(有时确实是这样),但是由于"**键**"(**K**)和"**查询**"(**Q**)以及"**值**"(**V**)的**仿射变换**,**每个注意力头**更有可能学习**不同的模式**。很酷,对吧?

"为什么现在要转换'值'?"

多头注意力机制通常与**自注意力**(下一个主题)一起使用,并且,正如您将很快看到的那样,隐藏状态将被**原始数据点**替换。出于这个原因,在混合中加入了**另一个转换**,让模型有机会**转换数据点**(到目前为止,这是循环层所扮演的角色)。

多头注意力机制通常是这样描述的,如图 9.22 所示。

多头注意力的代码如下所示:

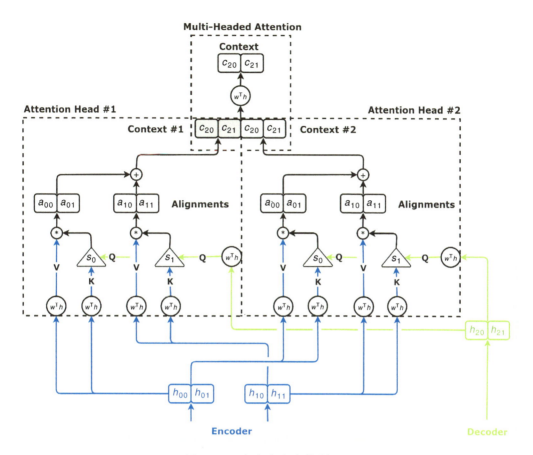

图 9.21 多头注意力机制(一)

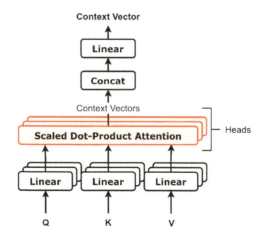

图 9.22 多头注意力机制(二)

多头注意力

```python
class MultiHeadAttention(nn.Module):
    def __init__(self, n_heads, d_model, input_dim=None, proj_values=True):
        super().__init__()
        self.linear_out = nn.Linear(n_heads * d_model, d_model)
        self.attn_heads = nn.ModuleList([Attention(d_model,
                                                    input_dim=input_dim,
                                                    proj_values=proj_values)
                                         for _ in range(n_heads)])

    def init_keys(self, key):
        for attn in self.attn_heads:
            attn.init_keys(key)

    @property
    def alphas(self):
        #形状:n_heads, N, 1, L(源)
        return torch.stack([attn.alphas for attn in self.attn_heads], dim=0)

    def output_function(self, contexts):
        # N, 1, n_heads * D
        concatenated = torch.cat(contexts, axis=-1)
        #线性传输回到原来的维度
        out = self.linear_out(concatenated) # N, 1, D
        return out

    def forward(self, query, mask=None):
        contexts = [attn(query, mask=mask) for attn in self.attn_heads]
        out = self.output_function(contexts)
        return out
```

这几乎是一个**注意力机制列表**，它的顶部有一个额外的线性层。但它可不是任意的列表，而是一种特殊的列表——ModuleList。

 "它有什么**特别之处**？"

尽管 PyTorch 可以通过递归方式查找那些作为**属性**列出的模型（和层），由此获取**所有参数**的完整列表，但**它不会在 Python 列表中**查找模型。因此，拥有**模型**（或层）**列表**的唯一方法是使用适当的 ModuleList，您仍然可以像任何其他常规列表一样对其进行索引和循环。

这一章的篇幅太长了，我把它分成了**两部分**，所以您可以休息一下，让**注意力机制**沉淀下来，然后再继续讨论**自注意力机制**。

未完待续……

扩展阅读

文中提到的阅读资料（网址）请读者按照本书封底的说明方法自行下载。

第 9 章（下）

序列到序列

剧透

在本章的后半部分，将：
- 使用**自注意力**机制来替换编码器和解码器中的循环层。
- 了解**目标掩码**的重要性以避免数据泄露。
- 学习如何使用**位置编码**。

 自注意力

这是一些**激进的概念**：用**注意力机制替换循环层**会怎么样？

这就是 Vaswani A.等人著名的论文"Attention Is All You Need"[139]的主要命题，它引入了基于自注意力机制的 **Transformer** 架构，它将完全主导自然语言处理(NLP)领域。

"我同情使用循环层的傻瓜。"
——T 先生

编码器中的循环层接收**源序列**，并一一生成**隐藏状态**。但是并非一定要像那样生成隐藏状态，可以使用**另一种独立的注意力机制**来**代替编码器**(其实解码器也可以)。

这些单独的注意力机制被称为**自注意力**机制，因为它的所有输入以及"键""值"和"查询"都在**编码器**或**解码器内部**。

在上一节讨论的注意力机制中，"键"和"值"来自**编码器**，而"查询"来自**解码器**，但从现在开始将被称为**交叉注意力**。

应用于"键""查询"和"值"的**仿射变换**也可用于将**维数**从输入数**更改**为隐藏维数(此变换以前由循环层执行)。

还是从编码器开始。

 编码器

图 9.23 描绘了带有**自注意力**的**编码器**：**源序列**(红色)也可用作**"键"**(**K**)、**"值"**(**V**)和**"查询"**(**Q**)。注意这里提到的"查询"可不止一个。

在编码器中，**每个数据点**都是一个**"查询"**(红色箭头从侧面进入自注意力机制)，因此使用**源序列中每个数据点**(包括它自己)的**对齐向量**来生成**自己的上下文向量**。这意味着数据点可以生成只关注自身的上下文向量。

如图 9.23 所示，自注意力机制产生的每个上下文向量都经过一个**前馈网络**(feed-forward network)生成一个**"隐藏状态"**作为输出。我们还可以更深入地研究自注意力机制的内部工作原理，如图 9.24 所示。

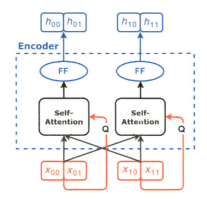

图 9.23 带有自注意力的编码器(简化)

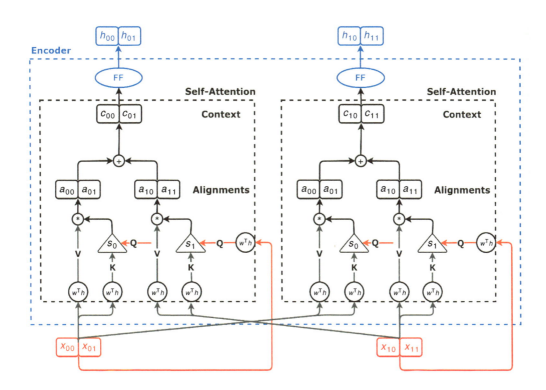

图 9.24 带有自注意力的编码器(一)

重点关注图 9.24 左边的自注意力机制,该机制用于生成源序列(x_{00}, x_{01})中**第一个数据点**对应的"隐藏状态"(h_{00}, h_{01}),详细看一下它是如何工作的:

- 第一个数据点的转换坐标用作**"查询"**(Q)。
- 此"查询"(Q)将独立配对,两个"键"(K)中的每一个都是相同坐标(x_{00}, x_{01})的不同转换,另一个是第二个数据点(x_{10}, x_{11})的转换。

- 上面的配对将产生**两个注意力**分数(α)，乘以它们对应的"值"(V)后，相加成为**上下文向量**：

$$\alpha_{00}, \alpha_{01} = \text{softmax}\left(\frac{Q_0 \cdot K_0}{\sqrt{2}}, \frac{Q_0 \cdot K_1}{\sqrt{2}}\right)$$

$$\text{上下文向量}_0 = \alpha_{00} V_0 + \alpha_{01} V_1$$

式 9.11-第一个输入(x_0)的上下文向量

- 接下来，上下文向量经过**前馈网络**，第一个隐藏状态诞生。

接下来，将注意力转移到图 9.24 **右边**的自注意力机制上：

- 轮到**第二个数据点**成为"**查询**"(Q)，与两个"键"(K)配对，生成注意力分数和上下文向量，从而产生第二个隐藏状态：

$$\alpha_{10}, \alpha_{11} = \text{softmax}\left(\frac{Q_1 \cdot K_0}{\sqrt{2}}, \frac{Q_1 \cdot K_1}{\sqrt{2}}\right)$$

$$\text{上下文向量}_1 = \alpha_{10} V_0 + \alpha_{11} V_1$$

式 9.12-第二个输入(x_1)的上下文向量

> 您可能已经注意到，与数据点关联的**上下文向量**(以及"**隐藏状态**")基本上是**相应的"查询"**(Q)的函数，并且其他所有内容["键"(K)、"值"(V)以及自注意机制的参数]对于所有查询都保持不变。

因此，可以稍微简化一下之前的图形，使其**只**描述**一种自注意力机制**，且假设每次都会向它提供不同的"查询"(Q)，如图 9.25 所示。

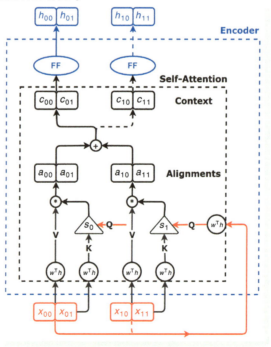

图 9.25 带有自注意力的编码器(二)

α 是**注意力分数**,它们在 alphas 属性中是这样组织的(正如已经在"可视化注意力"部分中看到的那样):

目标	源	
	x_0	x_1
h_0	α_{00}	α_{01}
h_1	α_{10}	α_{11}

式 9.13-注意力分数

对于**编码器**,alphas 属性的形状由(N, $L_{源}$, $L_{源}$)给出,因为它**正在查看自身**。

> **尽管我将这个过程描述为连续的,但这些操作可以并行化**以一次生成所有"隐藏状态",这比使用本质上连续的循环层更有效。

我们还可以使用更为**简化**的编码器**图形**,抽象出自注意力机制的基本细节,如图 9.26 所示。

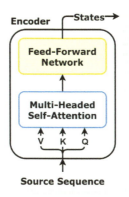

图 9.26 带有自注意力的编码器(框图)

带有**自注意力**的**编码器**的代码实际上非常简单,因为大多数的活动部分都在注意力头内:

编码器+自注意力

```
1  class EncoderSelfAttn(nn.Module):
2      def __init__(self, n_heads, d_model, ff_units, n_features=None):
3          super().__init__()
4          self.n_heads = n_heads
5          self.d_model = d_model
6          self.ff_units = ff_units
7          self.n_features = n_features
8          self.self_attn_heads = MultiHeadAttention(n_heads, d_model,
9                                          input_dim=n_features)
10         self.ffn = nn.Sequential(
11             nn.Linear(d_model, ff_units),
12             nn.ReLU(),
```

```
13            nn.Linear(ff_units, d_model),
14        )
15
16    def forward(self, query, mask=None):
17        self.self_attn_heads.init_keys(query)
18        att = self.self_attn_heads(query, mask)
19        out = self.ffn(att)
20        return out
```

请记住，forward 方法中的"query"实际上获取的是**源序列**中的**数据点**。这些数据点将在每个注意力头内部**转换**为不同的**"键"**、**"值"**和**"查询"**。**注意力头**的输出是一个**上下文向量**(att)，它通过**前馈网络**产生**"隐藏状态"**。

 顺便说一句，现在已经摆脱了循环层，我们讨论的将是**模型维度**(d_model)而不再是**隐藏维度**(hidden_dim)。不过，您仍然可以**选择它**。

mask 参数应该接收**源掩码**，即用来**忽略源序列**中**填充数据点**的掩码。

创建一个编码器并为其提供源序列：

```
torch.manual_seed(11)
encself = EncoderSelfAttn(n_heads=3, d_model=2, ff_units=10, n_features=2)
query = source_seq
encoder_states = encself(query)
encoder_states
```

输出：

```
tensor([[[-0.0498, 0.2193],
         [-0.0642, 0.2258]]], grad_fn=<AddBackward0>)
```

它产生了一**系列状态**，这些状态将成为**解码器**使用的(**交叉**)**注意力**机制的输入。一切照常。

 交叉注意力

交叉注意力是我们讨论的第一个机制：**解码器**提供了一个**"查询"**(**Q**)，它不仅作为输入，还将被**连接到生成的上下文向量中**。然而情况将**不再**如此，**上下文向量**将通过解码器中的**前馈网络**生成**预测坐标**，而不是串联。

图 9.27 说明了架构的当前状态：自注意力被作为编码器，交叉注意力在它之上，而解码器则有部分的修改。

如果您想知道为什么删除了连接部分，那么答案来了：也可以使用**自注意力**作为**解码器**。

▶ 解码器

编码器和**解码器**之间有一个**主要区别**(在代码中)：后者包括**交叉注意力**机制，如下所示：

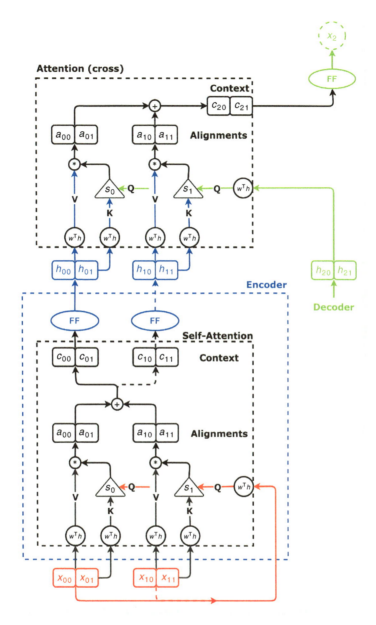

图 9.27 带有自注意力和交叉注意力的编码器

解码器+自注意力

```
1   class DecoderSelfAttn(nn.Module):
2       def __init__(self, n_heads, d_model, ff_units, n_features=None):
3           super().__init__()
4           self.n_heads = n_heads
5           self.d_model = d_model
6           self.ff_units = ff_units
```

```
 7        self.n_features = d_model if n_features is None else n_features
 8        self.self_attn_heads = MultiHeadAttention(n_heads, d_model,
 9                                                 input_dim=self.n_features)
10        self.cross_attn_heads = MultiHeadAttention(n_heads, d_model)
11        self.ffn = nn.Sequential(
12            nn.Linear(d_model, ff_units),
13            nn.ReLU(),
14            nn.Linear(ff_units, self.n_features),
15        )
16
17    def init_keys(self, states):                                          ①
18        self.cross_attn_heads.init_keys(states)
19
20    def forward(self, query, source_mask=None, target_mask=None):
21        self.self_attn_heads.init_keys(query)
22        att1 = self.self_attn_heads(query, target_mask)
23        att2 = self.cross_attn_heads(att1, source_mask)                   ①
24        out = self.ffn(att2)
25        return out
```

① 包括**交叉注意力**。

图 9.28 描述了**解码器**的**自注意力**部分。

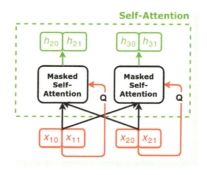

图 9.28 带有自注意力的解码器(简化)

还可以更深入地研究自注意力机制的内部工作原理，如图 9.29 所示。

编码器和解码器之间的**自注意力**架构有一个**小的区别**：**前馈网络**位于交叉注意力机制(图 9.29 中未描绘)而不是自注意力机制之上。前馈网络还将**解码器的输出**从模型的维度(d_model)映射回**特征的数量**，从而产生**预测**。

还可以使用解码器的**简化图**(图 9.29 虽然描绘了单个注意力头，但对应于"掩码多头自注意力"框)，如图 9.30 所示。

像往常一样，解码器的**第一个输入**(x_{10}，x_{11})是**源序列的最后一个已知元素**。**源掩码**与用于**忽略编码器**中的**填充数据点**的**掩码**相同。

"**目标掩码**的情况如何呢？"

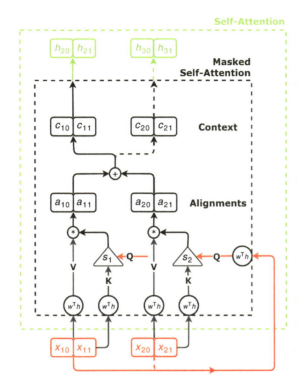

图 9.29　带有自注意力的解码器

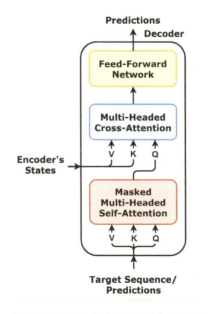

图 9.30　带有自注意力和交叉注意力的解码器(框图)

很快就会讨论这一点。首先，需要讨论**后续的输入**。

后续输入和教师强制

在我们的问题中，前两个数据点是源序列，后两个是目标序列。现在，定义**移位的目标序列**，它包括源序列的**最后一个已知元素**以及**目标序列中除最后一个元素之外的所有元素**，如图 9.31 所示。

图 9.31　移位的目标序列

```
shifted_seq = torch.cat([source_seq[:, -1:], target_seq[:, :-1]], dim=1)
```

当讨论教师强制时，实际上已经使用了移位的目标序列(尽管没有给它命名)。它会在每一个步骤(在第一个步骤之后)随机选择该序列中的实际元素或预测作为后续步骤的输入。它非常适用于自然连续的循环层。但现在情况**不再**如此。

 自注意力相对于循环层的优点之一是操作可以**并行化**。不再需要按顺序执行任何操作，**包括教师强制**。这意味着可以**一次使用整个移位的目标序列**作为**解码器**的"**查询**"参数。

当然，这非常好，也很酷，但它同时引发了**一个大问题**。

注意力分数

为了理解问题所在，看一下将导致**解码器**产生的**第一个"隐藏状态"**的**上下文向量**，这反过来又会导致**第一个预测**：

$$\alpha_{21}, \alpha_{22} = \text{softmax}\left(\frac{Q_1 \cdot K_1}{\sqrt{2}}, \frac{Q_1 \cdot K_2}{\sqrt{2}}\right)$$

$$\text{上下文向量}_2 = \alpha_{21}V_1 + \alpha_{22}V_2$$

式 9.14 - 第一个目标的上下文向量

 "这有什么问题吗？"

问题是它**使用了一个"键"**(K_2)**和一个"值"**(V_2)，而它们正是我们**试图预测的数据点**的转换。

 换句话说，模型被允许通过**窥视未来**来**作弊**，因为我们给它提供了除最后一个之外的**目标序列中的所有数据点**。

如果查看最后一个预测对应的上下文向量，应该清楚该模型根本**无法作弊**：

$$\alpha_{31}, \alpha_{32} = \text{softmax}\left(\frac{Q_2 \cdot K_1}{\sqrt{2}}, \frac{Q_2 \cdot K_2}{\sqrt{2}}\right)$$

上下文向量$_3 = \alpha_{31} V_1 + \alpha_{32} V_2$

式 9.15-第 2 个目标的上下文向量

也可以通过查看**下标索引**来快速检查：只要**"值"**的索引小于上下文向量的索引，就**没有作弊**。顺便说一句，如果使用 α 矩阵，则更容易检查发生了什么：

目标	源	
	x_1	x_2
h_2	α_{21}	α_{22}
h_3	α_{31}	α_{32}

式 9.16-解码器的注意力分数

对于**解码器**，alphas 属性的形状由 ($\mathbf{N}, \mathbf{L}_{\text{目标}}, \mathbf{L}_{\text{目标}}$) 给出，因为它正在**查看自身**。从字面上看，**对角线上方**的任何 α 都是**作弊编码**。需要**强制**自注意力机制来**忽略它们**。如果有办法做到这一点……

"我们之前讨论过的掩码是否能派上用场？"

您说得太对了！它们非常适合这种情况。

目标掩码(训练)

目标掩码的目的是将**"未来"**数据点的注意力分数归零。在我们的示例中，这就是目标 α 矩阵：

目标	源	
	x_1	x_2
h_2	α_{21}	0
h_3	α_{31}	α_{32}

式 9.17-解码器(掩码)的注意力分数

因此，需要一个**掩码**，将**对角线上方**的每个元素标记为无效，就像对源掩码中的填充数据点所做的那样。但是，**目标掩码**的**形状**必须与 alphas 属性的形状 ($1, \mathbf{L}_{\text{目标}}, \mathbf{L}_{\text{目标}}$) **匹配**。

可以创建一个函数**生成掩码**：

后续掩码

```
1  def subsequent_mask(size):
2      attn_shape = (1, size, size)
3      subsequent_mask = (1 - torch.triu(torch.ones(attn_shape), diagonal=1)).bool()
4      return subsequent_mask

subsequent_mask(2) # 1, L, L
```

输出：

```
tensor([[[ True, False],
         [ True,  True]]])
```

完美！对角线上方的元素确实设置为 False。

 必须在查询解码器时使用这个掩码，以**防止它作弊**。如果您愿意，可以选择使用**额外的掩码**通过解码器"隐藏"更多数据，但**后续掩码**是自注意力解码器的**硬性要求**。

在实践中看看：

```
torch.manual_seed(13)
decself = DecoderSelfAttn(n_heads=3, d_model=2, ff_units=10, n_features=2)
decself.init_keys(encoder_states)

query = shifted_seq
out = decself(query, target_mask=subsequent_mask(2))

decself.self_attn_heads.alphas
```

输出：

```
tensor([[[[1.0000, 0.0000],
          [0.4011, 0.5989]]],


        [[[1.0000, 0.0000],
          [0.4264, 0.5736]]],


        [[[1.0000, 0.0000],
          [0.6304, 0.3696]]]])
```

好了，不会再发生作弊了。

目标掩模（评估/预测）

关于**目标掩码**，训练和评估之间的唯一区别是使用**更大的掩码**。第一个掩码实际上是微不足道的，因为对角线上方**没有元素**：

$$\text{第一步} \begin{cases} \text{目标} & \begin{array}{|c} \text{源} \\ x_1 \\ \hline \alpha_{21} \end{array} \\ h_2 \end{cases}$$

式 9.18-第一个目标的解码器(掩码)注意力分数

在评估/预测时，由于只有源序列，因此在我们的示例中，使用它的最后一个元素作为解码器的输入：

```
inputs = source_seq[:, -1:]
trg_masks = subsequent_mask(1)
out = decself(inputs, target_mask=trg_masks)
out
```

输出：

```
tensor([[[0.4132, 0.3728]]], grad_fn=<AddBackward0>)
```

在这种情况下，掩码实际上并没有遮掩任何东西，我们还是得到了预期的x_2坐标的预测。以前，这个预测会直接用作下一个输入，但现在情况有点不同了……

 自注意力解码器期望将**完整序列**作为"**查询**"，因此将**预测连接**到**前一个**"**查询**"。

```
inputs = torch.cat([inputs, out[:, -1:, :]], dim=-2)
inputs
```

输出：

```
tensor([[[-1.0000, 1.0000],
         [ 0.4132, 0.3728]]], grad_fn=<CatBackward>)
```

现在有**两个数据点**可用于查询解码器，因此相应调整掩码：

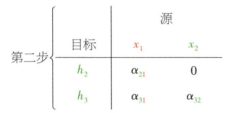

式 9.19-第二个目标的解码器(掩码)注意力分数

 掩码保证在第一步中**预测**的x_2**不会改变在**第二步中**预测**的x_2，因为预测仅基于**过去的数据点**。

```
trg_masks = subsequent_mask(2)
out = decself(inputs, target_mask=trg_masks)
out
```

输出：

```
tensor([[[0.4137, 0.3728],
         [0.4132, 0.3728]]], grad_fn=<AddBackward0>)
```

以上是x_2和x_3的**预测坐标**。它们彼此非常接近，但这只是因为使用了未经训练的模型来解释通过目标掩码进行预测的机制。**最后的预测**将再次**连接**到前一个"查询"。

```
inputs = torch.cat([inputs, out[:, -1:, :]], dim=-2)
inputs
```

输出：

```
tensor([[[-1.0000, 1.0000],
         [ 0.4132, 0.3728],
         [ 0.4132, 0.3728]]], grad_fn=<CatBackward>)
```

由于实际上已经完成了预测(所需的目标序列的长度为2)，因此只需排除查询中的第一个数据点(来自源序列的数据点)即可，这就是**预测的目标序列**：

```
inputs[:, 1:]
```

输出：

```
tensor([[[0.4132, 0.3728],
         [0.4132, 0.3728]]], grad_fn=<SliceBackward>)
```

贪婪解码与束搜索

因为**每个预测**都被认为是**最终的**，所以被称为**贪婪解码**(greedy decoding)。"不许反悔"：一旦完成，就**真的**完成了，您只需继续下一个预测，永不回头。在序列到序列问题(回归)的背景下，无论如何做其他事情都没有多大意义。

但对于其他类型的序列到序列问题，情况**可能**并非如此。例如，在机器翻译中，解码器在每一步都会输出句子中**下一个单词的概率**。**贪婪**的方法会简单地选择**概率最高的单词**并继续下一个。

但是，由于**每个预测**都是**下一步**的输入，因此在每一步中取**顶部单词不一定是获胜方法**(从一种语言翻译到另一种语言并不完全是"线性的")。在每一步都保留**少数候选者**，并**尝试它们的组合**以选择最好的候选者可能更明智：这称为**束搜索**(beam search)。我们不会在这里深入研究它的细节，但您可以在 Jason Brownlee 的文章 "How to Implement a Beam Search Decoder for Natural Language Processing"[140] 中找到更多信息。

▶ 编码器+解码器+自注意力机制

再次将编码器和解码器连接在一起，每个都使用**自注意力**来计算它们对应的"隐藏状态"，而解码器则使用**交叉注意力**进行预测。完整的图形如图 9.32 所示(包括需要**遮掩**其中一个输入以避免作弊)。

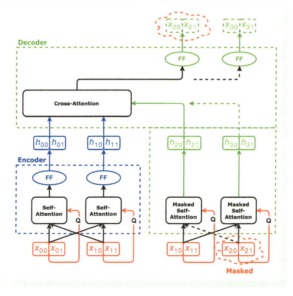

图 9.32　编码器+解码器+注意力(简化)

对于自注意力机制的一些很酷的**动画**,请务必查看 Raimi Karim 的博文"Illustrated:Self-Attention"[141]。

更简化的框图如图 9.33 所示。

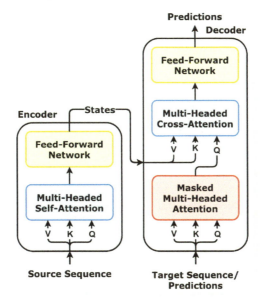

图 9.33 编码器+解码器+注意力(框图)

图 9.33 架构的相应代码如下所示:

编码器+解码器+自注意力

```
1   class EncoderDecoderSelfAttn(nn.Module):
2     def __init__(self, encoder, decoder, input_len, target_len):
3       super().__init__()
4       self.encoder = encoder
5       self.decoder = decoder
6       self.input_len = input_len
7       self.target_len = target_len
8       self.trg_masks = self.subsequent_mask(self.target_len)
9
10    @staticmethod
11    def subsequent_mask(size):
12      attn_shape = (1, size, size)
13      subsequent_mask = (1 - torch.triu(torch.ones(attn_shape), diagonal=1))
14
15      return subsequent_mask
16
17    def encode(self, source_seq, source_mask):
18      #编码源序列
19      #使用结果初始化解码器
```

```python
20        encoder_states = self.encoder(source_seq, source_mask)
21        self.decoder.init_keys(encoder_states)
22
23    def decode(self, shifted_target_seq, source_mask=None, target_mask=None):
24
25        #使用移位(掩码)目标序列解码/生成序列
26        #仅在训练模式下使用
27        outputs = self.decoder(shifted_target_seq,
28                               source_mask=source_mask,
29                               target_mask=target_mask)
30        return outputs
31
32    def predict(self, source_seq, source_mask):
33        #一次使用一个输入解码/生成序列
34        #仅在评估模式下使用
35        inputs = source_seq[:, -1:]
36        for i in range(self.target_len):
37            out = self.decode(inputs, source_mask,
38 self.trg_masks[:, :i+1, :i+1])
39            out = torch.cat([inputs, out[:, -1:, :]], dim=-2)
40            inputs = out.detach()
41        outputs = inputs[:, 1:, :]
42        return outputs
43
44    def forward(self, X, source_mask=None):
45        #将掩码发送到与输入相同的设备
46        self.trg_masks = self.trg_masks.type_as(X).bool()
47        #切片输入以获得源序列
48        source_seq = X[:, :self.input_len, :]
49        #编码源序列并初始化解码器
50        self.encode(source_seq, source_mask)
51        if self.training:
52            #切片输入以获得移位的目标序列
53            shifted_target_seq = X[:, self.input_len-1:-1, :]
54            #使用掩码解码以防止作弊
55            outputs = self.decode(shifted_target_seq, source_mask,
56 self.trg_masks)
57        else:
58            #使用自己的预测解码
59            outputs = self.predict(source_seq, source_mask)
60
61        return outputs
```

编码器-解码器类现在有**更多方法**来更好地组织以前在 forward 方法中执行的几个步骤。下面就来看看这些方法。

- encode：获取**源序列和掩码**并将其**编码**为**状态序列**，立即用于**初始化解码器**中的"**键**"（和"**值**"）。

- **decode**：采用**移位后的目标序列**以及**源掩码**和**目标掩码**来生成**目标序列**——它仅用于**训练**。
- **predict**：获取**源序列**、**源掩码**，并使用**目标掩码**的子集来**实际预测未知目标序列**——它仅用于**评估/预测**。
- **forward**：将输入拆分为**源序列**和**移位的目标序列**(如果可用)，对源序列进行**编码**，并根据模型的**模式**(train 或 eval) 调用 decode 或 predict。

此外，subsequent_mask 变为静态方法，掩码在构造方法中生成，并使用 tensor.type_as 将其**发送到与输入相同的设备**。最后一部分很关键：需要确保掩码与输入(当然还有模型)在同一个设备中。

模型配置和训练

再次，创建编码器和解码器模型，将它们用作处理模板的大型 EncoderDecoderSelfAttn 模型的参数，可以开始了：

模型配置

```
1  torch.manual_seed(23)
2  encself = EncoderSelfAttn(n_heads=3, d_model=2, ff_units=10, n_features=2)
3  decself = DecoderSelfAttn(n_heads=3, d_model=2, ff_units=10, n_features=2)
4  model = EncoderDecoderSelfAttn(encself, decself, input_len=2, target_len=2)
5  loss = nn.MSELoss()
6  optimizer = optim.Adam(model.parameters(), lr=0.01)
```

模型训练

```
1  sbs_seq_selfattn = StepByStep(model, loss, optimizer)
2  sbs_seq_selfattn.set_loaders(train_loader, test_loader)
3  sbs_seq_selfattn.train(100)

   fig = sbs_seq_selfattn.plot_losses()
```

结果如图 9.34 所示。

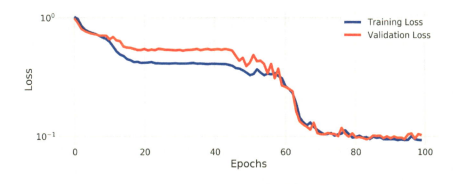

图 9.34 损失——编码器+解码器+自注意力

即使尽最大努力确保结果的**可重现性**，您**仍然**可能会发现损失曲线(以及注意力分数)存在一些差异。PyTorch 关于可重现性的文档声明：

"无法保证在不同的 PyTorch 版本、单个提交或不同平台之间完全可重现的结果。此外，即使使用相同的种子，CPU 和 GPU 执行之间的结果也可能无法重现。"

现在损失更糟了……仅使用交叉注意力的模型可能会表现得更好。预测结果如何呢？

▶ 可视化预测

绘制**预测坐标**并使用**虚线**连接它们，同时使用**实线**连接**实际坐标**，就像以前一样，如图 9.35 所示。

```
fig = sequence_pred(sbs_seq_selfattn, full_test, test_directions)
```

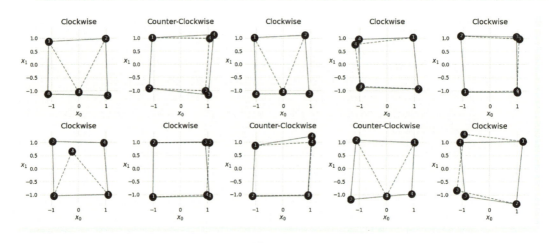

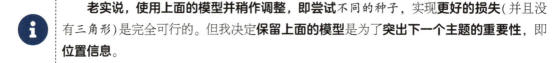

图 9.35

好吧，这有点令人失望……三角形又卷土重来！

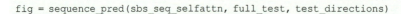

老实说，使用上面的模型并稍作调整，即尝试不同的种子，实现**更好的损失**(并且没有三角形)是完全可行的。但我决定保留上面的模型是为了**突出下一个主题的重要性**，即**位置信息**。

"发生了什么事？**自注意力**难道不是自'切片面包'诞生以来最好的发明吗？"

自注意力确实很棒，但它**错过了**循环层所具有的一个**基本信息：数据点的顺序**。众所周知，**顺序**在序列问题中**至关重要**，但对于自注意力机制来说，**源序列**中的数据点**没有顺序**。

"我不明白，为什么它失去了顺序？"

> 不再有序

比较两个**编码器**，如图 9.36 所示，一个使用**循环神经网络**(左图)，另一个使用**自注意力**(右图)：

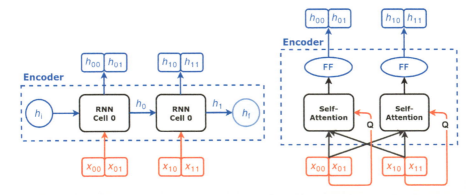

图 9.36　循环神经网络与自注意力

循环神经网络确保**每一步的输出都会被反馈给下一步**，由从一个单元到下一个单元的 h_0 来描述。现在，将其与使用**自注意力**的编码器进行比较：**每一步都**独立于其他步骤。如果您颠倒源序列中数据点的顺序，编码器将以不同的顺序输出"隐藏状态"，但**不会改变它们的值**。

这正是它高度可并行化的原因，既是**福**也是**祸**：一方面，它使计算非常高效；另一方面，它正在**丢弃有价值的信息**。

　"我们能解决这个问题吗？"

确实！与其使用一个旨在对输入的顺序进行编码的模型(如循环神经网络)，不如自己对**位置信息进行编码**，并将它们**添加到输入中**。

 位置编码(PE)

需要找到一种方法来通知模型每个**数据点的位置**，以便它知道**数据点的顺序**。换句话说，需要为输入中的每个**位置**生成一个**唯一值**。

把简单的序列到序列问题放在一边，想象一下有一个由 **4 个数据点组成的序列**。我想到的第一个想法是使用位置本身的**索引**，对吗？使用 0、1、2 和 3，完成！对于像这样的短序列，也许它不会那么糟糕，但是对于一个包含 **1000 个**数据点的序列呢？最后一个数据点的位置编码将是 999。不应该使用像这样的无界值作为神经网络的输入。

　"'归一化'索引值怎么样？"

当然，可以尝试一下，用索引值除以序列的长度(4)，如图 9.37 所示。

Position	0	1	2	3
Pos/4	0.00	0.25	0.50	0.75

图 9.37　在长度上的"归一化"

不幸的是，这并**没有**解决问题……**更长**的序列**仍然会生成大于 1 的值**，如图 9.38 所示。

Position	0	1	2	3	4	5	6	7
Pos/4	0.00	0.25	0.50	0.75	1.00	1.25	1.50	1.75

图 9.38　在(较长的)长度上的"归一化"

"根据序列的长度来'归一化'每个序列如何？"

这样做确实可以解决上面的问题，但又引发了**另一个**问题，即**同一位置**根据序列的长度可以获得**不同的编码**值，如图 9.39 所示。

Position	0	1	2	3	4	5	6	7
Pos/4	0.00	0.25	0.50	0.75				
Pos/8	0.00	0.13	0.25	0.38	0.50	0.63	0.75	0.88

图 9.39　在不同长度上的"归一化"

理想情况下，无论序列的长度如何，**位置编码**对于**给定位置**都应该保持**不变**。

"如果我们先取模，然后再将其'归一化'呢？"

好吧，它确实解决了上面的两个问题，但是这些值**不再是唯一的**，如图 9.40 所示。

Position	0	1	2	3	4	5	6	7
(Pos mod 4)/4	0.00	0.25	0.50	0.75	0.00	0.25	0.50	0.75

图 9.40　对一个长度的模进行"归一化"

"好吧，我放弃了！我们怎么处理？"

跳出框框思考一下……没有人说必须只使用一个向量，对吧？可以使用 3 个假设的序列长度(4、5 和 7)来构建 **3 个向量**，如图 9.41 所示。

上面的位置编码是**唯一的**，直到第 140 个位置，可以通过添加更多向量来轻松扩展它。

"我们现在完成了吗？这够好吗？"

Position	0	1	2	3	4	5	6	7
(Pos mod 4)/4	0.00	0.25	0.50	0.75	0.00	0.25	0.50	0.75
(Pos mod 5)/5	0.00	0.20	0.40	0.60	0.80	0.00	0.20	0.40
(Pos mod 7)/7	0.00	0.14	0.29	0.43	0.57	0.71	0.86	0.00

图 9.41 不同模的组合结果

抱歉，还没有。解决方案仍然存在一个问题，归结为计算两个编码位置之间的**距离**。以**位置3**和它的两个相邻位置，即位置2和4为例。显然，位置3与其最近的每个邻居之间的距离应为**1**。现在，看看如果使用位置编码来计算距离会发生什么，如图9.42所示。

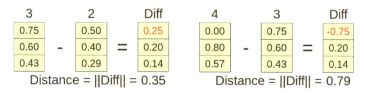

图 9.42 不一致的距离

位置3和2之间的距离(由向量差值的范数给出)**不等于**位置3和4之间的距离。这可能看起来有点过于抽象，但如果使用**距离不一致**的编码会使模型更加难以理解编码位置。

导致这种不一致的原因是每次**取模**时编码都会**重置为0**。位置3和4之间的距离会变得更大，因为在位置4，第一个向量回到0。需要其他一些具有更**平滑循环**的函数……

"如果使用的是一个循环，我的意思是，一个圆周呢？"

非常好！首先，将编码**乘以360**，如图9.43所示。

Position	0	1	2	3	4	5	6	7
Base 4	0	90	180	270	0	90	180	270
Base 5	0	72	144	216	288	0	72	144
Base 7	0	51	103	154	206	257	309	0

图 9.43 从"归一化"模到度数

现在，每个值对应于可以用来**沿着圆周移动**的**度数**。图9.44显示了一个**红色箭头**，该箭头按图9.43中每个位置和基点的相应度数进行了旋转。

此外，上面的圆周显示了与每个**红色箭头**尖端**坐标**对应的**正弦值**和**余弦值**(假设圆的半径为1)。

正弦值和**余弦**值，即**红色箭头**的**坐标**，是给定位置的**实际位置编码**。

可以简单地从上到下读取正弦值和余弦值，为每个位置构建编码，如图9.45所示。

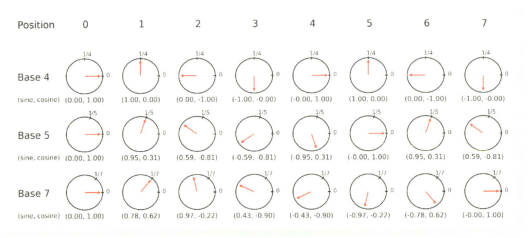

图 9.44　在圆周上表示度数

Position	0	1	2	3	4	5	6	7
sine (base 4)	0.00	1.00	0.00	-1.00	0.00	1.00	0.00	-1.00
cosine (base 4)	1.00	0.00	-1.00	0.00	1.00	0.00	-1.00	0.00
sine (base 5)	0.00	0.95	0.59	-0.59	-0.95	0.00	0.95	0.59
cosine (base 5)	1.00	0.31	-0.81	-0.81	0.31	1.00	0.31	-0.81
sine (base 7)	0.00	0.78	0.97	0.43	-0.43	-0.97	-0.78	0.00
cosine (base 7)	1.00	0.62	-0.22	-0.90	-0.90	-0.22	0.62	1.00

图 9.45　使用正弦和余弦表示度数

现在有 **3 个向量**，因此产生 **6 个坐标或维度**（3 个正弦和 3 个余弦）。

接下来，使用这些编码来计算距离，现在应该是**一致的**了，如图 9.46 所示。

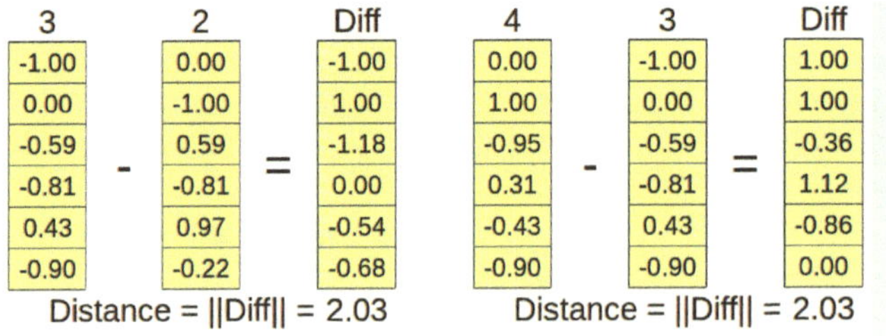

3	2	Diff		4	3	Diff
-1.00	0.00	-1.00		0.00	-1.00	1.00
0.00	-1.00	1.00		1.00	0.00	1.00
-0.59	0.59	-1.18	−	-0.95	-0.59	-0.36
-0.81	-0.81	0.00	=	0.31	-0.81	1.12
0.43	0.97	-0.54		-0.43	0.43	-0.86
-0.90	-0.22	-0.68		-0.90	-0.90	0.00

Distance = ||Diff|| = 2.03　　　　Distance = ||Diff|| = 2.03

图 9.46　一致的距离

太棒了，不是吗？**任何两个相隔 T 步的位置之间的编码距离现在是恒定的**。在我们的编码中，任何两个相隔**一步**的位置之间的距离将始终为 2.03。

"太好了！但是我该如何选择编码的'基数'呢？"

事实证明，您不必这样做。作为**第一个向量**，简单地沿着圆周移动**与位置索引一样多**的弧度(一个弧度大约为 57.3°)。然后，对于添加到编码中的每个**新向量**，以较慢的**指数**级角速度沿着圆周移动。例如，在**第二个向量**中，对于每个新位置，只会移动**十分之一弧度**(大约 5.73°)。在**第三个向量**中，只会移动**百分之一弧度**，以此类推。图 9.47 描绘了以越来越慢的角速度移动的红色箭头。

关于编码距离的注释

回顾一下已经介绍的一些内容:

- **编码距离**由**两个向量**之间的**欧几里得距离**定义，换句话说，它是**两个编码向量之差的范数**(大小)。
- **位置 0 和 2** 之间的编码距离($T=2$)应该与**位置 1 和 3**、**位置 2 和 4** 之间的编码距离完全**相同**，依此类推。

换句话说，任何两个**相隔 T 步的位置**之间的**编码距离保持不变**。下面通过**计算前五个位置**之间的**编码距离**来说明这一点(顺便说一下，现在使用的是八维编码):

```
distances = np.zeros((5, 5))
for i, v1 in enumerate(encoding[:5]):
    for j, v2 in enumerate(encoding[:5]):
        distances[i, j] = np.linalg.norm(v1 - v2)
```

生成的矩阵看起来充满了**漂亮的对角线**，每条**对角线**包含了对应于**间隔 T 步的位置**的**编码距离的恒定值**:

例如，对于**彼此相邻的位置**($T=1$)，**编码距离始终为 0.96**。这正是这种编码方案的一个惊人属性。

 "很好，不过有一点奇怪……位置 0 到位置 4 的距离应该比到位置 3 的距离大吧?"

未必，距离**不一定总是增加的**。只要**对角线**成立，位置 0 和 4 之间的距离(1.86)**小于**位置 0 和 3 之间的距离(2.02)也是可以的。

有关使用**正弦**和**余弦**进行位置编码的更详细讨论，请查看 Amirhossein Kazemnejad 关于该主题的精彩帖子"Transformer Architecture: The Positional Encoding"[142]。

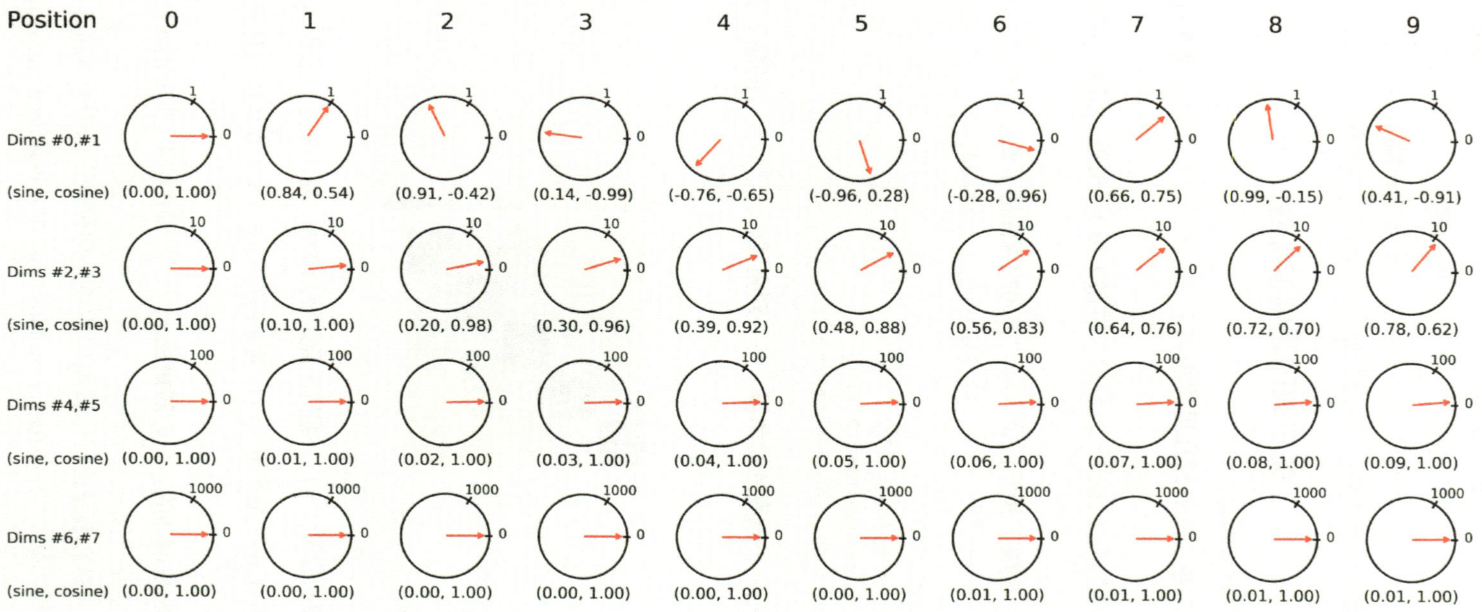

图 9.47 以圆周表示的位置编码

由于使用 **4 种不同的角速度**，因此图 9.47 中描述的**位置编码**有 **8 个维度**。此外，请注意红色箭头在最后两行几乎没有移动。

在实践中，首先**选择维数**，然后计算相应的速度。例如，对于图 9.47 中的**八维编码**，有 **4 种角速度**：

$$\left(\frac{1}{10000^{\frac{0}{4}}}, \frac{1}{10000^{\frac{2}{4}}}, \frac{1}{10000^{\frac{4}{4}}}, \frac{1}{10000^{\frac{6}{4}}}\right) = (1, 0.1, 0.01, 0.001)$$

式 9.20 - 角速度

位置编码由以下两个公式给出：

$$位置编码_{pos,2d} = \sin\left(\frac{1}{10000^{2d/d_{model}}} pos\right)$$

$$位置编码_{pos,2d+1} = \cos\left(\frac{1}{10000^{2d/d_{model}}} pos\right)$$

式 9.21 - 位置编码

看看它的代码：

```
max_len = 10
d_model = 8
position = torch.arange(0, max_len).float().unsqueeze(1)
angular_speed = torch.exp(
    torch.arange(0, d_model, 2).float() * (-np.log(10000.0) / d_model)
)
encoding = torch.zeros(max_len, d_model)
encoding[:, 0::2] = torch.sin(angular_speed * position)
encoding[:, 1::2] = torch.cos(angular_speed * position)
```

如您所见，每个**位置**乘以不同的**角速度**，得到的**坐标**(由正弦和余弦给出)构成了**实际编码**。现在，可以直接绘制**所有正弦值**(编码的偶数维度)和**所有余弦值**(编码的奇数维度)，而不是绘制圆周，如图 9.48 所示。

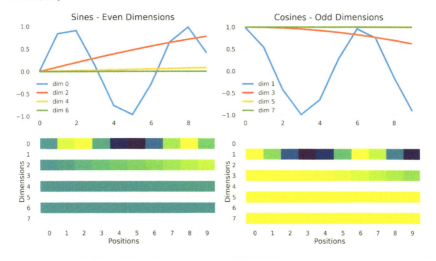

图 9.48　位置编码作为热图

图 9.48 底部的图显示了**彩色码的编码**，范围从 **–1**(**深蓝色**) 到 **0**(**绿色**)，一直到 **1**(**黄色**)。这里选择将它们与水平轴上的位置一起绘制，以便您可以更轻松地将它们与顶部的相应曲线相关联。但是，在大多数博文中，您会找到转置版本，即维度位于水平轴上。

将正弦值和余弦值放在一起，看看**前四个位置**：

```python
np.round(encoding[0:4], 4) # 前四个位置
```

输出：

```
tensor([[ 0.0000, 1.0000, 0.0000, 1.0000, 0.0000, 1.0000, 0.0000, 1.0000],
        [ 0.8415, 0.5403, 0.0998, 0.9950, 0.0100, 1.0000, 0.0010, 1.0000],
        [ 0.9093, -0.4161, 0.1987, 0.9801, 0.0200, 0.9998, 0.0020, 1.0000],
        [ 0.1411, -0.9900, 0.2955, 0.9553, 0.0300, 0.9996, 0.0030, 1.0000]])
```

上面的每一行代表其 **8 个维度**中每个维度的**编码值**。**第一个位置总是交替出现 0 和 1**(分别是 0 的正弦和余弦)。

把它们放在一个类中：

位置编码(PE)

```python
 1  class PositionalEncoding(nn.Module):
 2    def __init__(self, max_len, d_model):
 3        super().__init__()
 4        self.d_model = d_model
 5        pe = torch.zeros(max_len, d_model)
 6        position = torch.arange(0, max_len).float().unsqueeze(1)
 7        angular_speed = torch.exp(torch.arange(0, d_model, 2).float() *
 8                                  (-np.log(10000.0) / d_model))
 9        pe[:, 0::2] = torch.sin(position * angular_speed) # 偶数维度
10        pe[:, 1::2] = torch.cos(position * angular_speed) # 奇数维度
11        self.register_buffer('pe', pe.unsqueeze(0))
12
13    def forward(self, x):
14        #x 是 N, L, D
15        #pe 是 1, max_len, D
16        scaled_x = x * np.sqrt(self.d_model)
17        encoded = scaled_x + self.pe[:, :x.size(1), :]
18        return encoded
```

关于这个类，需要强调几点：

- 在构造方法中，它使用 register_buffer 来定义模块的**属性**。
- 在 forward 方法中，它在添加位置编码之前**缩放输入**。

register_buffer 用于定义作为**模块状态一部分**的属性，但**不是参数**。位置编码就是一个很好的例子：它的值是根据模型使用的**维度**和**长度**计算的，即使这些值将在训练期间使用，它们也**不应该**通过梯度下降来**更新**。

注册缓冲区(registered buffer)的另一个示例是**批量归一化**层的 running_mean 属性。该属性在训练期间使用，甚至在训练期间被修改(与位置编码不同)，但它不会通过梯度下降来更新。

创建一个位置编码类的实例并检查**它的参数**和 state_dict：

```
posenc = PositionalEncoding(2, 2)
list(posenc.parameters()), posenc.state_dict()
```

输出：

```
([],OrderedDict([('pe', tensor([[[0.0000, 1.0000], [0.8415, 0.5403]]]))]))
```

可以像访问任何其他属性一样访问注册缓冲区：

```
posenc.pe
```

输出：

```
tensor([[[0.0000, 1.0000],
         [0.8415, 0.5403]]])
```

现在，看看如果将**位置编码添加**到**源序列**会发生什么：

```
source_seq #1, L, D
```

输出：

```
tensor([[[-1., -1.],
         [-1., 1.]]])
```

```
source_seq + posenc.pe
```

输出：

```
tensor([[[-1.0000, 0.0000],
         [-0.1585, 1.5403]]])
```

"我能看出什么？"

事实证明，通过添加位置编码(尤其是第一行)，原始坐标会显得有些**拥挤**。如果**数据点**的值与位置编码的**范围大致相同**，则可能会发生这种情况。不幸的是，这种情况是**相当普遍**的：**标准化输入**和**单词嵌入**(将在第 11 章中讨论)都可能有**大部分值**在位置编码的[-1, 1]范围内。

"那我们该怎么处理？"

这就是 forward 方法中**缩放**的用途：就好像正在"**反转**"输入的**标准化**(令**标准差**等于它们**维度的平方根**)来检索假设的"*原始*"输入一样。

$$\text{标准化的 } x = \frac{\text{"原始的" } x}{\sqrt{d_x}} \Rightarrow \text{"原始的" } x = \sqrt{d_x} \text{ 标准化的 } x$$

式 9.22-"反转"标准化

顺便说一句，之前介绍过使用**维度的平方根**的**倒数作为标准差**来**缩放点积**。尽管与这里提到的**不是一回事**，但这个类比可能会帮助您**记住**，在将位置编码添加到**输入**之前，输入也要按其**维数的平方根**进行缩放。

在我们的示例中，**维度为 2**(**坐标**)，因此输入将**按 2 的平方根进行缩放**：

```
posenc(source_seq)
```

输出：

```
tensor([[[-1.4142, -0.4142],
         [-0.5727,  1.9545]]])
```

上面的结果(编码后)说明了缩放输入的效果：它似乎减轻了位置编码的拥挤效应。对于具有**多维**的输入，**效果**会**更加明显**：例如，300 维嵌入的比例因子约为 17。

"等等，这对模型来说不是很糟糕吗？"

是的，如果不加检查，这可能会对模型不利。这就是要使用**另一种归一化**技巧：**层归一化**的原因。将在第 10 章详细讨论它。

目前，通过 2 的平方根缩放坐标不会成为问题，因此可以继续并将**位置编码集成**到模型中。

▶▶ 编码器+解码器+位置编码

这种新的编码器类和解码器类只是通过将后者指定为前者的 layer 属性来**包裹**它们的**自注意力**对应项，并在调用相应 layer 之前对**输入进行编码**：

带位置编码的编码器

```
1  class EncoderPe(nn.Module):
2      def __init__(self, n_heads, d_model, ff_units, n_features=None,
3  max_len=100):
4          super().__init__()
5          pe_dim = d_model if n_features is None else n_features
6          self.pe = PositionalEncoding(max_len, pe_dim)
7          self.layer = EncoderSelfAttn(n_heads, d_model, ff_units, n_features)
8
9      def forward(self, query, mask=None):
10         query_pe = self.pe(query)
11         out = self.layer(query_pe, mask)
12         return out
```

带位置编码的解码器

```
1  class DecoderPe(nn.Module):
2      def __init__(self, n_heads, d_model, ff_units, n_features=None,
3  max_len=100):
4          super().__init__()
5          pe_dim = d_model if n_features is None else n_features
6          self.pe = PositionalEncoding(max_len, pe_dim)
7          self.layer = DecoderSelfAttn(n_heads, d_model, ff_units, n_features)
8
9      def init_keys(self, states):
10         self.layer.init_keys(states)
11
```

```
12    def forward(self, query, source_mask=None, target_mask=None):
13        query_pe = self.pe(query)
14        out = self.layer(query_pe, source_mask, target_mask)
15        return out
```

 "为什么现在要将**自注意力编码器**(**和解码器**)称为**一层**?这有点令人困惑……"

您是对的,这可能确实有点令人困惑。不幸的是,**命名约定**在我们的领域并不是那么友好。**层**在这里(松散地)用作**更大模型的构建块**。可能看起来有点不可理解,毕竟**只有一层**(除了编码)。为什么还要费心把它变成一个"层"?

 在第 10 章中,将使用**多层**(注意力机制)来构建著名的 **Transformer**。

▶ 模型配置和训练

由于并没有改变大的编码器-解码器模型,所以只需要更新它的参数(编码器和解码器)就可以使用新的位置编码驱动的类:

模型配置

```
1  torch.manual_seed(43)
2  encpe = EncoderPe(n_heads=3, d_model=2, ff_units=10, n_features=2)
3  decpe = DecoderPe(n_heads=3, d_model=2, ff_units=10, n_features=2)
4
5  model = EncoderDecoderSelfAttn(encpe, decpe, input_len=2, target_len=2)
6  loss = nn.MSELoss()
7  optimizer = optim.Adam(model.parameters(), lr=0.01)
```

模型训练

```
1  sbs_seq_selfattnpe = StepByStep(model, loss, optimizer)
2  sbs_seq_selfattnpe.set_loaders(train_loader, test_loader)
3  sbs_seq_selfattnpe.train(100)

fig = sbs_seq_selfattnpe.plot_losses()
```

结果如图 9.49 所示。

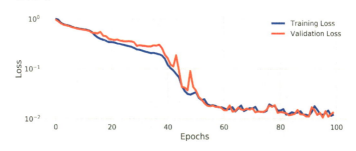

图 9.49 损失——使用位置编码

很好，**损失**再次**下降到**10^{-1}。

▶▶ 可视化预测

就像以前一样，绘制**预测坐标**并使用**虚线**连接它们，同时使用**实线**连接**实际坐标**，如图 9.50 所示。

```
fig = sequence_pred(sbs_seq_selfattnpe, full_test, test_directions)
```

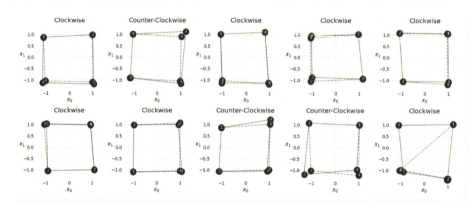

图 9.50　预测最后两个角

太棒了，看起来**位置编码**确实运行良好——预测坐标非常接近实际坐标。

▶▶ 可视化注意力

现在，检查一下模型对训练集中前**两个序列**的注意力。然而，与上次不同的是，现在有**三头**和**三个注意力机制**可以可视化。

从**编码器**的**自注意力**机制的**三头**开始。**源序列**中有**两个数据点**，因此每个注意力头都有一个 **2×2** 的注意力分数矩阵，如图 9.51 所示。

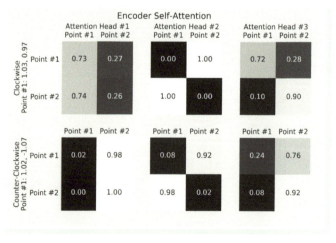

图 9.51　编码器三头的自注意力分数

看起来，在**注意力头 1 和 3** 中，每个**数据点**都在将注意力分散在自己和另一个数据点之间。然而，在**第二个**注意力头中，数据点几乎不关注自己。当然，这只是用于可视化的两个数据点：每个源序列的注意力分数不同。

接下来，转向**解码器**的**自注意力**机制的**三头**。**目标序列**中也有**两个数据点**，但不要忘记有一个**目标掩码**用来**防止作弊**，如图 9.52 所示。

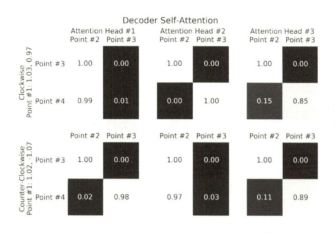

图 9.52　解码器三头的自注意力分数

由于**目标掩码**的存在，每个矩阵的**右上角值为 0**：**点 3**（第一行）不允许关注其（假设未知，在训练时）**自身的值**（第二列），它**只能关注点 2**（第一列）。

另一方面，**点 4** 可能会关注其前面的任意一个点。但从上面的矩阵看，它似乎只关注两点之一，这取决于正在考虑的头和序列。

然后是**交叉注意力**机制，已讨论的第一个如图 9.53 所示。

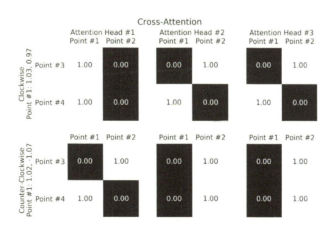

图 9.53　三头的交叉注意力分数

上面的矩阵有很多变化:例如,在第一个序列和头中,**点 3 和点 4** 只关注**点 1**,而其他两个头只关注前一个点;然而,在第二个序列中,情况正好相反。

归纳总结

在本章,使用了相同的**彩色正方形**数据集,但这次专注于在给定前两个角(**源序列**)的坐标的情况下**预测**最后两个角(**目标序列**)的**坐标**。一开始,使用熟悉的循环神经网络来构建**编码器-解码器架构**。然后,通过使用(**交叉**)**注意力**、**自注意力**和**位置编码**,逐步在此基础上进行构建。

▶▶ 数据准备

训练集将**完整序列**作为**特征**,而测试集仅将**源序列**作为**特征**:

数据生成和准备

```
1  #训练集
2  points, directions = generate_sequences(n=256, seed=13)
3  full_train = torch.as_tensor(points).float()
4  target_train = full_train[:, 2:]
5  train_data = TensorDataset(full_train, target_train)
6
7  generator = torch.Generator()
8  train_loader = DataLoader(train_data, batch_size=16,
9                  shuffle=True, generator=generator)
10
11 #验证/测试集
12 test_points, test_directions = generate_sequences(seed=19)
13 full_test = torch.as_tensor(test_points).float()
14 source_test = full_test[:, :2]
15 target_test = full_test[:, 2:]
16 test_data = TensorDataset(source_test, target_test)
17 test_loader = DataLoader(test_data, batch_size=16)
```

▶▶ 模型组装

在本章,使用了通常的**自下而上**的方法来构建更复杂的模型。现在,以**自上而下**的方式重新审视**当前的开发阶段**,从**编码器-解码器架构**开始:

模型配置

```
1  class EncoderDecoderSelfAttn(nn.Module):
2      def __init__(self, encoder, decoder, input_len, target_len):
3          super().__init__()
4          self.encoder = encoder
5          self.decoder = decoder
6          self.input_len = input_len
7          self.target_len = target_len
```

```python
 8          self.trg_masks = self.subsequent_mask(self.target_len)
 9
10      @staticmethod
11      def subsequent_mask(size):
12          attn_shape = (1, size, size)
13          subsequent_mask = (1 - torch.triu(torch.ones(attn_shape),
14  diagonal=1))
15          return subsequent_mask
16
17      def encode(self, source_seq, source_mask):
18          #编码源序列,
19          #并使用结果初始化解码器
20          encoder_states = self.encoder(source_seq, source_mask)
21          self.decoder.init_keys(encoder_states)
22
23      def decode(self, shifted_target_seq, source_mask=None,
24  target_mask=None):
25          #使用移位(掩码)目标序列解码/生成序列
26          #仅在训练模式下使用
27          outputs = self.decoder(shifted_target_seq,
28                                 source_mask=source_mask,
29                                 target_mask=target_mask)
30          return outputs
31
32      def predict(self, source_seq, source_mask):
33          #一次使用一个输入解码/生成序列
34          #仅在评估模式下使用
35          inputs = source_seq[:, -1:]
36          for i in range(self.target_len):
37              out = self.decode(inputs, source_mask,
38  self.trg_masks[:, :i+1, :i+1])
39              out = torch.cat([inputs, out[:, -1:, :]], dim=-2)
40              inputs = out.detach()
41          outputs = inputs[:, 1:, :]
42          return outputs
43
44      def forward(self, X, source_mask=None):
45          #将掩码发送到与输入相同的设备
46          self.trg_masks = self.trg_masks.type_as(X).bool()
47          #切片输入以获得源序列
48          source_seq = X[:, :self.input_len, :]
49          #编码源序列并初始化解码器
50          self.encode(source_seq, source_mask)
51          if self.training:
52              #切片输入以获得移位的目标序列
53              shifted_target_seq = X[:, self.input_len-1:-1, :]
54              #使用掩码解码以防止作弊
55              outputs = self.decode(shifted_target_seq, source_mask,
```

```
56             self.trg_masks)
57         else:
58             #使用自己的预测解码
59             outputs = self.predict(source_seq, source_mask)
60
61         return outputs
```

▶▶ 编码器+解码器+位置编码

在**第二级**，会发现**编码器**和**解码器**都使用**位置编码**来准备输入，然后调用实现相应**自注意力**机制的"**层**"。

 在第10章，将会修改此代码以包含**多个自注意力的"层"**。

模型配置

```
1   class PositionalEncoding(nn.Module):
2     def __init__(self, max_len, d_model):
3       super().__init__()
4       self.d_model = d_model
5       pe = torch.zeros(max_len, d_model)
6       position = torch.arange(0, max_len).float().unsqueeze(1)
7       angular_speed = torch.exp(torch.arange(0, d_model, 2).float() *
8                                 (-np.log(10000.0) / d_model))
9       pe[:, 0::2] = torch.sin(position * angular_speed) # 偶数维度
10      pe[:, 1::2] = torch.cos(position * angular_speed) # 奇数维度
11      self.register_buffer('pe', pe.unsqueeze(0))
12
13    def forward(self, x):
14      #x 是 N, L, D
15      #pe 是 1, max_len, D
16      scaled_x = x * np.sqrt(self.d_model)
17      encoded = scaled_x + self.pe[:, :x.size(1), :]
18      return encoded
19
20  class EncoderPe(nn.Module):
21    def __init__(self, n_heads, d_model, ff_units, n_features=None,
22  max_len=100):
23      super().__init__()
24      pe_dim = d_model if n_features is None else n_features
25      self.pe = PositionalEncoding(max_len, pe_dim)
26      self.layer = EncoderSelfAttn(n_heads, d_model, ff_units, n_features)
27
28    def forward(self, query, mask=None):
29      query_pe = self.pe(query)
30      out = self.layer(query_pe, mask)
31      return out
```

```
32
33  class DecoderPe(nn.Module):
34      def __init__(self, n_heads, d_model, ff_units, n_features=None,
35  max_len=100):
36          super().__init__()
37          pe_dim = d_model if n_features is None else n_features
38          self.pe = PositionalEncoding(max_len, pe_dim)
39          self.layer = DecoderSelfAttn(n_heads, d_model, ff_units, n_features)
40
41      def init_keys(self, states):
42          self.layer.init_keys(states)
43
44      def forward(self, query, source_mask=None, target_mask=None):
45          query_pe = self.pe(query)
46          out = self.layer(query_pe, source_mask, target_mask)
47          return out
```

▶ 自注意力的"层"

起初,以下两个类都是成熟的编码器和解码器。现在,它们已被"降级"为上述即将变大的**编码器**和**解码器**的"**层**"。编码器层具有单一的自注意力机制,解码器层具有自注意力和交叉注意力机制。

 在第 10 章,将**为这部分添加**很多内容。拭目以待吧!

模型配置

```
1   class EncoderSelfAttn(nn.Module):
2     def __init__(self, n_heads, d_model, ff_units, n_features=None):
3         super().__init__()
4         self.n_heads = n_heads
5         self.d_model = d_model
6         self.ff_units = ff_units
7         self.n_features = n_features
8         self.self_attn_heads = MultiHeadAttention(n_heads, d_model,
9                                     input_dim=n_features)
10        self.ffn = nn.Sequential(
11            nn.Linear(d_model, ff_units),
12            nn.ReLU(),
13            nn.Linear(ff_units, d_model),
14        )
15
16    def forward(self, query, mask=None):
17        self.self_attn_heads.init_keys(query)
18        att = self.self_attn_heads(query, mask)
19        out = self.ffn(att)
```

```
20      return out
21
22  class DecoderSelfAttn(nn.Module):
23      def __init__(self, n_heads, d_model, ff_units, n_features=None):
24          super().__init__()
25          self.n_heads = n_heads
26          self.d_model = d_model
27          self.ff_units = ff_units
28          self.n_features = d_model if n_features is None else n_features
29          self.self_attn_heads = MultiHeadAttention(n_heads, d_model,
30                                      input_dim=self.n_features)
31          self.cross_attn_heads = MultiHeadAttention(n_heads, d_model)
32          self.ffn = nn.Sequential(
33              nn.Linear(d_model, ff_units),
34              nn.ReLU(),
35              nn.Linear(ff_units, self.n_features),
36          )
37
38      def init_keys(self, states):
39          self.cross_attn_heads.init_keys(states)
40
41      def forward(self, query, source_mask=None, target_mask=None):
42          self.self_attn_heads.init_keys(query)
43          att1 = self.self_attn_heads(query, target_mask)
44          att2 = self.cross_attn_heads(att1, source_mask)
45          out = self.ffn(att2)
46          return out
```

▶ **注意力头**

自注意力和交叉注意力机制都是使用**广义多头注意力**来实现的，也就是说，**几个基本注意力机制的结果的直接连接**，然后是**线性投影**，以获得**原始的上下文向量维度**。

在第 10 章，将开发一个**狭义多头注意力**机制。

模型配置

```
1   class MultiHeadAttention(nn.Module):
2       def __init__(self, n_heads, d_model, input_dim=None, proj_values=True):
3           super().__init__()
4           self.linear_out = nn.Linear(n_heads * d_model, d_model)
5           self.attn_heads = nn.ModuleList([Attention(d_model,
6                                       input_dim=input_dim,
7                                       proj_values=proj_values)
8                                       for _ in range(n_heads)])
9
10      def init_keys(self, key):
```

```python
11      for attn in self.attn_heads:
12          attn.init_keys(key)
13  
14  @property
15  def alphas(self):
16      #形状:n_heads, N, 1, L(源)
17      return torch.stack([attn.alphas for attn in self.attn_heads], dim=0)
18  
19  def output_function(self, contexts):
20      # N, 1, n_heads * D
21      concatenated = torch.cat(contexts, axis=-1)
22      out = self.linear_out(concatenated) # N, 1, D
23      return out
24  
25  def forward(self, query, mask=None):
26      contexts = [attn(query, mask=mask) for attn in self.attn_heads]
27      out = self.output_function(contexts)
28      return out
29  
30  class Attention(nn.Module):
31      def __init__(self, hidden_dim, input_dim=None, proj_values=False):
32          super().__init__()
33          self.d_k = hidden_dim
34          self.input_dim = hidden_dim if input_dim is None else input_dim
35          self.proj_values = proj_values
36          self.linear_query = nn.Linear(self.input_dim, hidden_dim)
37          self.linear_key = nn.Linear(self.input_dim, hidden_dim)
38          self.linear_value = nn.Linear(self.input_dim, hidden_dim)
39          self.alphas = None
40  
41      def init_keys(self, keys):
42          self.keys = keys
43          self.proj_keys = self.linear_key(self.keys)
44          self.values = self.linear_value(self.keys) \
45                        if self.proj_values else self.keys
46  
47      def score_function(self, query):
48          proj_query = self.linear_query(query)
49          #缩放点积
50          # N, 1, H x N, H, L -> N, 1, L
51          dot_products = torch.bmm(proj_query, self.proj_keys.permute(0, 2, 1))
52  
53          scores = dot_products / np.sqrt(self.d_k)
54          return scores
55  
56      def forward(self, query, mask=None):
57          #查询是批量优先 N, 1, H
58          scores = self.score_function(query) # N, 1, L
```

```
59      if mask is not None:
60          scores = scores.masked_fill(mask == 0, -1e9)
61      alphas = F.softmax(scores, dim=-1) # N, 1, L
62      self.alphas = alphas.detach()
63
64      # N, 1, L x N, L, H -> N, 1, H
65      context = torch.bmm(alphas, self.values)
66      return context
```

模型配置和训练

模型配置

```
1  torch.manual_seed(43)
2  encpe = EncoderPe(n_heads=3, d_model=2, ff_units=10, n_features=2)
3  decpe = DecoderPe(n_heads=3, d_model=2, ff_units=10, n_features=2)
4
5  model = EncoderDecoderSelfAttn(encpe, decpe, input_len=2, target_len=2)
6  loss = nn.MSELoss()
7  optimizer = optim.Adam(model.parameters(), lr=0.01)
```

模型训练

```
1  sbs_seq_selfattnpe = StepByStep(model, loss, optimizer)
2  sbs_seq_selfattnpe.set_loaders(train_loader, test_loader)
3  sbs_seq_selfattnpe.train(100)
sbs_seq_selfattnpe.losses[-1], sbs_seq_selfattnpe.val_losses[-1]
```

输出：

(0.01233051170129329, 0.013784115784801543)

回顾

本章介绍了**序列到序列**问题和**编码器-解码器架构**。首先，使用**循环神经网络**对源序列进行编码，以便其表示(隐藏状态)可用于**生成的目标序列**。然后，通过使用(**交叉**)**注意力机制**改进了架构，该机制允许**解码器**使用**编码器**产生的**隐藏状态**的**完整序列**。接下来，用**自注意力机制**替换了循环神经网络，这种机制虽然更有效，但也会导致有关**输入顺序**的**信息丢失**。最后，位置编码的添加允许再次考虑输入的顺序。以下就是所涉及的内容：

- 生成**源序列**和**目标序列**的合成**数据集**。
- 了解**编码器-解码器架构**的目的。
- 使用**编码器**生成**源序列的表示**。
- 使用**编码器的最终隐藏状态**作为**解码器的初始隐藏状态**。
- 使用**解码器**生成**目标序列**。
- 在**训练**期间使用**教师强制**来帮助解码器。

第 9 章 (下)
序列到序列

- 将编码器和解码器组合成为一个**编码器-解码器模型**。
- 了解使用**单一隐藏状态**对源序列进行编码的**局限性**。
- 将来自**编码器**的(转换的)**隐藏状态序列**定义为"**值**"(**V**)。
- 将来自**编码器**的(转换的)**隐藏状态序列**定义为"**键**"(**K**)。
- 将**解码器**产生的(转换的)**隐藏状态**定义为"**查询**"(**Q**)。
- 使用**缩放点积**计算给定"**查询**"和所有"**键**"之间的**相似度**(**对齐分数**)。
- 可视化**点积**的**几何**解释。
- 根据**维数**来缩放点积以保持其**方差不变**。
- 使用 softmax 将相似度转化为**注意力分数**(α)。
- 将**上下文向量**计算为由相应**注意力分数**加权的"**值**"(**V**)的平均值。
- 将**上下文向量连接**到**解码器的隐藏状态**,并通过线性层运行以获得预测。
- 为**注意力机制**构建一个类。
- 使用**掩码**忽略源序列中的**填充数据点**。
- 可视化注意力分数。
- 将**多个注意力头**组合成**一个多头(广义)注意力机制**。
- 了解**广义注意力**和**狭义注意力**之间的区别。
- 使用 ModuleList 添加**层列表**作为模型属性。
- 用(自)**注意力机制**替换循环层,毕竟,**注意力才是您所需要的**。
- 理解在**自注意力**机制中,**每个数据点**将用于生成"**值**"(**V**)、"**键**"(**K**)和"**查询**"(**Q**),但由于**不同的仿射变换**,它们仍然有不同的值。
- 使用**自注意力**机制和简单的**前馈网络**构建**编码器**。
- 意识到**自注意力分数**是一个**方阵**,因为每个"**隐藏状态**"都是输入序列中**所有元素的加权平均值**。
- 将注意力机制作为**交叉注意力机制**重新使用,这样,解码器仍然可以从编码器那里获得完整的序列。
- 了解**自注意力机制**会**泄露未来的数据**,从而允许**解码器作弊**。
- 使用**目标掩码**防止解码器关注序列的"未来"元素。
- 使用(**掩码**)**自注意力**机制、**交叉注意力**机制和简单的**前馈网络**构建**解码器**。
- 理解**自注意力**机制**无法**解释**数据的顺序**。
- 认识到只有注意力是不够的,还需要**位置编码**才能将顺序重新整合到模型中。
- 交替使用不同频率的**正弦**和**余弦**作为**位置编码**。
- 学习组合正弦和余弦产生的有趣特性,例如保持**任何两个相距 T 步的位置之间的编码距离恒定**。
- 使用 register_buffer 添加一个属性,该属性应该是**模块状态**的一部分,而**不是参数**。
- 可视化自注意力和交叉注意力分数。

恭喜您!这绝对是一个紧张的章节。不同形式的**注意力机制**——单头、多头、**自注意力**和交叉

.159

注意力——非常灵活，并且建立在相当简单的概念之上，但整个事情绝对**不是**那么容易掌握的。也许您对其中涉及的大量信息和细节感到有些*不知所措*，但不要担心。我想每个人一开始都会有这种感觉，但随着时间的推移情况会变得更好！

好消息是，您已经学习了构成著名 **Transformer** 架构的大部分技术：注意力机制、掩码和位置编码。还有一些东西需要学习，比如**层归一化**，将在第 10 章中介绍。

扩展阅读

文中提到的阅读资料(网址)请读者按照本书封底的说明方法自行下载。

第 10 章

转换和转出

剧透

在本章,将:
- 修改**多头注意力**机制以便使用**狭义注意力**。
- 使用**层归一化**来标准化单个数据点。
- 将"**层**""**堆叠**"在一起以便构建 **Transformer** 编码器和解码器。
- 为每个"子层"操作添加**层归一化**、**丢弃**和**残差连接**。
- 了解**归一化最后**(norm-last)和**归一化优先**(norm-first)"子层"之间的区别。
- 训练 **Transformer** 由源序列预测目标序列。
- 构建和训练**视觉 Transformer** 以执行图像分类。

 Jupyter Notebook

与第10章相对应的 Jupyter Notebook[143] 是 GitHub 上官方"**Deep Learning with PyTorch Step-by-Step**"资料库的一部分。您也可以直接在**谷歌 Colab**[144]中运行它。

如果您使用的是**本地安装**,请打开您的终端或 Anaconda Prompt,导航到您从 GitHub 复制的 PyTorchStepByStep 文件夹。然后,**激活** pytorchbook 环境并运行 Jupyter Notebook:

```
$conda activate pytorchbook

(pytorchbook)$jupyter notebook
```

如果您使用 Jupyter 的默认设置,这个链接(http://localhost:8888/notebooks/Chapter10.ipynb)应该会打开第10章的 Notebook。如果没有,只需单击 Jupyter 主页中的 Chapter10.ipynb。

 导入

为了便于组织,在任何一章中使用的代码所需的库都在其开始时导入。在本章,需要以下的导入:

```python
import copy
import numpy as np

import torch
import torch.optim as optim
import torch.nn as nn
import torch.nn.functional as F
from torch.utils.data import DataLoader, Dataset, random_split, TensorDataset
from torchvision.transforms import Compose, Normalize, Pad

from data_generation.square_sequences import generate_sequences
```

```
from data_generation.image_classification import generate_dataset
from helpers import index_splitter, make_balanced_sampler
from stepbystep.v4 import StepByStep
#这些是在第 9 章中构建的类
from seq2seq import PositionalEncoding, subsequent_mask, EncoderDecoderSelfAttn
```

转换和转出

实际上我们已经**非常接近**于开发自己版本的著名 **Transformer** 模型了。**具有位置编码的编码器-解码器架构**仅缺少一些细节以有效地"*转换和转出*"。

"少了什么内容？"

首先，需要重新审视**多头注意力**机制，以便通过使用**狭义注意力**来降低计算成本。然后，学习一种新的归一化：**层归一化**。最后，添加更多的内容：**丢弃**、**残差连接**和**更多"层"**（如第 9 章中的编码器和解码器"层"）。

狭义注意力

在第 9 章，使用了**完全注意力头**来构建**多头注意力**，称之为**广义注意力**。尽管这种机制运作良好，但随着维数的增长，它的开销会变得异常大。此时就是**狭义注意力**出现的时候：每个**注意力头**都会得到**一大块转换后的数据点**（**投影**）来处理。

▶ 分块

这是**最重要**的一个细节：注意力头**不使用****原始数据点的块**，而是使用它们的投影。

"为什么？"

为了理解原因，举一个**仿射变换**的例子，它从第一个数据点（x_0）生成"**值**"（v_0），如图 10.1 所示。

上述转换采用 **4 个维度**（特征）的单个数据点，并将其转换为用于**注意力机制的"值"**（也具有 4 个维度）。

乍一看，可能会得到相同的结果，无论是将输入拆分为块还是将投影拆分为块。但事实却**不是**这样。接下来，**放大**并查看该转换中的**各个权重**，如图 10.2 所示。

图 10.1 狭义注意力

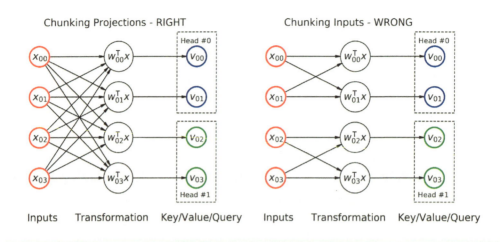

图 10.2 分块：错误和正确的方式

图 10.2 的左边是**正确的方法**：它**首先**计算**投影**，**然后将它们分块**。很明显，**投影中的每个值**（从 v_{00} 到 v_{03}）都是数据点中**所有特征的线性组合**。

由于每个头都在使用**投影维度的子集**，因此这些投影维度最终**可能代表基础数据的不同方面**。例如，对于自然语言处理任务，一些注意力头可能对应于语法和连贯性的语言概念。一个特定的头可能关注**动词的直接宾语**，而另一个头可能关注**介词的宾语**，依此类推[145]。

现在，将其与图 10.2 的右侧的**错误方法**进行比较：**首先**对其进行**分块**，投影中的每个值**仅**是**特征子集**的线性组合。

"怎么会这么糟糕?"

首先，它是一个更简单的模型(错误的方法只有 8 个权重，而正确的方法有 16 个)，因此它的学习能力是有限的。其次，由于每个头只能查看**特征的一个子集**，因此它们根本**无法了解**输入中的**远程依赖关系**。

现在，使用**长度为 2 的源序列**作为输入，每个数据点都有 **4 个特征**，就像上面的分块示例一样，来说明新的**自注意力**机制，如图 10.3 所示。

信息流是这样的：

- 两个**数据点**(x_0 和 x_1)都经过**不同的仿射变换**以生成相应的"**值**"(v_0 和 v_1)和"**键**"(k_0 和 k_1)，将其称为**投影**。
- 两个数据点还经过**另一个仿射变换**以生成相应的"**查询**"(q_0 和 q_1)，但现在只关注**第一个查询**(q_0)。
- 每个**投影**具有与**输入**相同的**维数**(4)。

第 10 章
转换和转出

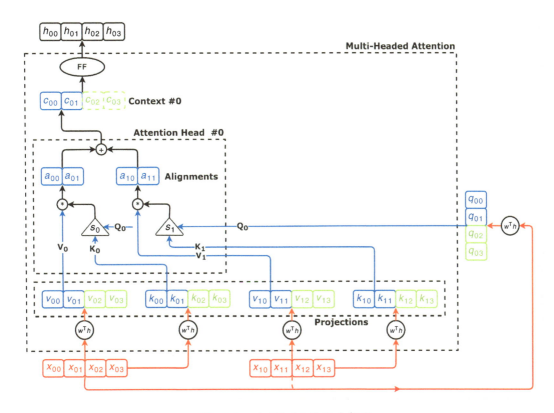

图 10.3 自（狭义）注意力机制

- 这个注意力头不像以前的注意力头那样简单地使用投影，而是**只使用一部分投影**来计算**上下文向量**。
- 由于投影有 4 个维度，因此将它们分成**两块**——蓝色（左）和绿色（右）——每个都有**两个维度**。
- **第一个注意力头仅**使用**蓝色块**来计算其**上下文向量**，与投影一样，它**只有两个维度**。
- **第二个注意力头**（图 10.3 中未显示）使用**绿色块**来计算**上下文向量的另一半**，最终得到所需的维度。
- 与之前的多头注意力机制一样，**上下文向量**通过**前馈网络**生成"**隐藏状态**"（图 10.3 中仅描绘了第一个）。

我知道，这看起来很复杂，但实际上并没有那么糟糕。也许这会有助于在代码中了解它。

▶ 多头注意力

新的多头注意力类不仅仅是第 9 章中 Attention 和 MultiHeadAttention 类的组合；它还实现了投影的**分块**，并引入了**注意力分数的丢弃**。

多头注意力

```python
 1  class MultiHeadedAttention(nn.Module):
 2      def __init__(self, n_heads, d_model, dropout=0.1):
 3          super(MultiHeadedAttention, self).__init__()
 4          self.n_heads = n_heads
 5          self.d_model = d_model
 6          self.d_k = int(d_model / n_heads)                                  ①
 7          self.linear_query = nn.Linear(d_model, d_model)
 8          self.linear_key = nn.Linear(d_model, d_model)
 9          self.linear_value = nn.Linear(d_model, d_model)
10          self.linear_out = nn.Linear(d_model, d_model)
11          self.dropout = nn.Dropout(p=dropout)                               ④
12          self.alphas = None
13
14      def make_chunks(self, x):                                              ①
15          batch_size, seq_len = x.size(0), x.size(1)
16          # N, L, D -> N, L, n_heads * d_k
17          x = x.view(batch_size, seq_len, self.n_heads, self.d_k)
18          # N, n_heads, L, d_k
19          x = x.transpose(1, 2)
20          return x
21
22      def init_keys(self, key):
23          # N, n_heads, L, d_k
24          self.proj_key = self.make_chunks(self.linear_key(key))             ①
25          self.proj_value = self.make_chunks(self.linear_value(key))         ①
26
27      def score_function(self, query):
28          #缩放点积
29          # N, n_heads, L, d_k x N, n_heads, d_k, L -> N, n_heads, L, L
30          proj_query = self.make_chunks(self.linear_query(query))            ①
31          dot_products = torch.matmul(proj_query,                            ②
32                                      self.proj_key.transpose(-2, -1))
33          scores = dot_products / np.sqrt(self.d_k)
34          return scores
35
36      def attn(self, query, mask=None):                                      ③
37          #查询是批量优先:N, L, D
38          #得分函数将为每个头生成分数
39          scores = self.score_function(query) # N, n_heads, L, L
40          if mask is not None:
41              scores = scores.masked_fill(mask == 0, -1e9)
42          alphas = F.softmax(scores, dim=-1) # N, n_heads, L, L
43          alphas = self.dropout(alphas)                                      ④
44          self.alphas = alphas.detach()
45
46          # N, n_heads, L, L x N, n_heads, L, d_k -> N, n_heads, L, d_k
47          context = torch.matmul(alphas, self.proj_value)                    ②
```

```
48            return context
49
50        def output_function(self, contexts):
51            # N, L, D
52            out = self.linear_out(contexts) # N, L, D
53            return out
54
55        def forward(self, query, mask=None):
56            if mask is not None:
57                # N, 1, L, L - every head uses the same mask
58                mask = mask.unsqueeze(1)
59
60            # N, n_heads, L, d_k
61            context = self.attn(query, mask=mask)
62            # N, L, n_heads, d_k
63            context = context.transpose(1, 2).contiguous()                    ⑤
64            # N, L, n_heads * d_k = N, L, d_model
65            context = context.view(query.size(0), -1, self.d_model)           ⑤
66            # N, L, d_model
67            out = self.output_function(context)
68            return out
```

① 对投影进行分块。

② 使用 torch.matmul 代替 torch.bmm。

③ 前一个 Attention 类的 forward 方法。

④ 注意力分数的丢弃。

⑤ "连接"上下文向量。

回顾一下多头注意力中的方法:

- make_chunks: 采用形状为 (N, L, D) 的张量,并将其最后一维一分为二,形成 (N, L, n_heads, d_k) 形状,其中 d_k 是块的大小 (d_k = D / n_heads)。
- init_keys: 对"键"和"值"进行预测,并将它们分块。
- score_function: 对投影的"查询"进行分块并计算**缩放点积**(它使用 torch.matmul 作为 torch.bmm 的替代品,因为**分块**而产生了**一个额外的维度**,有关更多详细信息,请参见下文)。
- attn: 对应前一个 Attention 类的 forward 方法,用来计算**注意力分数**(α)和**上下文向量的块**。
  - 它在注意力分数上使用**丢弃**进行正则化:丢弃注意力分数(清 0)意味着序列中的相应**元素**将被**忽略**。
- output_function: 只是通过前馈网络运行上下文,因为上下文的连接现在是在 forward 方法中发生。
- forward: 调用 attn 方法并重新**组织**结果的**维度**以"**连接**"**上下文向量的块**。
  - 如果提供了 mask——源掩码的 (N, 1, L) 形状 (在编码器中) 或目标掩码的 (N, L, L) 形状

(在解码器中)——它将在第一个维度之后展开一个新维度,以容纳**多头**,因为每个头都应使用**相同的掩码**。

torch.bmm 与 torch.matmul

在第 9 章,使用了 torch.bmm 来进行**批量矩阵乘法**。它是目前完成任务的正确工具,因为我们有**两个三维张量**(例如,使用 α 和 "值" 计算上下文向量):

$$(N, 1, L) \times (N, L, H) = (N, 1, H)$$

式 10.1-使用 torch.bmm 进行批量矩阵乘法

不幸的是,torch.bmm **无法**处理比这个维度更多的张量。由于**分块**后有一个**四维张量**,因此需要更强大的工具:torch.matmul。这是一个**更通用**的操作,根据其输入,其行为类似于 torch.dot、torch.mm 或 torch.bmm。

如果再次使用 torch.matmul 将 α 和 "值" 相乘,同时使用多头和分块,这看起来像这样:

$$(N, n\_heads, L, L) \times (N, n\_heads, L, d_k) = (N, n\_heads, L, d_k)$$

式 10.2-使用 torch.matmul 进行批量矩阵乘法

它与批量矩阵乘法非常相似,但却可以随意拥有任意数量的额外维度:它仍然只查看**最后两个维度**。

可以生成一些对应于 **16 个序列**(**N**)的小批量的虚拟点,每个序列有**两个数据点**(**L**),每个数据点有 **4 个特征**(**F**):

```
dummy_points = torch.randn(16, 2, 4) # N, L, F
mha = MultiHeadedAttention(n_heads=2, d_model=4, dropout=0.0)
mha.init_keys(dummy_points)
out = mha(dummy_points) # N, L, D
out.shape
```

输出:

```
torch.Size([16, 2, 4])
```

由于将数据点同时用作 "键" "值" 和 "查询",因此这是一种**自注意力**机制。

图 10.4 描绘了一个多头注意力机制,它有**两个头**,被分别标记为**蓝色**(**左**)和**绿色**(**右**),**第一个数据点**被用作 "**查询**" 以生成第一个 "隐藏状态" (h_0)。

这里已将**箭头标记**为相应的**角色**(**V、K 或 Q**),后跟一个**下标**,指示正在使用的**数据点的索引**(**0 或 1**)以及**哪个头**正在使用**它**(**左或右**)。

如果您觉得图 10.4 太混乱了,别担心,它只是图 10.3 的一部分,因为图 10.3 只描绘了第一个头所以出于完整性的考虑,这里又将这部分包含在内。这里要记住的重要一点是:"**多头注意力将投影分块,而不是输入**"。

继续下一个话题……

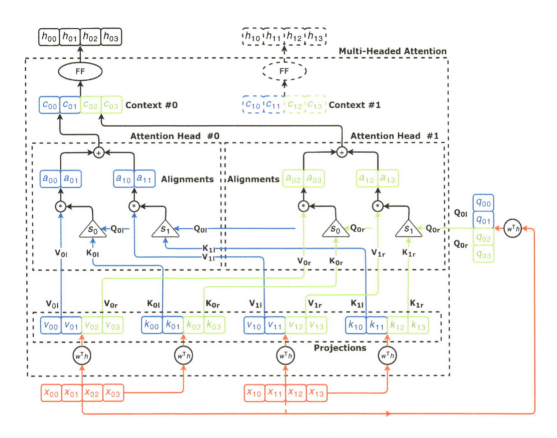

图 10.4 自(狭义)注意力机制(两头)

堆叠编码器和解码器

将两个**编码器堆叠**在一起可以使编码器-解码器架构**更深**,然后对**两个解码器**做同样的事情。如图 10.5 所示。

一个编码器的输出反馈到下一个编码器,而最后一个编码器则像往常一样输出**状态**。这些状态将提供给**所有堆叠解码器**的**交叉注意力**机制。一个解码器的输出反馈到下一个解码器,最后一个解码器照常输出**预测**。

以前的编码器现在是一个所谓的"**层**",而**一堆"层"**又组成了**新的、更深的编码器**。解码器也是如此。此外,"层"内的**每个操作**(多头自注意力和交叉注意力机制以及前馈网络)现在都是"**子层**"。

图 10.5 表示一个编码器-解码器架构,每个都有**两个"层"**。但并没有止步于此:正在堆叠 **6 个"层"**!要为它画图有点困难,所以我们稍微简化一下,如图 10.6 所示。

一方面,可以简单地绘制两个**堆叠的"层"**,并抽象出它们的内部操作。这就是图 10.6a 要表达的意思。另一方面,由于**所有"层"都是相同的**,可以**继续表示内部操作**,并通过在其旁边添加 Nx "Layers"来暗示堆栈的情况。就是图 10.6b 要表达的意思,从现在开始这也是我们选择的表示形式。

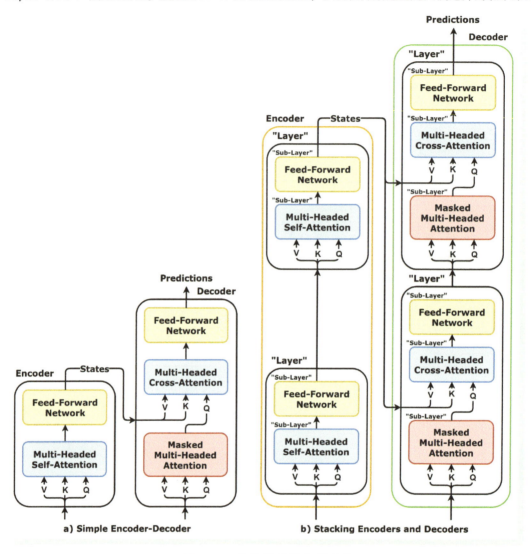

图 10.5 堆叠编码器和解码器

顺便说一句,这正是 **Transformer** 的构建方式!

"酷!这已经是 Transformer 了吗?"

目前,还不是。需要在"**子层**"上进一步工作,以将上面的架构**转换**为真正的 **Transformer**。

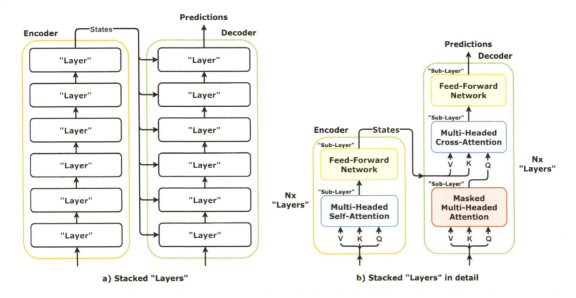

图 10.6 堆叠的"层"

包裹"子层"

当模型随着许多**堆叠的"层"**而**加深**时,将遇到熟悉的问题,例如梯度消失问题。在计算机视觉模型中,通过添加其他组件(例如**批量归一化**和**残差连接**)成功地解决了这个问题。此外,我们知道……

"深度越大,复杂性越大。"
——彼得·帕克

……随之而来的是过拟合。

但是我们也知道**丢弃**作为**正则化器**的效果非常好,因此也可以将其混入其中。

"如何在模型中添加归一化、残差连接和丢弃?"

用它们**包裹每一个"子层"**!很酷,对吧?但这带来了另一个问题:**如何**包裹它们?事实证明,可以选择两种方式中的一种来包裹"子层",即**归一化最后**(norm-last)或**归一化优先**(norm-first),如图 10.7 所示。

归一化最后包裹器遵循"Attention Is All You Need"[146]这篇论文中描述的实现要求:

"我们在两个子层中的前后都采用残差连接,然后进行层归一化。也就是说,每个子层的输出是 LayerNorm[x+Sublayer(x)],其中 Sublayer(x)是由子层本身实现的函数。"

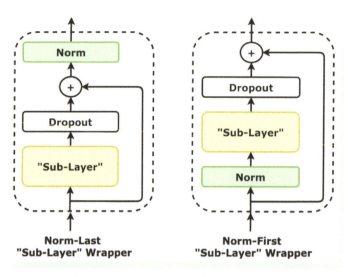

图 10.7 "子层"——归一化最后(左图)与归一化优先(右图)

归一化优先包裹器遵循"The Annotated Transformer"[147]中描述的"子层"实现,为了简化代码,它**明确**地将**归一化放在首位**,而不是放在**最后**。

把图 10.7 的图形变成等式:

$$输出_{归一化最后}=归一化\{输入+丢弃[子层(输入)]\}$$
$$输出_{归一化优先}=输入+丢弃\{子层[归一化(输入)]\}$$

式 10.3-输出——归一化最后与优先

上面两个等式**几乎**相同,除了**归一化最后**包裹器(来自"Attention Is All You Need")对**输出进行归一化**,而**归一化优先**包裹器(来自"The Annotated Transformer")对**输入进行归一化**。这是一个**很小但很重要的区别**。

"为什么会有这样的区别?"

如果您使用**位置编码**,您想**归一化您的输入**,则**归一化优先**更方便。

"输出呢?"

对**最终输出进行归一化**,即**最后一个"层"**的输出(这是其最后一个未归一化的"子层"的输出)。任何中间输出只是后续"子层"的输入,每个"子层"对自己的输入进行归一化。

还有一个重要的区别将在下一节中讨论。

从现在开始,**坚持归一化优先**,从而**归一化输入**:

$$输出_{归一化优先} = 输入 + 丢弃\{子层[归一化(输入)]\}$$

式 10.4-输出——归一化优先

通过将**每个"子层"**包裹在**编码器"层"**和**解码器"层"**中，将获得所需的 **Transformer 架构**。让我们开始于 Transformer 编码器。

Transformer 编码器

下面使用"堆叠"层来详细表示编码器(像图 10.6b 那样)，即显示内部**包裹的"子层"**(虚线矩形)，如图 10.8 所示。

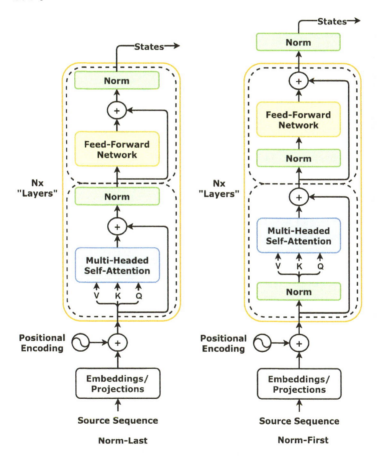

图 10.8 Transformer 编码器——归一化最后(左图)与归一化优先(右图)

在图 10.8 的左侧，编码器使用了归一化最后包裹器，其输出(编码器的**状态**)由下式给出：

$$输出_{归一化最后} = 归一化\{\underbrace{归一化[输入 + att(输入)]}_{子层的输出} + ffn\underbrace{\{归一化[输入 + att(输入)]\}}_{子层的输出}\}$$

式 10.5-编码器的输出：归一化最后

在图 10.8 的右侧, 编码器使用了归一化优先包裹器, 其输出(编码器的**状态**)由下式给出:

$$\text{输出}_{\text{归一化优先}} = \underbrace{\text{输入} + att[\text{归一化}(\text{输入})]}_{\text{子层的输出}} + ffn\left\{\text{归一化}\underbrace{\{\text{输入} + att[\text{归一化}(\text{输入})]\}}_{\text{子层的输出}}\right\}$$

式 10.6-编码器的输出: 归一化优先

归一化优先包裹器允许**输入不受阻碍地流动**(输入未被归一化)到顶部, 同时沿途添加每个"子层"的结果(归一化优先的最后归一化发生在"子层", 因此它不包含在等式中)。

"哪一个最好?"

这个问题没有直接的答案。它实际上让我想起了是在激活函数之前还是之后放置批量归一化层的讨论。现在, 依然没有"正确"和"错误", 不同组件的顺序并非一成不变的。

在代码中看看它, 从"层"开始, 以及它所有的包裹"子层":

编码器"层"

```
1  class EncoderLayer(nn.Module):
2      def __init__(self, n_heads, d_model, ff_units, dropout=0.1):
3          super().__init__()
4          self.n_heads = n_heads
5          self.d_model = d_model
6          self.ff_units = ff_units
7          self.self_attn_heads = MultiHeadedAttention(n_heads, d_model,
8                                                      dropout=dropout)
9          self.ffn = nn.Sequential(
10             nn.Linear(d_model, ff_units),
11             nn.ReLU(),
12             nn.Dropout(dropout),
13             nn.Linear(ff_units, d_model),
14         )
15
16         self.norm1 = nn.LayerNorm(d_model)                              ①
17         self.norm2 = nn.LayerNorm(d_model)                              ①
18         self.drop1 = nn.Dropout(dropout)
19         self.drop2 = nn.Dropout(dropout)
20
21     def forward(self, query, mask=None):
22         #子层#0
23         #归一化
24         norm_query = self.norm1(query)
25         #多头注意力
26         self.self_attn_heads.init_keys(norm_query)
27         states = self.self_attn_heads(norm_query, mask)
28         #添加
29         att = query + self.drop1(states)
30
31         # Sublayer #1
32         #归一化
```

```
33          norm_att = self.norm2(att)
34          #前馈
35          out = self.ffn(norm_att)
36          #添加
37          out = att + self.drop2(out)
38          return out
```

① 那是什么？

它的构造函数有 **4 个参数**：

- n_heads：**自注意力机制**中的**注意力头数**。
- d_model：输入的**特征数量**（记住，这个数字将在注意力头之间**分配**，所以它必须是头数的**倍数**）。
- ff_units：**前馈网络隐藏层**的**单位**数。
- dropout：丢弃输入的**概率**。

forward 方法像往常一样采用"查询"和源掩码(忽略填充的数据点)。

"LayerNorm 是什么？"

这是我之前没有提到的一个很小的细节，Transformer 不使用批量归一化，而是使用**层归一化**。

"有什么不同？"

简短的回答：批量归一化对特征进行归一化，而**层归一化对数据点进行归一化**。

冗长的答案：有一个完整的部分是关于它的，我们很快就会讲到它。

在 PyTorch 中，编码器"层"被实现为 nn.TransformerEncoderLayer，其构造方法需要相同的参数(d_model、nhead、dim_feedforward 和 dropout)以及用于前馈网络的可选激活函数。

forward 方法有以下 **3 个参数**：

- src：**源序列**，即类中的 query 参数。

重要提示： PyTorch 的 **Transformer 层**对其输入(L，N，F)默认使用**序列优先形状**，但从 v1.9 开始，可以设置 batch_first 参数。

- src_key_padding_mask：**填充数据点**的掩码，即类中的 mask 参数。
- src_mask：这个掩码用于**有目的地隐藏**源序列中的一些**输入**——我们没有这样做，所以类没有相应的参数——可用于训练**语言模型**(更多内容详见第 11 章)。

现在可以像这样堆叠一堆"层"来构建一个**实际的编码器**：

Transformer 编码器

```
1  class EncoderTransf(nn.Module):
2      def __init__(self, encoder_layer, n_layers=1, max_len=100):
```

```
3        super().__init__()
4        self.d_model = encoder_layer.d_model
5        self.pe = PositionalEncoding(max_len, self.d_model)
6        self.norm = nn.LayerNorm(self.d_model)
7        self.layers = nn.ModuleList([copy.deepcopy(encoder_layer)
8                                    for _ in range(n_layers)])
9
10   def forward(self, query, mask=None):
11       #位置编码
12       x = self.pe(query)
13       for layer in self.layers:
14           x = layer(x, mask)
15       #归一化
16       return self.norm(x)
```

它的构造方法接受一个 EncoderLayer 的**实例**、想要堆叠在一起的**"层"的数量**,以及将用于位置编码的源序列的**最大长度**。

使用 deepcopy 来确保创建编码器层的真实副本,并使用 nn.ModuleList 来确保 PyTorch 可以在列表中找到"层"。默认的"层"数只是 1,但**原来的 Transformer 使用了 6 个"层"**。

forward 方法非常简单:它将位置编码添加到"查询",循环各"层",并且最后归一化输出。像往常一样,最终输出的是**编码器的状态**,它将为**解码器的每个"层"**的**交叉注意机制**提供反馈。

在 PyTorch 中,编码器被实现为 nn.TransformerEncoder,它的构造方法需要类似的参数:encoder_layer⊖、num_layers 和一个可选的归一化层来归一化(或不归一化)输出。

```
enclayer = nn.TransformerEncoderLayer(d_model=6, nhead=3, dim_feedforward=20)
enctransf = nn.TransformerEncoder(enclayer, num_layers=1, norm=nn.LayerNorm)
```

因此,它的行为与我们的略有不同,因为它(在撰写本文时)**没有**为输入实现**位置编码**,并且默认情况下它不会对输出进行归一化。

Transformer 解码器

下面将使用"堆叠"层来详细表示解码器(像图 10.6b 那样),即显示内部**包裹的"子层"**(虚线矩形),如图 10.9 所示。

图 10.9 的左边的**小箭头**表示**编码器**产生的**状态**,它们将作为**每个"层"**中(**交叉**)**多头注意力**机制的"键"和"值"的输入。

此外,还有一个**最终线性层**负责将解码器的输出投影回原始维数(在我们的例子中是角坐标)。但是,这个线性层并不包含在我们的解码器类中:它将是编码器-解码器(或 Transformer)类的一部分。

⊖ 代码中的 enclayer 和这里的 encoder_layer 其实表示的是一个含义,只不过起了不同的名字。——译者注

第 10 章
转换和转出

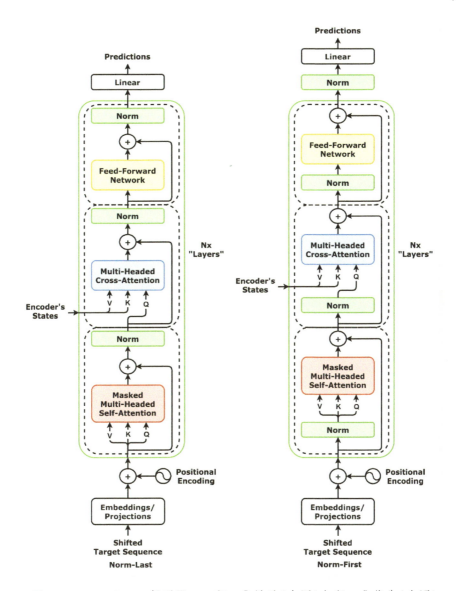

图 10.9　Transformer 解码器——归一化最后(左图)与归一化优先(右图)

看看 Transformer 解码器的代码,从"层"开始,以及它所有的包裹"子层"。顺便说一句,除了在其他两个子层之间有第三个"子层"(交叉注意力),下面的代码与 EncoderLayer 的代码非常相似:

解码器"层"

```
1  class DecoderLayer(nn.Module):
2      def __init__(self, n_heads, d_model, ff_units, dropout=0.1):
3          super().__init__()
4          self.n_heads = n_heads
5          self.d_model = d_model
6          self.ff_units = ff_units
```

```
7        self.self_attn_heads = MultiHeadedAttention(n_heads, d_model,
8                                                   dropout=dropout)
9        self.cross_attn_heads = MultiHeadedAttention(n_heads, d_model,
10                                                    dropout=dropout)
11       self.ffn = nn.Sequential(
12           nn.Linear(d_model, ff_units),
13           nn.ReLU(),
14           nn.Dropout(dropout),
15           nn.Linear(ff_units, d_model),
16       )
17
18       self.norm1 = nn.LayerNorm(d_model)
19       self.norm2 = nn.LayerNorm(d_model)
20       self.norm3 = nn.LayerNorm(d_model)
21       self.drop1 = nn.Dropout(dropout)
22       self.drop2 = nn.Dropout(dropout)
23       self.drop3 = nn.Dropout(dropout)
24
25   def init_keys(self, states):
26       self.cross_attn_heads.init_keys(states)
27
28   def forward(self, query, source_mask=None, target_mask=None):
29       #子层#0
30       #归一化
31       norm_query = self.norm1(query)
32       #掩码多头注意力
33       self.self_attn_heads.init_keys(norm_query)
34       states = self.self_attn_heads(norm_query, target_mask)
35       #添加
36       att1 = query + self.drop1(states)
37
38       #子层#1
39       #归一化
40       norm_att1 = self.norm2(att1)
41       #多头注意力
42       encoder_states = self.cross_attn_heads(norm_att1, source_mask)
43       #添加
44       att2 = att1 + self.drop2(encoder_states)
45
46       #子层#2
47       #归一化
48       norm_att2 = self.norm3(att2)
49       #前馈
50       out = self.ffn(norm_att2)
51       #添加
52       out = att2 + self.drop3(out)
53       return out
```

解码器"层"的构造方法采用的**参数**与**编码器"层"相同**。forward 方法接受 3 个参数:"查询"、在**交叉注意力**期间将用于忽略**源序列**中填充数据点的源掩码,以及用于通过窥视未来来**避免作弊的目标掩码**。

在 PyTorch 中,解码器"层"实现为 nn.TransformerDecoderLayer,其构造方法需要相同的参数(d_model、nhead、dim_feedforward 和 dropout)以及用于前馈网络的可选 activation 函数。

但是,它的 forward 方法有以下 **6 个主要参数**。其中 3 个等价于我们自己的 forward 方法中的那些参数:

- tgt:**目标序列**,即我们类中的 query 参数(必需)。

> **重要提示:** PyTorch 的 **Transformer 层**对其输入(L,N,F)默认使用**序列优先**形状,但从 v1.9 开始,可以设置 batch_first 参数。

- memory_key_padding_mask:**源序列**中**填充数据点**的掩码,即类中的 source_mask 参数(可选),与 nn.TransformerEncoderLayer 的 src_key_padding_mask 相同。
- tgt_mask:用于**避免作弊**的掩码,即类中的 target_mask 参数(虽然非常重要,但该参数仍然被认为是可选的)。

然后,还有**另一个必需的参数**,它对应于我们自己的类中 init_keys 方法的 states 参数:

- memory:由**编码器**返回的**源序列**的**编码状态**。

剩下的两个参数在我们自己的类中并**不存在**:

- memory_mask:此掩码用于**有目的地隐藏解码器**使用的一些编码状态。
- tgt_key_padding_mask:此掩码用于**目标序列**中的**填充数据点**。

现在可以像这样堆叠"层"来构建一个**实际的解码器**:

Transformer 解码器

```
1   class DecoderTransf(nn.Module):
2       def __init__(self, decoder_layer, n_layers=1, max_len=100):
3           super(DecoderTransf, self).__init__()
4           self.d_model = decoder_layer.d_model
5           self.pe = PositionalEncoding(max_len, self.d_model)
6           self.norm = nn.LayerNorm(self.d_model)
7           self.layers = nn.ModuleList([copy.deepcopy(decoder_layer)
8                                        for _ in range(n_layers)])
9
10      def init_keys(self, states):
11          for layer in self.layers:
12              layer.init_keys(states)
13
14      def forward(self, query, source_mask=None, target_mask=None):
15          #位置编码
16          x = self.pe(query)
17          for layer in self.layers:
18              x = layer(x, source_mask, target_mask)
19          #归一化
20          return self.norm(x)
```

它的构造方法接受一个 **DecoderLayer 的实例**、想要堆叠在一起的**"层"的数量**,以及将用于位置编码的源序列的**最大长度**。再一次使用 deepcopy 和 nn.ModuleList 创建多个层。

在 PyTorch 中,解码器被实现为 nn.TransformerDecoder,它的构造方法需要类似的参数:decoder_layer、num_layers 和一个可选的归一化层来归一化(或不归一化)输出。

```
declayer = nn.TransformerDecoderLayer(d_model=6, nhead=3, dim_feedforward=20)
dectransf = nn.TransformerDecoder(declayer, num_layers=1, norm=nn.LayerNorm)
```

PyTorch 的解码器的行为也与我们的有所不同,因为它(在撰写本文时)**没有**为输入实现**位置编码**,并且默认情况下它不会对输出进行归一化。

在将**编码器**和**解码器**组合一起之前,仍然需要做一个短暂的停顿,并解决一个微小的细节。

层归一化

层归一化是由 Jimmy Lei Ba、Jamie Ryan Kiros 和 Geoffery E.Hinton 在他们 2016 年发表的论文 "Layer Normalization"[148] 中提出的,但它只是在应用于非常成功的 Transformer 架构之后才真正流行起来。他们认为,"通过计算用于归一化的均值和方差,可以将批量归一化转换为层归一化,该均值和方差从**单个训练案例**上的一层中的所有神经元的总和输入进行归一化",重点是我的。

简而言之:层归一化**标准化了单个数据点**,而不是特征。

这与迄今为止执行的标准化完全不同。之前,无论是在整个训练集中(在第 0 章中使用 Scikit-Learn 的 StandardScaler 方法),还是在小批量中(在第 7 章中使用批量归一化),每个**特征**都被标准化为具有**零均值**和**单位标准差**。在表格数据集中,我们**对列**进行了**标准化**。

表格数据集中的层归一化**对行**进行**标准化**。每个数据点的**特征均值为 0**,其**特征的标准差为 1**。

假设有一个包含 3 个序列($N=3$)的小批量,每个序列的长度为 2($L=2$),每个数据点有 4 个特征($D=4$),为了说明层归一化的重要性,也为其添加**位置编码**:

```
d_model = 4
seq_len = 2
n_points = 3

torch.manual_seed(34)
data = torch.randn(n_points, seq_len, d_model)
pe = PositionalEncoding(seq_len, d_model)
inputs = pe(data)
inputs
```

输出:

```
tensor([[[-3.8049, 1.9899, -1.7325, 2.1359],
         [ 1.7854, 0.8155, 0.1116, -1.7420]],
```

```
    [[-2.4273,  1.3559,  2.8615,  2.0084],
     [-1.0353, -1.2766, -2.2082, -0.6952]],

    [[-0.8044,  1.9707,  3.3704,  2.0587],
     [ 4.2256,  6.9575,  1.4770,  2.0762]]])
```

应该很容易识别出以上张量中的不同维度，N(3个垂直组)、L(每组两行)和 D(4列)。总共有 **6个数据点**，它们的取值范围主要是取决于添加的位置编码。

好吧，**层归一化标准化了单个数据点**，即以上张量中的行，因此需要**计算相应维度**(D)**上的统计信息**。从**均值**开始：

$$\overline{X}_{n,l} = \frac{1}{D}\sum_{d=1}^{D} x_{n,l,d}$$

式 10.7−数据点对特征(D)的均值

```
inputs_mean = inputs.mean(axis=2).unsqueeze(2)
inputs_mean
```

输出：

```
tensor([[[-0.3529],
         [ 0.2426]],

        [[ 0.9496],
         [-1.3038]],

        [[ 1.6489],
         [ 3.6841]]])
```

正如预期的那样，有**6个均值**，每个数据点一个。unsqueeze 的作用是保留原始维度，从而使结果成为(N, L, 1)形状的张量。

接下来，计算相同维度(D)上的有偏标准差：

$$\sigma_{n,l}(X) = \sqrt{\frac{1}{D}\sum_{d=1}^{D}(x_{n,l,d} - \overline{X}_{n,l})^2}$$

式 10.8−数据点对特征(D)的标准差

```
inputs_var = inputs.var(axis=2, unbiased=False).unsqueeze(2)
inputs_var
```

输出：

```
tensor([[[6.3756],
         [1.6661]],

        [[4.0862],
         [0.3153]],
```

```
        [[2.3135],
         [4.6163]]])
```

这里没有惊喜。

然后使用均值、有偏标准差和一个很小的数 ε 来计算**实际的标准化**，以保证数值的稳定性：

$$标准化\, x_{n,l,d} = \frac{x_{n,l,d} - \overline{X}_{n,l}}{\sigma_{n,l}(X) + \varepsilon}$$

式 10.9 - 层归一化

```
(inputs - inputs_mean)/torch.sqrt(inputs_var+1e-5)
```

输出：

```
tensor([[[-1.3671, 0.9279, -0.5464, 0.9857],
         [ 1.1953, 0.4438, -0.1015, -1.5376]],

        [[-1.6706, 0.2010, 0.9458, 0.5238],
         [ 0.4782, 0.0485, -1.6106, 1.0839]],

        [[-1.6129, 0.2116, 1.1318, 0.2695],
         [ 0.2520, 1.5236, -1.0272, -0.7484]]])
```

上面的值是**层归一化**的。当然，使用 PyTorch 的 nn.LayerNorm 也可以达到相同的结果：

```
layer_norm = nn.LayerNorm(d_model)
normalized = layer_norm(inputs)

normalized[0][0].mean(), normalized[0][0].std(unbiased=False)
```

输出：

```
(tensor(-1.4901e-08, grad_fn=<MeanBackward0>),
 tensor(1.0000, grad_fn=<StdBackward0>))
```

正如预期的那样，零均值和单位标准差。

"为什么它们有 grad_fn 属性？"

与批量归一化一样，**层归一化**也可以**学习仿射变换**，其中每个**特征都有自己的仿射变换**。由于在 d_model 上使用了层归一化，并且它的维数是 **4**，所以 state_dict 中会有 **4 个权重**和 **4 个偏差**：

```
layer_norm.state_dict()
```

输出：

```
OrderedDict([('weight', tensor([1., 1., 1., 1.])),
             ('bias', tensor([0., 0., 0., 0.]))])
```

权重(weight)和偏差(bias)分别用于缩放和转换标准化值：

$$层归一化\, x_{n,l,d} = b_d + w_d 标准化\, x_{n,l,d}$$

式 10.10 - 层归一化(使用仿射变换)

但是，在 PyTorch 的文档中，您会找到 γ 和 β：

$$\text{层归一化}\, x_{n,l,d} = \gamma_d \text{标准化}\, x_{n,l,d} + \beta_d$$

式 10.11-层归一化(使用仿射变换)

批量归一化和层归一化看起来非常相似，但需要指出它们之间的一些重要区别。

▶▶ 批量与层

尽管两种归一化都可以**计算统计数据**，即均值和有偏标准差，用以对输入进行**标准化**，但**只有批量归一化**需要跟踪**游程统计**数据。

 此外，由于**层归一化单独**考虑**数据点**，因此无论模型处于**训练**模式还是**评估**模式，它都会**表现出相同的行为**。

为了说明两种归一化类型之间的区别，这里生成另一个虚拟示例(再次为其添加位置编码)：

```
torch.manual_seed(23)
dummy_points = torch.randn(4, 1, 256)
dummy_pe = PositionalEncoding(1, 256)
dummy_enc = dummy_pe(dummy_points)
dummy_enc
```

输出：

```
tensor([[[-14.4193, 10.0495, -7.8116, ..., -18.0732, -3.9566]],

        [[ 2.6628, -3.5462, -23.6461, ..., -18.4375, -37.4197]],

        [[-24.6397, -1.9127, -16.4244, ..., -26.0550, -14.0706]],

        [[ 13.7988, 21.4612, 10.4125, ..., -17.0188, 3.9237]]])
```

对于这 4 个序列，假设有**两个小批量**，每个小批量**两个序列**($N=2$)。每个序列的长度为 1(我知道 $L=1$ 并不完全是一个序列)，它们唯一的数据点有 **256 个特征**($D=256$)。图 10.10 说明了应用**批量归一化**(在特征/列上)和**层归一化**(在数据点/行上)之间的区别。

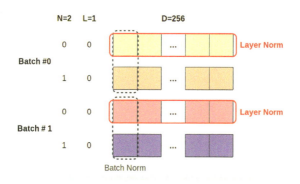

图 10.10　层归一化与批量归一化

在第 7 章，讨论过**小批量的大小会**严重影响批量归一化的**游程统计信息**。此外，**批量归一化**的**振荡统计数据**可能会引入**正则化效果**。

但**这些都不会**发生在**层归一化**中：无论选择的是小批量大小或其他任何东西，它都能稳定地提供零均值和单位标准差的数据点。看看它的实际效果！

首先，可视化生成的**位置编码特征的分布**如图 10.11 所示。

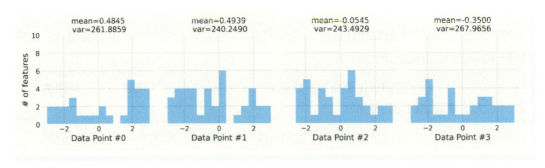

图 10.11　特征值分布

实际范围远大于此(如 −50 到 50)，并且由于添加了位置编码，**方差与维数**(256)大致相同。对其应用**层归一化**：

```
layer_normalizer = nn.LayerNorm(256)
dummy_normed = layer_normalizer(dummy_enc)
dummy_normed
```

输出：

```
tensor([[[-0.9210, 0.5911, -0.5127, ..., -1.1467, -0.2744]],

        [[ 0.1399, -0.2607, -1.5574, ..., -1.2214, -2.4460]],

        [[-1.5755, -0.1191, -1.0491, ..., -1.6662, -0.8982]],

        [[ 0.8643, 1.3324, 0.6575, ..., -1.0183, 0.2611]]],
       grad_fn=<NativeLayerNormBackward>)
```

然后，把原始的和标准化之后的**两种分布**可视化，如图 10.12 所示。

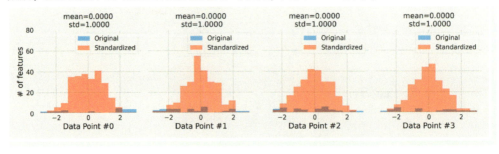

图 10.12　层归一化特征值的分布

每个**数据点**的**特征值**分布均为**零均值**和**单位标准差**。真漂亮！

▶▶ 我们的 Seq2Seq 问题

到目前为止，我一直在使用虚拟示例来说明层归一化是如何工作的。回到**序列到序列**问题，其中**源序列**有**两个数据点**，每个数据点**代表两个角的坐标**。像往常一样，向它添加**位置编码**：

```
pe = PositionalEncoding(max_len=2, d_model=2)

source_seq = torch.tensor ([[[ 1.0349, 0.9661],
                             [ 0.8055, -0.9169]]])
source_seq_enc = pe(source_seq)
source_seq_enc
```

输出：

```
tensor([[[ 1.4636, 2.3663],
         [ 1.9806, -0.7564]]])
```

然后，将其**归一化**：

```
norm = nn.LayerNorm(2)
norm(source_seq_enc)
```

输出：

```
tensor([[[-1.0000, 1.0000],
         [ 1.0000, -1.0000]]], grad_fn=<NativeLayerNormBackward>)
```

"等等，这里发生了什么？"

这就是试图仅**归一化两个特征**时会发生的情况：它们要么变为**-1**，要么变为**1**。更糟糕的是，*每个数据点都是一样的*。这样的值没有任何意义，这是肯定的。

要想做得更好，我们还需要投影或嵌入。

▶▶ 投影或嵌入

有时投影和**嵌入**可以互换使用。不过，在这里，坚持**分类值**的**嵌入**和**数值**的**投影**。

在第 11 章，将使用**嵌入**来获取给定**单词**或**词元**的**数字表示**(向量)。由于单词或词元是**分类值**，**嵌入层**就像一个**大的查找表**：它将在其键中查找给定的单词或词元，并返回相应的张量。

但是，由于现在处理的是**坐标**，即**数值**，所以使用**投影**代替。只需一个简单的线性层就可以将一对坐标**投影**到一个**更高维**的特征空间中：

```
torch.manual_seed(11)
proj_dim = 6
linear_proj = nn.Linear(2, proj_dim)
pe = PositionalEncoding(2, proj_dim)

source_seq_proj = linear_proj(source_seq)
source_seq_proj_enc = pe(source_seq_proj)
source_seq_proj_enc
```

输出：

```
tensor([[[-2.0934, 1.5040, 1.8742, 0.0628, 0.3034, 2.0190],
        [-0.8853, 2.8213, 0.5911, 2.4193, -2.5230, 0.3599]]],
       grad_fn=<AddBackward0>)
```

看到了吗？现在源序列中的每个数据点都有 **6 个特征**(投影维度)，并且它们也是**位置编码**的。当然，这个特定的投影是完全随机的，但是一旦将相应的线性层添加到模型中，情况就不再如此了。它将学习一个有意义的投影，在经过位置编码后，将被归一化：

```
norm = nn.LayerNorm(proj_dim)
norm(source_seq_proj_enc)
```

输出：

```
tensor([[[-1.9061, 0.6287, 0.8896, -0.3868, -0.2172, 0.9917],
        [-0.7362, 1.2864, 0.0694, 1.0670, -1.6299, -0.0568]]],
       grad_fn=<NativeLayerNormBackward>)
```

问题解决了！

 在第 9 章，使用了**注意力头**内部的仿射变换从**输入维度**映射到**隐藏**(或模型)**维度**。

现在，在将**输入序列**传递给编码器和解码器之前，可以直接在输入序列上使用**投影**来执行这种**维度变化**。

至此，我们已经拥有了构建一个成熟的 **Transformer** 的**一切**！

 Transformer

从框图开始，Transformer 只不过是一个并排的编码器和解码器(坚持使用**归一化优先**的"**子层**"包裹器)，如图 10.13 所示。

Transformer 仍然是一个**编码器-解码器架构**，就像在第 9 章中开发的那样，所以实际上使用以前的 EncoderDecoderSelfAttn 类作为父类，并为其添加**两个额外的组件**也就不足为奇了：

- 将原始**特征**(n_features)映射到编码器和解码器的**维度**(d_model)的投影层。
- 最后一个**线性层**，将解码器的输出映射回原始**特征空间**(试图预测的坐标)。

还需要对 encode 和 decode 方法进行一些**小的修改**，以考虑到上述组件：

第 10 章
转换和转出

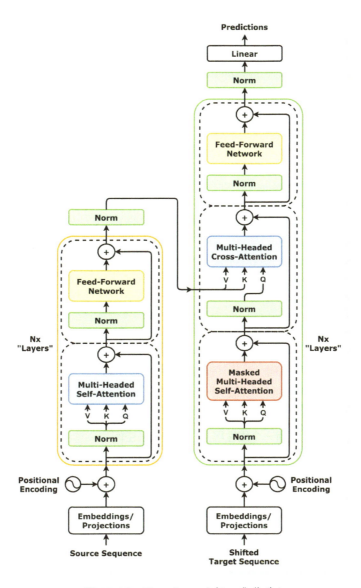

图 10.13 Transformer(归一化优先)

Transformer 编码器-解码器

```
1  class EncoderDecoderTransf(EncoderDecoderSelfAttn):
2      def __init__(self, encoder, decoder, input_len, target_len, n_features):
3          super(EncoderDecoderTransf, self).__init__(encoder, decoder,
4  input_len,target_len)
5
6          self.n_features = n_features
7          self.proj = nn.Linear(n_features, encoder.d_model)           ①
8          self.linear = nn.Linear(encoder.d_model, n_features)         ②
```

```
 9
10    def encode(self, source_seq, source_mask=None):
11        #投影
12        source_proj = self.proj(source_seq)                                    ①
13        encoder_states = self.encoder(source_proj, source_mask)
14        self.decoder.init_keys(encoder_states)
15
16    def decode(self, shifted_target_seq, source_mask=None, target_mask=None):
17
18        #投影
19        target_proj = self.proj(shifted_target_seq)                            ①
20        outputs = self.decoder(target_proj,
21                               source_mask=source_mask,
22                               target_mask=target_mask)
23        #线性
24        outputs = self.linear(outputs)                                         ②
25        return outputs
```

① 将特征投影到模型维度。
② 从模型到特征空间的最终线性变换。

简要回顾一下模型中的方法：

- encode：获取**源序列和掩码**，并将其**投影编码**为**状态序列**，该状态序列会被立即作为**初始化解码器中的"键"（和"值"）**来使用。
- decode：获取**移位后的目标序列**，并使用**其投影**与**源序列和目标掩码**一起生成一个**目标序列**，该目标序列通过**最后一个线性层**被转换回**特征空间**——它仅用于**训练**。

为方便起见，将父类复制如下：

编码器+解码器+自注意力

```
 1  class EncoderDecoderSelfAttn(nn.Module):
 2      def __init__(self, encoder, decoder, input_len, target_len):
 3          super(EncoderDecoderSelfAttn, self).__init__()
 4          self.encoder = encoder
 5          self.decoder = decoder
 6          self.input_len = input_len
 7          self.target_len = target_len
 8          self.trg_masks = self.subsequent_mask(self.target_len)
 9
10      @staticmethod
11      def subsequent_mask(size):
12          attn_shape = (1, size, size)
13          subsequence_mask = (1 - torch.triu(torch.ones(attn_shape),
14  diagonal=1).bool())
15          return subsequent_mask
16
17
18      def encode(self, source_seq, source_mask):
```

第 10 章
转换和转出

```
19        #编码源序列并使用结果初始化解码器
20        encoder_states = self.encoder(source_seq, source_mask)
21        self.decoder.init_keys(encoder_states)
22
23    def decode(self, shifted_target_seq, source_mask=None,
24 target_mask=None):
25        #使用移位(掩码)目标序列解码/生成序列
26        #仅在训练模式下使用
27        outputs = self.decoder(shifted_target_seq,
28                               source_mask=source_mask,
29                               target_mask=target_mask)
30        return outputs
31
32    def predict(self, source_seq, source_mask):
33        #一次使用一个输入解码/生成序列
34        #仅在评估模式下使用
35        inputs = source_seq[:, -1:]
36        for i in range(self.target_len):
37            out = self.decode(inputs, source_mask,
38 self.trg_masks[:, :i+1, :i+1])
39            out = torch.cat([inputs, out[:, -1:, :]], dim=-2)
40            inputs = out.detach()
41        outputs = inputs[:, 1:, :]
42        return outputs
43
44    def forward(self, X, source_mask=None):
45        #将掩码发送到与输入相同的设备
46        self.trg_masks = self.trg_masks.type_as(X).bool()
47        #切片输入以获得源序列
48        source_seq = X[:, :self.input_len, :]
49        #编码源序列并初始化解码器
50        self.encode(source_seq, source_mask)
51        if self.training:
52            shifted_target_seq = X[:, self.input_len-1:-1, :]
53            outputs = self.decode(shifted_target_seq, source_mask,
54 self.trg_masks)
55        else:
            #使用自己的预测解码
            outputs = self.predict(source_seq, source_mask)

        return outputs
```

由于 **Transformer** 是一种**编码器-解码器架构**，所以可以在**序列到序列**问题中使用它。好吧，已经有了其中之一，对吧？再次使用第 9 章的"数据准备"代码。

▶▶ 数据准备

继续自己绘制正方形的前两个角(即**源序列**)，并要求模型**预测接下来的两个角**(即**目标序列**)，

.189

与第 9 章中的方法相同。

数据准备

```
1   #生成训练数据
2   points, directions = generate_sequences(n=256, seed=13)
3   full_train = torch.as_tensor(points).float()
4   target_train = full_train[:, 2:]
5   #生成测试数据
6   test_points, test_directions = generate_sequences(seed=17)
7   full_test = torch.as_tensor(test_points).float()
8   source_test = full_test[:, :2]
9   target_test = full_test[:, 2:]
10  #数据集和数据加载器
11  train_data = TensorDataset(full_train, target_train)
12  test_data = TensorDataset(source_test, target_test)
13  generator = torch.Generator()
14  train_loader = DataLoader(train_data, batch_size=16, shuffle=True,
15                            generator=generator)
16  test_loader = DataLoader(test_data, batch_size=16)
```

```
fig = plot_data(points, directions, n_rows=1)
```

如图 10.14 所示。

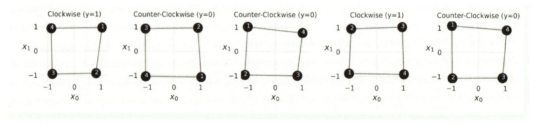

图 10.14 Seq2Seq 数据集

角显示了它们被绘制的**顺序**。在第一个正方形中，绘图**从右上角开始，沿顺时针方向**。按此顺序，该正方形的**源序列**将包括**右边**的角(1 和 2)，而目标序列将包括**左边**的角(3 和 4)。

▶▶ 模型配置和训练

训练 **Transformer**！首先为编码器和解码器创建相应的"层"，并将它们都用作 EncoderDecoderTransf 类的参数：

模型配置

```
1   torch.manual_seed(42)
2   #层
3   enclayer = EncoderLayer(n_heads=3, d_model=6, ff_units=10, dropout=0.1)
4   declayer = DecoderLayer(n_heads=3, d_model=6, ff_units=10, dropout=0.1)
5   #编码器和解码器
```

```
 6   enctransf = EncoderTransf(enclayer, n_layers=2)
 7   dectransf = DecoderTransf(declayer, n_layers=2)
 8   #Transformer
 9   model_transf = EncoderDecoderTransf(enctransf, dectransf, input_len=2,
10                        target_len=2, n_features=2)
11   loss = nn.MSELoss()
12   optimizer = torch.optim.Adam(model_transf.parameters(), lr=0.01)
```

最初的 Transformer 模型是使用 **Glorot/Xavier 均匀**分布初始化的,所以依然使用它:

权重初始化

```
1   for p in model_transf.parameters():
2       if p.dim() > 1:
3           nn.init.xavier_uniform_(p)
```

接下来,像往常一样使用 StepByStep 类来训练模型:

模型训练

```
1   sbs_seq_transf = StepByStep(model_transf, loss, optimizer)
2   sbs_seq_transf.set_loaders(train_loader, test_loader)
3   sbs_seq_transf.train(50)

fig = sbs_seq_transf.plot_losses()
```

结果如图 10.15 所示。

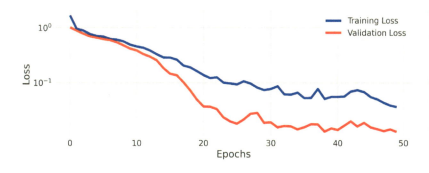

图 10.15 损失——Transformer 模型

"为什么验证损失比训练损失**好这么多**?"

这种现象的发生可能有多种原因,如更简单的验证集和当前模型中**正则化**的"副作用"(例如丢弃)。正则化使模型更难学习,或者换句话说,会产生**更高的损失**。在 Transformer 模型中,有**很多丢弃层**,因此模型学习变得越来越困难。

可以通过在**训练模型**的 train 和 eval 模式下使用**相同的小批量**计算**损失**来观察这种效果:

```
torch.manual_seed(11)
x, y = next(iter(train_loader))
device = sbs_seq_transf.device
#训练
model_transf.train()
loss(model_transf(x.to(device)), y.to(device))
```

输出：

```
tensor(0.0480, device='cuda:0', grad_fn=<MseLossBackward>)
```

```
#评估
model_transf.eval()
loss(model_transf(x.to(device)), y.to(device))
```

输出：

```
tensor(0.0101, device='cuda:0')
```

看到不同了吗？训练模式下的损失是评估模式下的**三倍**还多。您还可以将**丢弃设置为 0**，并重新训练模型以验证两条损失曲线彼此之间是否更接近(顺便说一下，在没有丢弃的情况下，整体损失水平会变得**更好**，但这只是因为这里遇到的序列到序列问题实际上非常简单)。

▶▶ 可视化预测

绘制**预测坐标**并使用**虚线**连接它们，同时使用**实线**连接**实际坐标**，就像以前一样，如图 10.16 所示。

```
fig = sequence_pred(sbs_seq_transf, full_test, test_directions)
```

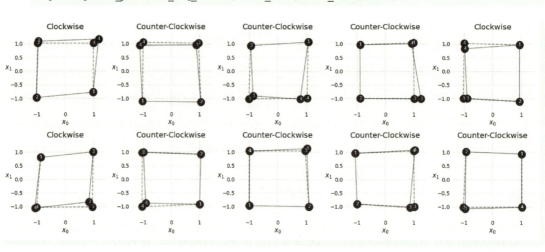

图 10.16　预测

看起来不错，对吧？

PyTorch 的 Transformer

到目前为止，我们一直在使用自己的类来构建编码器和解码器"层"，并将它们组装成一个 Transformer。不过，**不必**那样做。PyTorch 实现了它自己的一个成熟的 **Transformer** 类：nn.Transformer。PyTorch 的实现和我们的有一些区别：

- 首先，也是最重要的一点，PyTorch 默认实现了归一化最后（norm-last）"子层"包裹器，即归一化每个"子层"的输出。不过，您可以使用 V1.10 中引入的 norm_first 参数将其切换为归一化最后。

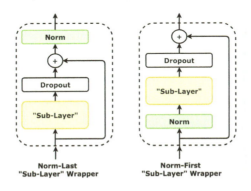

图 10.17　"子层"——归一化最后（左图）与归一化优先（右图）

- 它**没有**实现**位置编码**、**最终线性层**和**投影层**，所以必须自己处理这些。

来看看它的构造方法和 forward 方法。构造方法需要很多参数，因为 PyTorch 的 Transformer 实际上**自己构建了编码器和解码器**：

- d_model：输入的**特征个数**（记住，这个数字会在注意力头之间**分配**，所以它必须是头数的倍数，默认值为 512）。
- nhead：每个**注意力机制**中**注意力头**的数量（默认为 8，因此每个注意力头在 512 个维度中得到 64 个）。
- num_encoder_layers：编码器中"层"的数量（Transformer 默认使用 6 层）。
- num_decoder_layers：解码器中"层"的数量（Transformer 默认使用 6 层）。
- dim_feedforward：**前馈网络隐藏层**的**单位**数（默认为 2048）。
- dropout：丢弃输入的**概率**（默认为 0.1）。
- activation：前馈网络中使用的激活函数（默认为 ReLU）。
- batch_first：它从序列优先（L、N、F）形状转换到批量优先（N、L、F）形状。此参数是在 PyTorch 1.9 中引入的。
- norm_first：它从归一化最后"子层"转换到归一化优先"子层"。此参数是在 PyTorch 1.10 中引入的。

 还可以通过设置相应的参数来使用自定义编码器或解码器：custom_encoder 和 custom_decoder。

forward 方法需要序列、**源**和**目标**,以及**各种**(**可选**)**掩码**。

 重要提示: PyTorch 的 **Transformer** 对其输入(L,N,F)使用**序列优先**形状,并且**没有批量优先**选项。

有针对**填充数据点**的**掩码**:

- src_key_padding_mask:**源序列**中**填充数据点**的掩码。
- memory_key_padding_mask:**源序列**中**填充数据点**的掩码,在大多数情况下,应与 src_key_padding_mask 相同。
- tgt_key_padding_mask:此掩码用于**目标序列**中的**填充数据点**。

并且有一些**掩码**可以**有目的地隐藏一些输入**:

- src_mask:隐藏**源序列**中的输入,可用于训练**语言模型**(更多内容详见第 11 章)。
- tgt_mask:用来**避免作弊**的掩码(虽然很重要,但这个参数仍然被认为是**可选的**)。
  - Transformer 有一个名为 generate_square_subsequent_mask 的方法,它可以根据序列的大小(长度)生成适当的掩码。
- memory_mask:隐藏解码器使用的**编码状态**。

另外,请注意不再有**内存参数**:编码状态由 Transformer 内部处理并直接反馈到解码器部分。

在代码中,使用一个名为 encode_decode 的方法替换前两种方法:encode 和 decode,该方法调用 **Transformer** 本身,并通过**最后一个线性层**运行其输出以将它们转换为坐标。必须将 Transformer 配置为使用批量优先形状才能使其工作。

```python
def encode_decode(self, source, target, source_mask=None, target_mask=None):
    #投影
    #PyTorch Transformer 期望 L, N, F
    src = self.preprocess(source).permute(1, 0, 2)
    tgt = self.preprocess(target).permute(1, 0, 2)

    out = self.transf(src, tgt,
                      src_key_padding_mask=source_mask,
                      tgt_mask=target_mask)

    #线性
    #回到 N, L, D
    out = out.permute(1, 0, 2)
    out = self.linear(out) # N, L, F
    return out
```

顺便说一句,为了简单起见,将掩码保持在最低限度:仅使用 src_key_padding_mask 和 tgt_mask。此外,正在实现一个 preprocess 方法,它接受一个**输入序列**,并且:

- 将原始特征**投影**到模型维度中。
- 添加**位置编码**。
- 对结果进行(**层**)**归一化**(请记住,PyTorch 的实现不会对输入进行归一化,所以必须自己实现)。

第 10 章 转换和转出

完整的代码如下所示：

Transformer

```python
class TransformerModel(nn.Module):
    def __init__(self, transformer, input_len, target_len, n_features):
        super().__init__()
        self.transf = transformer
        self.input_len = input_len
        self.target_len = target_len
        self.trg_masks = self.transf.generate_square_subsequent_mask(
                                        self.target_len)
        self.n_features = n_features
        self.proj = nn.Linear(n_features, self.transf.d_model)         ①
        self.linear = nn.Linear(self.transf.d_model, n_features)       ②

        max_len = max(self.input_len, self.target_len)
        self.pe = PositionalEncoding(max_len, self.transf.d_model)     ③
        self.norm = nn.LayerNorm(self.transf.d_model)                  ③

    def preprocess(self, seq):
        seq_proj = self.proj(seq)                                      ①
        seq_enc = self.pe(seq_proj)
        return self.norm(seq_enc)

    def encode_decode(self, source, target, source_mask=None, target_mask=None):

        #投影
        #PyTorch Transformer 期望 L, N, F
        src = self.preprocess(source).permute(1, 0, 2)                 ③
        tgt = self.preprocess(target).permute(1, 0, 2)                 ③

        out = self.transf(src, tgt,
                          src_key_padding_mask=source_mask,
                          tgt_mask=target_mask)

        #线性
        #回到 N, L, D
        out = out.permute(1, 0, 2)
        out = self.linear(out) # N, L, F                               ②
        return out

    def predict(self, source_seq, source_mask=None):
        inputs = source_seq[:, -1:]
        for i in range(self.target_len):
            out = self.encode_decode(source_seq, inputs,
                                     source_mask=source_mask,
                                     target_mask=self.trg_masks[:i+1, :i+1])
```

```
45              out = torch.cat([inputs, out[:, -1:, :]], dim=-2)
46              inputs = out.detach()
47          outputs = out[:, 1:, :]
48          return outputs
49
50      def forward(self, X, source_mask=None):
51          self.trg_masks = self.trg_masks.type_as(X)
52          source_seq = X[:, :self.input_len, :]
53
54          if self.training:
55              shifted_target_seq = X[:, self.input_len-1:-1, :]
56              outputs = self.encode_decode(source_seq, shifted_target_seq,
57                                           source_mask=source_mask,
58                                           target_mask=self.trg_masks)
59          else:
60              outputs = self.predict(source_seq, source_mask)
61
62          return outputs
```

① 将特征投影到模型维度中。
② 从模型到特征空间的最终线性变换。
③ 添加位置编码和归一化输入。

它的构造方法采用 nn.Transformer 类的实例，然后是典型的序列长度和特征数量（因此它可以将预测的序列，即坐标映射回特征空间）。predict 和 forward 方法大致相同，但它们现在调用 encode_decode 方法。

▶▶ 模型配置和训练

训练 PyTorch 的 **Transformer**！首先创建它的一个实例以用作 TransformerModel 类的参数，然后采用与之前相同的初始化方案，以及典型的训练过程：

模型配置

```
1   torch.manual_seed(42)
2   transformer = nn.Transformer(d_model=6,
3                                nhead=3,
4                                num_encoder_layers=1,
5                                num_decoder_layers=1,
6                                dim_feedforward=20,
7                                dropout=0.1)
8   model_transformer = TransformerModel(transformer, input_len=2,
9   target_len=2,n_features=2)
10
11  loss = nn.MSELoss()
    optimizer = torch.optim.Adam(model_transformer.parameters(), lr=0.01)
```

权重初始化

```
1   for p in model_transformer.parameters():
```

```
2    if p.dim() > 1:
3        nn.init.xavier_uniform_(p)
```

模型训练

```
1  sbs_seq_transformer = StepByStep(model_transformer, loss, optimizer)
2  sbs_seq_transformer.set_loaders(train_loader, test_loader)
3  sbs_seq_transformer.train(50)
```

```
fig = sbs_seq_transformer.plot_losses()
```

结果如图 10.18 所示。

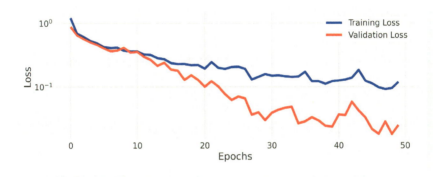

图 10.18　损失——PyTorch 的 Transformer

再次，验证损失明显低于训练损失。这并不奇怪，因为它是大致相同的模型。

▶▶ 可视化预测

绘制**预测坐标**并使用**虚线**连接它们，同时使用**实线**连接**实际坐标**，就像以前一样，结果如图 10.19 所示。

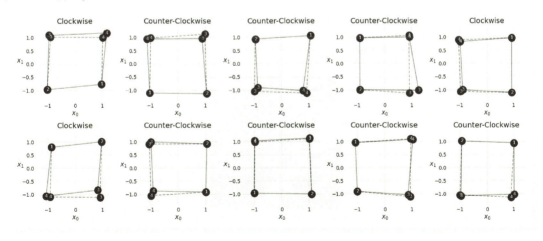

图 10.19　预测

再一次，看起来不错，对吧？

视觉 Transformer

Transformer 架构相当灵活，虽然它最初是为处理 NLP 任务而设计的，但已经开始扩展到不同的领域，包括计算机视觉。看一下该领域的最新发展之一：视觉 Transformer（ViT）。Dosovitskiy A.等人在他们的论文"An Image is Worth 16×16 Words：Transformers for Image Recognition at Scale"[149]中介绍了该方法。

"很酷，但我认为 Transformer 处理的是**序列**，而不是图像……"

这是一个很普遍的观点。答案看似简单：**将图像分解**为**一系列补丁**（patches）。

数据生成和准备

首先，回到第 5 章中的多类分类问题。生成一个合成数据集，其中包含对角线或平行线的图像，并根据下面的原则对它们进行标记：

线	标签/类索引
平行（垂直或水平）	0
对角线，向右倾斜	1
对角线，向左倾斜	2

数据生成

```
1  images, labels = generate_dataset(img_size=12, n_images=1000,
2                                   binary=False, seed=17)
```

如图 10.20 所示，每幅图像大小为 12×12 像素，并且有一个通道：

```
img = torch.as_tensor(images[2]).unsqueeze(0).float()/255.
```

图 10.20　样本图像——标签"2"

"既然这是一个**分类问题**，而不是一个序列到序列的问题，那为什么还要使用Transformer？"

好吧，这里并没有打算使用完整的 Transformer 架构，而**只是**使用它的**编码器**。在第 8 章，使用循环神经网络生成最终隐藏状态，用作分类的输入。类似地，**编码器**可以生成**一系列"隐藏状态"**（记忆，按照 Transformer 术语来说），再次使用**一个"隐藏状态"**作为分类的输入。

"哪一个'隐藏状态'？是最后一个吗？"

不是最后一个，而是一个**特殊的**。将在序列中**添加一个特殊的分类器词元[CLS]**，并使用其对应的"隐藏状态"作为分类器的输入。图 10.21 说明了这个想法。

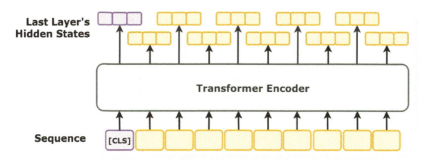

图 10.21　隐藏状态和特殊分类器词元[CLS]

这里介绍有些操之过急了，我们将会在"特殊分类器词元"部分中再来讨论这个问题。

数据准备步骤与在第 5 章中使用的完全相同：

数据准备

```
1  class TransformedTensorDataset(Dataset):
2      def __init__(self, x, y, transform=None):
3          self.x = x
4          self.y = y
5          self.transform = transform
6
7      def __getitem__(self, index):
8          x = self.x[index]
9          if self.transform:
10             x = self.transform(x)
11
12         return x, self.y[index]
13
14     def __len__(self):
15         return len(self.x)
16
17  #在拆分之前从 numpy 数组构建张量
```

```
18  #将像素值的比例从[0, 255]修改为[0, 1]
19  x_tensor = torch.as_tensor(images / 255).float()
20  y_tensor = torch.as_tensor(labels).long()
21
22  #使用 index_splitter 为训练集和验证集生成索引
23  train_idx, val_idx = index_splitter(len(x_tensor), [80, 20])
24  #使用索引执行拆分
25  x_train_tensor = x_tensor[train_idx]
26  y_train_tensor = y_tensor[train_idx]
27  x_val_tensor = x_tensor[val_idx]
28  y_val_tensor = y_tensor[val_idx]
29
30  #现在不做任何数据增强
31  train_composer = Compose([Normalize(mean=(.5,), std=(.5,))])
32  val_composer = Compose([Normalize(mean=(.5,), std=(.5,))])
33
34  #使用自定义数据集将组合转换应用于每个集合
35  train_dataset = TransformedTensorDataset(x_train_tensor, y_train_tensor,
36                                           transform=train_composer)
37  val_dataset = TransformedTensorDataset(x_val_tensor, y_val_tensor,
38                                         transform=val_composer)
39
40  #构建一个加权随机采样器来处理不平衡类
41  sampler = make_balanced_sampler(y_train_tensor)
42
43  #在训练集中使用采样器来获得平衡的数据加载器
44  train_loader = DataLoader(dataset=train_dataset, batch_size=16,
45                            sampler=sampler)
46  val_loader = DataLoader(dataset=val_dataset, batch_size=16)
```

补丁

有不同的方法可以将图像分割成补丁。最直接的一种是简单地**重新排列**像素,所以从这一方法开始介绍。

重新排列

Tensorflow 有一个名为 tf.image.extract_patches 的实用函数来完成这项工作,下面使用 PyTorch 中的 tensor.unfold 来实现这个函数的简化版本(仅使用**内核大小**和**步幅**,但没有**填充**或其他任何内容):

```
#改写自 https://discuss.pytorch.org/t/tf-extract-image-patches-in-pytorch/43837
def extract_image_patches(x, kernel_size, stride=1):
    #提取补丁
    patches = x.unfold(2, kernel_size, stride)
    patches = patches.unfold(3, kernel_size, stride)
    patches = patches.permute(0, 2, 3, 1, 4, 5).contiguous()

    return patches.view(x.shape[0], patches.shape[1], patches.shape[2], -1)
```

它就像对图像应用卷积一样工作。每个**补丁**实际上是一个感受野(滤波器正在移动以进行卷积的区域),但是没有对区域进行卷积,而是按原样处理它。**内核大小**是**补丁大小**,**补丁数量**取决于**步幅**——步幅越小,补丁越多。如果**步幅与内核大小匹配**,则可以将图像有效地**分解**为**不重叠的块**,所以这样做:

```
kernel_size = 4
patches = extract_image_patches(img, kernel_size, stride=kernel_size)
patches.shape
```

输出:

```
torch.Size([1, 3, 3, 16])
```

由于内核大小为 4,**每个补丁有 16 个像素**,总共有 **9 个补丁**。虽然每个补丁是包含 16 个元素的张量,但如果将它们绘制成 4×4 的图像,则结果如图 10.22 所示。

图 10.22　样本图像——分割成补丁

从图 10.22 中很容易看出图像是如何分割的。但实际上,Transformer 需要**一系列展平化的补丁**。重塑它们(如图 10.23 所示):

```
seq_patches = patches.view(-1, patches.size(-1))
```

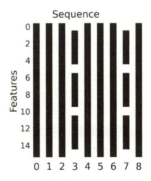

图 10.23　样本图像——分割成一系列展平化的补丁

上述过程更像是这样：每幅图像都变成**一个长度为 9 的序列**，序列中的每个元素都有 **16 个特征**(在这里是像素值)。

einops

俗话说"东方不亮西方亮，办法有很多"，因此将像素重新排列成序列的方法也不止一种。另一种方法是使用名为 einops[150] 的软件包：它非常简约(甚至可能有点过分)，它允许您在几行代码中表达复杂的重新排列。不过，可能需要一段时间才能掌握它的工作原理。

在这里没有使用它，但是，如果您有兴趣，则这是前面 extract_image_patches 函数的 einops 等效项：

```python
#改写自 https://github.com/lucidrains/vit-pytorch/blob/
# main/vit_pytorch/vit_pytorch.py
#! pip install einops
from einops import rearrange
patches = rearrange(padded_img,
                    'b c (h p1) (w p2) -> b (h w) (p1 p2 c)',
                    p1 = kernel_size, p2 = kernel_size)
```

嵌入

如果每个**补丁**都像一个感受野，甚至讨论了**内核大小**和**步幅**，那为什么不采用**全卷积**呢？这就是**视觉 Transformer**(**ViT**)实际实现**补丁嵌入**的方式：

补丁嵌入

```python
1  #改写自 https://amaarora.github.io/2021/01/18/ViT.html
2  class PatchEmbed(nn.Module):
3    def __init__(self, img_size=224, patch_size=16, in_channels=3,
4                 embed_dim=768, dilation=1):
5      super().__init__()
6      num_patches = (img_size // patch_size) * (img_size // patch_size)
7      self.img_size = img_size
8      self.patch_size = patch_size
9      self.num_patches = num_patches
10     self.proj = nn.Conv2d(in_channels, embed_dim,
11                           kernel_size=patch_size,
12                           stride=patch_size)
13
14   def forward(self, x):
15     x = self.proj(x).flatten(2).transpose(1, 2)
16     return x
```

补丁嵌入不再是原始感受野，而是**卷积感受野**。在对图像进行卷积后，给定内核大小和步幅，**补丁会展平**，所以最终得到相同的 **9 个补丁序列**(如图 10.24 所示)：

```python
torch.manual_seed(13)
patch_embed = PatchEmbed(img.size(-1), kernel_size, 1, kernel_size**2)
```

```
embedded = patch_embed(img)
embedded.shape
```

输出：

```
torch.Size([1, 9, 16])
```

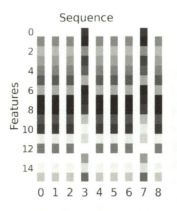

图 10.24　样本图像——分割成一系列补丁嵌入

但是补丁现在变成原始**像素值的线性投影**。将每个 16 像素的块投影到 16 维特征空间中——没有改变维数，而是使用**原始维度的不同线性组合**。

 原始图像有 **144 个像素**，它被分成 **9 块**，每块 **16 个像素**。每个补丁**嵌入**仍然有 **16 个维度**，因此总体而言，每幅图像仍然由 **144 个值**表示。这绝不是巧合：选择这种值背后的想法是**保持**输入的**维度**。

▶▶ 特殊分类器词元

在第 8 章，最终的隐藏状态代表了完整的序列。这种方法有其缺点(注意力机制正是为了弥补这些缺点而开发的)，但它利用了一个事实，即数据有一个**基本的、有序的结构**。

但是，这对于图像并不完全相同。**补丁序列**是使数据适合**编码器**的一种巧妙方法，但它不一定反映序列结构，毕竟，最终会得到**两个不同的序列**，具体取决于选择哪种方向遍历补丁：**按行**或**按列**。

 "那么我们能使用**完整的'隐藏状态'序列**吗？或者**均值**？"

完全可以使用编码器产生的"隐藏状态"的**均值**作为分类器的输入。

但使用**特殊分类器词元[CLS]**也很常见，尤其是在 NLP 任务中(将在第 11 章中看到)。这个想法非常简单和优雅：**在每个序列的开头添加相同的词元**。这个特殊的词元也有**一个嵌入**，它会像任何其他参数一样被模型**学习**。

编码器产生的**第一个"隐藏状态"**，对应于**添加的特殊词元**的输出，起到了图像**整体表示**的作用——就像最终的隐藏状态表示循环神经网络中的整体序列一样。

请记住，Transformer 编码器使用**自注意力**，并且**每个词元**都可以注意到序列中的**其他词元**。因此，**特殊分类器词元**实际上可以学习需要注意**哪些词元**（**在我们的例子中是补丁**）以便正确分类序列。

通过从数据集中获取两幅图像（见图 10.25）来说明 [CLS] 词元的添加：

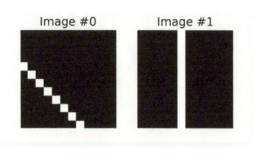

图 10.25　两幅图像

接下来，得到它们对应的**补丁嵌入**：

```
embeddeds = patch_embed(imgs)
```

图像被转换为 **9 个大小为 16 的补丁嵌入序列**，因此它们可以像图 10.26 这样表示（现在这些特征在水平轴上）。

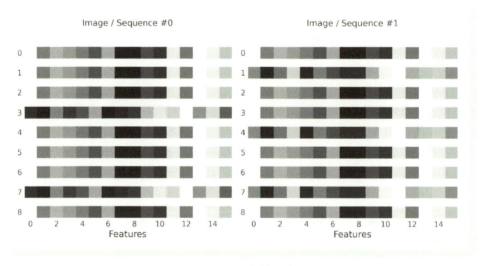

图 10.26　两个补丁嵌入

每幅图像的**补丁嵌入**显然不同，但对应于补丁嵌入的**特殊分类器词元**的**嵌入**却始终**相同**，如图 10.27 所示。

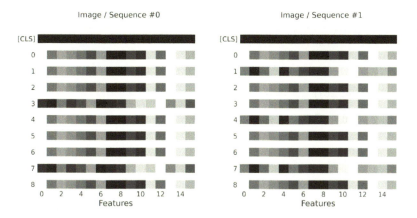

图 10.27　两个补丁嵌入+[CLS]嵌入

"我们如何才能做到这一点?"

这实际上很简单:需要在模型中定义一个**参数**(使用 nn.Parameter)来表示这种**特殊的嵌入**,并在每个嵌入序列的开头将其**连接**起来。从创建参数本身开始(稍后它将成为模型的一个属性):

```
cls_token = nn.Parameter(torch.zeros(1, 1, 16))
cls_token
```

输出:

```
Parameter containing:
tensor([[[0., 0., 0., 0., 0., 0., 0., 0., 0., 0., 0., 0., 0., 0., 0., 0.]]], requires_grad=
True)
```

它只是**一个充满 0 的向量**。但是,由于是一个参数,因此它的值将随着模型的训练而更新。然后,获取一小批量图像,并获取它们的**补丁嵌入**:

```
images, labels = next(iter(train_loader))
images.shape # N, C, H, W
```

输出:

```
torch.Size([16, 1, 12, 12])
```

```
embed = patch_embed(images)
embed.shape # N, L, D
```

输出:

```
torch.Size([16, 9, 16])
```

一共有 **16 幅图像**,每幅图像由 **9 个补丁的序列**表示,每个补丁有 **16 个维度**。所有 16 幅图像的**特殊嵌入**应该相同,因此在连接之前使用 tensor.expand 沿批量维度**复制它**:

```
cls_tokens = cls_token.expand(embed.size(0), -1, -1)
embed_cls = torch.cat((cls_tokens, embed), dim=1)
embed_cls.shape # N, L+1, D
```

输出:

```
torch.Size([16, 10, 16])
```

现在每个**序列都有 10 个元素**，拥有了构建模型所需的一切。

 模型

模型的主要部分是 **Transformer 编码器**，巧合的是，它实现了对**输入进行归一化**(归一化优先)，就像我们自己的 EncoderLayer 和 EncoderTransf 类一样(与 PyTorch 的默认实现不同)。

编码器输出一系列"隐藏状态"(记忆)，**第一个**被用作**分类器**("MLP Head")的输入，如上一节中简要讨论的那样。因此，该模型完全是关于使用一系列转换对**输入**(即图像)进行的**预处理**:

- 计算**一系列补丁嵌入**。
- 将相同的**特殊分类器词元 [CLS] 嵌入**到每个序列中。
- 添加位置嵌入(或者，在我们的例子的**编码器**中实现**位置编码**)。

图 10.28 说明了视觉 Transformer(ViT)的架构。

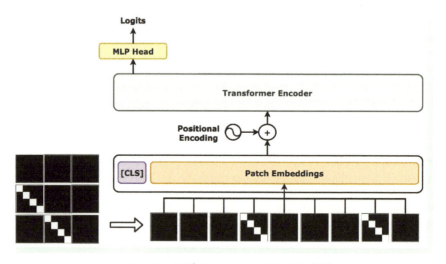

图 10.28 视觉 Transformer(ViT)的架构

在代码中，它看起来像这样:

视觉 Transformer

```
1  class ViT(nn.Module):
2      def __init__(self, encoder, img_size, in_channels, patch_size,
```

```
 3      n_outputs):
 4          super().__init__()
 5          self.d_model = encoder.d_model
 6          self.n_outputs = n_outputs
 7          self.encoder = encoder
 8          self.mlp = nn.Linear(encoder.d_model, n_outputs)
 9
10          self.embed = PatchEmbed(img_size, patch_size, in_channels,
11                                  encoder.d_model)
12          self.cls_token = nn.Parameter(torch.zeros(1, 1, encoder.d_model))
13
14      def preprocess(self, X):
15          #补丁嵌入
16          # N, C, H, W -> N, L, D
17          src = self.embed(X)
18          #特殊分类器词元
19          # 1, 1, D -> N, 1, D
20          cls_tokens = self.cls_token.expand(X.size(0), -1, -1)
21          #连接 CLS 词元 -> N, 1 + L, D
22          src = torch.cat((cls_tokens, src), dim=1)
23          return src
24
25      def encode(self, source):
26          #编码器生成"隐藏状态"
27          states = self.encoder(source)
28          #从第一个词元:CLS 获取状态
29          cls_state = states[:, 0] # N, 1, D
30          return cls_state
31
32      def forward(self, X):
33          src = self.preprocess(X)
34          #特征化器
35          cls_state = self.encode(src)
36          #分类器
37          out = self.mlp(cls_state) # N, 1, outputs
38          return out
```

还需要一个 **Transformer** 编码器的实例、一系列与图像相关的参数(大小、通道数和补丁/内核大小),以及与现有类数相对应的所需**输出数**(logit)。

forward 方法获取一小批量图像,对它们进行预处理和编码(特征化器),并输出 logit(分类器)。forward 方法与第 5 章中典型的图像分类器没有什么不同,甚至使用了**卷积**!

有关*原始视觉* Transformer 的更多详细信息,请务必查看 Aman Arora 博士和 Habib Bukhari 博士的精彩帖文[151]。

您也可以在参考资料[152]中查看 Phil Wang 的实现方法。

模型配置和训练

下面开始训练**视觉 Transformer**,您知道该怎么做:

模型配置

```
1  torch.manual_seed(17)
2  layer = EncoderLayer(n_heads=2, d_model=16, ff_units=20)
3  encoder = EncoderTransf(layer, n_layers=1)
4  model_vit = ViT(encoder, img_size=12, in_channels=1, patch_size=4,
5  n_outputs=3)
6  multi_loss_fn = nn.CrossEntropyLoss()
7  optimizer_vit = optim.Adam(model_vit.parameters(), lr=1e-3)
```

模型训练

```
1  sbs_vit = StepByStep(model_vit, multi_loss_fn, optimizer_vit)
2  sbs_vit.set_loaders(train_loader, val_loader)
3  sbs_vit.train(20)
```

```
fig = sbs_vit.plot_losses()
```

结果如图 10.29 所示。

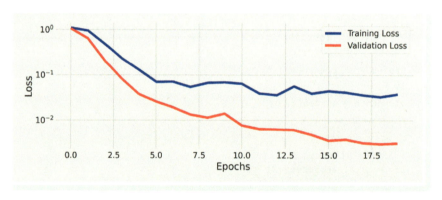

图 10.29 损失——视觉 Transformer

验证损失小于训练损失——这应归功于丢弃的正则化效应。

一旦模型被训练,就可以检查**特殊分类器词元**的**嵌入**:

```
model_vit.cls_token
```

输出:

```
Parameter containing:
tensor([[[ 0.0557, -0.0345, 0.0126, -0.0300, 0.0335, -0.0422, 0.0479, -0.0248, 0.0128,
  -0.0605, 0.0061, -0.0178, 0.0921, -0.0384, 0.0424, -0.0423]]],
       device='cuda:0', requires_grad=True)
```

最后,看看视觉 Transformer 的**准确率**:

```
StepByStep.loader_apply(sbs_vit.val_loader, sbs_vit.correct)
```

输出:

```
tensor([[76, 76],
        [65, 65],
        [59, 59]])
```

搞定了!

归纳总结

在本章,使用相同的彩色正方形数据集,再次在给定前两个角(**源序列**)的坐标的情况下**预测**最后两个角(**目标序列**)的**坐标**。基于自注意力的编码器-解码器架构,将**以前的编码器和解码器**类转换为"**层**",并用"**子层**"包裹其内部操作,以添加**层归一化**、**丢弃**和**残差连接**。

▶▶ 数据准备

训练集将**完整序列**作为**特征**,而测试集仅将**源序列**作为**特征**:

数据准备

```
1   #训练集
2   points, directions = generate_sequences(n=256, seed=13)
3   full_train = torch.as_tensor(points).float()
4   target_train = full_train[:, 2:]
5   train_data = TensorDataset(full_train, target_train)
6   generator = torch.Generator()
7   train_loader = DataLoader(train_data, batch_size=16, shuffle=True,
8                             generator=generator)
9
10  #验证/测试集
11  test_points, test_directions = generate_sequences(seed=17)
12  full_test = torch.as_tensor(test_points).float()
13  source_test = full_test[:, :2]
14  target_test = full_test[:, 2:]
15  test_data = TensorDataset(source_test, target_test)
16  test_loader = DataLoader(test_data, batch_size=16)
```

▶▶ 模型组装

我们再次使用通常的**自下而上**的方式来逐步扩展编码器-解码器架构。现在,以**自上而下**的方式重新审视 **Transformer**,从**编码器-解码器模块**(**1**)开始。在其 encode 和 decode 方法中,调用**编码器**(**2**)实例,然后调用**解码器**(**3**)实例。把两个被调用的模块(2 和 3)表示为对应于调用者模块(1)所在框内的框。

如果遵循完整的调用顺序,则图 10.30 就是 **Transformer** 架构的结果图。

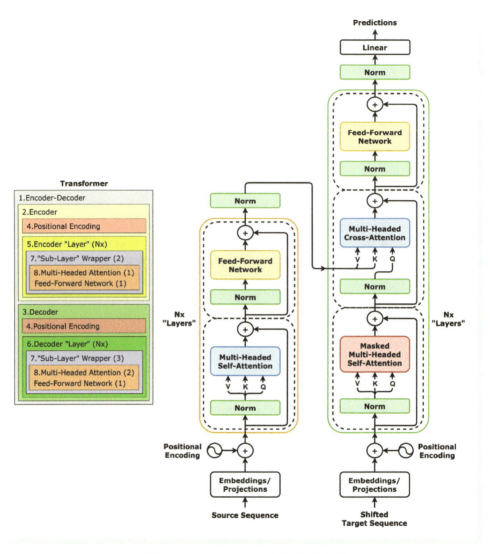

图 10.30 Transformer 架构的结果图

现在，重新审视各自所代表模块的代码。它们分别被编号为 1~8，并且被相应地调用。

1. 编码器-解码器

编码器-解码器架构实际上是从第 9 章开发的架构（EncoderDecoderSelfAttn）扩展而来的，后者使用**贪婪解码**处理**训练**和**预测**。除了省略 encode 和 decode 方法外，这里没有任何变化，无论如何这些方法都将被覆盖：

编码器+解码器+自注意力

```
1  class EncoderDecoderSelfAttn (nn.Module):
2    def __init__(self, encoder, decoder, input_len, target_len):
3      super().__init__()
```

```python
4        self.encoder = encoder
5        self.decoder = decoder
6        self.input_len = input_len
7        self.target_len = target_len
8        self.trg_masks = self.subsequent_mask(self.target_len)
9
10     @staticmethod
11     def subsequent_mask(size):
12         attn_shape = (1, size, size)
13         subsequent_mask = (1 - torch.triu(torch.ones(attn_shape),
14 diagonal=1)).bool()
15
16         return subsequent_mask
17
18     def encode(self, source_seq, source_mask):
19         #编码源序列并使用结果初始化解码器
20         encoder_states = self.encoder(source_seq, source_mask)
21         self.decoder.init_keys(encoder_states)
22
23     def decode(self, shifted_target_seq, source_mask=None,
24 target_mask=None):
25         #使用移位(掩码)目标序列解码/生成序列
26         #仅在训练模式下使用
27         outputs = self.decoder(shifted_target_seq,
28                                source_mask=source_mask,
29                                target_mask=target_mask)
30         return outputs
31
32     def predict(self, source_seq, source_mask):
33         #一次使用一个输入解码/生成序列
34         #仅在评估模式下使用
35         inputs = source_seq[:, -1:]
36         for i in range(self.target_len):
37             out = self.decode(inputs, source_mask,
38                               self.trg_masks[:, :i+1, :i+1])
39             out = torch.cat([inputs, out[:, -1:, :]], dim=-2)
40             inputs = out.detach()
41         outputs = inputs[:, 1:, :]
42         return outputs
43
44     def forward(self, X, source_mask=None):
45         #将掩码发送到与输入相同的设备
46         self.trg_masks = self.trg_masks.type_as(X).bool()
47         #切片输入以获得源序列
48         source_seq = X[:, :self.input_len, :]
49         #编码源序列并初始化解码器
50         self.encode(source_seq, source_mask)
51         if self.training:
```

```
52              #切片输入以获得移位的目标序列
53              shifted_target_seq = X[:, self.input_len-1:-1, :]
54              #使用掩码解码以防止作弊
55              outputs = self.decode(shifted_target_seq, source_mask,
56  self.trg_masks)
57          else:
58              #使用自己的预测解码
59              outputs = self.predict(source_seq, source_mask)
60
61          return outputs
```

下面是实际的编码器-解码器 Transformer，它重新实现了 encode 和 decode 方法，以包括**输入投影和解码器的最后一个线性层**。请注意对**编码器**(**2**)和**解码器**(**3**)的**编号调用**：

Transformer 编码器-解码器

```
1   class EncoderDecoderTransf(EncoderDecoderSelfAttn):
2       def __init__(self, encoder, decoder, input_len, target_len, n_features):
3           super(EncoderDecoderTransf, self).__init__(encoder, decoder,
4   input_len,target_len)
5
6           self.n_features = n_features
7           self.proj = nn.Linear(n_features, encoder.d_model)
8           self.linear = nn.Linear(encoder.d_model, n_features)
9
10      def encode(self, source_seq, source_mask=None):
11          #投影
12          source_proj = self.proj(source_seq)
13          encoder_states = self.encoder(source_proj, source_mask)          ①
14          self.decoder.init_keys(encoder_states)
15
16      def decode(self, shifted_target_seq, source_mask=None, target_mask=None):
17
18          #投影
19          target_proj = self.proj(shifted_target_seq)
20          outputs = self.decoder(target_proj,                              ②
21                                 source_mask=source_mask,
22                                 target_mask=target_mask)
23          #线性
24          outputs = self.linear(outputs)
25          return outputs
```

① 调用**编码器**(**2**)。

② 调用**解码器**(**3**)。

2. 编码器

Transformer 编码器有一个堆叠**编码器"层"**(**5**)的**列表**(请记住，"层"是**归一化优先**)。它还将**位置编码**(**4**)添加到输入中，并在最后对输出进行**归一化**：

第 10 章 转换和转出

Transformer 编码器

```
1  class EncoderTransf(nn.Module):
2    def __init__(self, encoder_layer, n_layers=1, max_len=100):
3      super().__init__()
4      self.d_model = encoder_layer.d_model
5      self.pe = PositionalEncoding(max_len, self.d_model)
6      self.norm = nn.LayerNorm(self.d_model)
7      self.layers = nn.ModuleList([copy.deepcopy(encoder_layer)
8                                   for _ in range(n_layers)])
9
10   def forward(self, query, mask=None):
11     #位置编码
12     x = self.pe(query)                                           ①
13     for layer in self.layers:
14       x = layer(x, mask)                                         ②
15     #归一化
16     return self.norm(x)
```

① 调用**位置编码**(4)。

② 多次调用**编码器"层"**(5)。

3. 解码器

Transformer 解码器有一个堆叠**解码器"层"**(6)的**列表**(请记住,"层"是**归一化优先**)。它还将**位置编码**(4)添加到输入中,并在最后对输出进行**归一化**:

Transformer 解码器

```
1  class DecoderTransf(nn.Module):
2    def __init__(self, decoder_layer, n_layers=1, max_len=100):
3      super(DecoderTransf, self).__init__()
4      self.d_model = decoder_layer.d_model
5      self.pe = PositionalEncoding(max_len, self.d_model)
6      self.norm = nn.LayerNorm(self.d_model)
7      self.layers = nn.ModuleList([copy.deepcopy(decoder_layer)
8                                   for _ in range(n_layers)])
9
10   def init_keys(self, states):
11     for layer in self.layers:
12       layer.init_keys(states)
13
14   def forward(self, query, source_mask=None, target_mask=None):
15     #位置编码
16     x = self.pe(query)                                           ①
17     for layer in self.layers:
18       x = layer(x, source_mask, target_mask)                     ②
19     #归一化
20     return self.norm(x)
```

① 调用**位置编码**(4)。

② 多次调用**解码器"层"**(6)。

4. 位置编码

没有更改位置编码模块,这里展示它只是为了完整:

位置编码

```
1   class PositionalEncoding(nn.Module):
2     def __init__(self, max_len, d_model):
3       super().__init__()
4       self.d_model = d_model
5       pe = torch.zeros(max_len, d_model)
6       position = torch.arange(0, max_len).float().unsqueeze(1)
7       angular_speed = torch.exp(torch.arange(0, d_model, 2).float() *
8                                (-np.log(10000.0) / d_model))
9       pe[:, 0::2] = torch.sin(position * slope) #偶数维度
10      pe[:, 1::2] = torch.cos(position * slope) #奇数维度
11      self.register_buffer('pe', pe.unsqueeze(0))
12
13    def forward(self, x):
14      #x 是 N, L, D
15      #pe 是 1, maxlen, D
16      scaled_x = x * np.sqrt(self.d_model)
17      encoded = scaled_x + self.pe[:, :x.size(1), :]
18      return encoded
```

5. 编码器"层"

编码器"层"实现了**两个"子层"**(7)的**列表**,这些"子层"将通过其相应的操作(自注意力和前馈网络)被调用:

编码器"层"

```
1   class EncoderLayer(nn.Module):
2     def __init__(self, n_heads, d_model, ff_units, dropout=0.1):
3       super().__init__()
4       self.n_heads = n_heads
5       self.d_model = d_model
6       self.ff_units = ff_units
7       self.self_attn_heads = MultiHeadedAttention(n_heads, d_model,
8                                                   dropout=dropout)
9       self.ffn = nn.Sequential(
10          nn.Linear(d_model, ff_units),
11          nn.ReLU(),
12          nn.Dropout(dropout),
13          nn.Linear(ff_units, d_model),
14      )
15      self.sublayers = nn.ModuleList([SubLayerWrapper(d_model, dropout)
16                                       for _ in range(2)])
17
18    def forward(self, query, mask=None):
```

```
19        #子层 0——自注意力
20        att = self.sublayers[0](query,                                    ①
21                                sublayer=self.self_attn_heads,
22                                is_self_attn=True,
23                                mask=mask)
24        #子层 1——FFN
25        out = self.sublayers[1](att, sublayer=self.ffn)                   ①
26        return out
```

① 两次调用**"子层"包裹器**(自注意力和前馈网络)(7)。

 "等等，我好像不记得有这个 SubLayerWrapper 模块……"

说得好！它确实是**全新的**！很快就会定义它(它的编号是第 7 号)。它的作用是简化重复多次的标准操作序列：归一化输入、调用"子层"本身、应用丢弃和添加残差连接。

6. 解码器"层"

解码器"层"实现了**3 个"子层"**(7)的**列表**，这些子层将通过其相应的操作(掩码自注意力、交叉注意力和前馈网络)被调用：

解码器"层"

```
1   class DecoderLayer(nn.Module):
2     def __init__(self, n_heads, d_model, ff_units, dropout=0.1):
3         super().__init__()
4         self.n_heads = n_heads
5         self.d_model = d_model
6         self.ff_units = ff_units
7         self.self_attn_heads = MultiHeadedAttention(n_heads, d_model,
8                                                     dropout=dropout)
9         self.cross_attn_heads = MultiHeadedAttention(n_heads, d_model,
10                                                     dropout=dropout)
11        self.ffn = nn.Sequential(
12            nn.Linear(d_model, ff_units),
13            nn.ReLU(),
14            nn.Dropout(dropout),
15            nn.Linear(ff_units, d_model),
16        )
17        self.sublayers = nn.ModuleList([SubLayerWrapper(d_model, dropout)
18                                        for _ in range(3)])
19
20    def init_keys(self, states):
21        self.cross_attn_heads.init_keys(states)
22
23    def forward(self, query, source_mask=None, target_mask=None):
24        #子层 0——掩码自注意力
25        att1 = self.sublayers[0](query,                                   ①
26                                 sublayer=self.self_attn_heads,
```

```
27                              is_self_attn=True,
28                              mask=target_mask)
29       #子层1——交叉注意力
30       att2 = self.sublayers[1](att1,                                    ①
31                              sublayer=self.cross_attn_heads,
32                              mask=source_mask)
33       #子层2——FFN
34       out = self.sublayers[2](att2, sublayer=self.ffn)                  ①
35       return out
```

① 3次调用"**子层**"包裹器(自注意力、交叉注意力、前馈网络)(7)。

7. "子层"包裹器

"子层"包裹器实现了**包裹"子层"**的**归一化优先**方法，如图10.31所示。

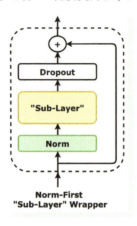

图10.31 "子层"包裹器——归一化优先

如上所述，它对输入进行归一化，调用"子层"本身(作为参数传递)，应用丢弃，并在最后添加残差连接：

子层包裹器

```
1  class SubLayerWrapper(nn.Module):
2    def __init__(self, d_model, dropout):
3      super().__init__()
4      self.norm = nn.LayerNorm(d_model)
5      self.drop = nn.Dropout(dropout)
6
7    def forward(self, x, sublayer, is_self_attn=False, **kwargs):
8      norm_x = self.norm(x)
9      if is_self_attn:
10        sublayer.init_keys(norm_x)
11     out = x + self.drop(sublayer(norm_x, **kwargs))                   ①
12     return out
```

① 调用**多头注意力**(以及前馈网络，取决于sublayer参数)(8)。

为了更清楚地说明这个模块是如何用于替换编码器"层"和解码器"层"的 forward 方法中的大部分代码的,下面展示了编码器"层"的第一个"子层"的前后对比(自注意力):

```
#替换前
def forward(self, query, mask=None):
    #查询和掩码进入
    norm_query = self.norm1(query)
    self.self_attn_heads.init_keys(norm_query)
    #子层是自注意力
    states = self.self_attn_heads(norm_query, mask)
    att = query + self.drop1(states)
    #注意力出来
    ...

#替换后
def forward(self, query, mask=None):
    #查询和掩码进入
    #子层是自注意力
    #归一化、丢弃和残差在包裹器内部
    att = self.sublayers[0](query,
                    sublayer=self.self_attn_heads,
                    is_self_attn=True,
                    mask=mask)
    #注意力出来
    ...
```

8. 多头注意力

下面的**多头注意力**机制复制了本章开头描述的已实现的**狭义注意力**,它可以将"键"(K)、"值"(V)和"查询"(Q)的**投影分块**,以使模型的大小更易于管理:

多头注意力

```
1   class MultiHeadedAttention(nn.Module):
2     def __init__(self, n_heads, d_model, dropout=0.1):
3       super(MultiHeadedAttention, self).__init__()
4       self.n_heads = n_heads
5       self.d_model = d_model
6       self.d_k = int(d_model / n_heads)
7       self.linear_query = nn.Linear(d_model, d_model)
8       self.linear_key = nn.Linear(d_model, d_model)
9       self.linear_value = nn.Linear(d_model, d_model)
10      self.linear_out = nn.Linear(d_model, d_model)
11      self.dropout = nn.Dropout(p=dropout)
12      self.alphas = None
13
14    def make_chunks(self, x):
15      batch_size, seq_len = x.size(0), x.size(1)
16      # N, L, D -> N, L, n_heads * d_k
17      x = x.view(batch_size, seq_len, self.n_heads, self.d_k)
```

```python
18         # N, n_heads, L, d_k
19         x = x.transpose(1, 2)
20         return x
21
22     def init_keys(self, key):
23         # N, n_heads, L, d_k
24         self.proj_key = self.make_chunks(self.linear_key(key))
25         self.proj_value = self.make_chunks(self.linear_value(key))
26
27     def score_function(self, query):
28         #缩放点积
29         # N, n_heads, L, d_k x N, n_heads, d_k, L -> N, n_heads, L, L
30         proj_query = self.make_chunks(self.linear_query(query))
31         dot_products = torch.matmul(proj_query,
32                                     self.proj_key.transpose(-2, -1))
33         scores = dot_products / np.sqrt(self.d_k)
34         return scores
35
36     def attn(self, query, mask=None):
37         #查询是批量优先:N, L, D
38         #得分函数将为每个注意力头生成分数
39         scores = self.score_function(query) # N, n_heads, L, L
40         if mask is not None:
41             scores = scores.masked_fill(mask == 0, -1e9)
42         alphas = F.softmax(scores, dim=-1) # N, n_heads, L, L
43         alphas = self.dropout(alphas)
44         self.alphas = alphas.detach()
45
46         # N, n_heads, L, L x N, n_heads, L, d_k -> N, n_heads, L, d_k
47         context = torch.matmul(alphas, self.proj_value)
48         return context
49
50     def output_function(self, contexts):
51         # N, L, D
52         out = self.linear_out(contexts) # N, L, D
53         return out
54
55     def forward(self, query, mask=None):
56         if mask is not None:
57             # N, 1, L, L——每个注意力头都使用相同的掩码
58             mask = mask.unsqueeze(1)
59
60         # N, n_heads, L, d_k
61         context = self.attn(query, mask=mask)
62         # N, L, n_heads, d_k
63         context = context.transpose(1, 2).contiguous()
64         # N, L, n_heads * d_k = N, L, d_model
65         context = context.view(query.size(0), -1, self.d_model)
```

```
66          # N, L, d_model
67          out = self.output_function(context)
68          return out
```

模型配置和训练

模型配置

```
1   torch.manual_seed(42)
2   #层
3   enclayer = EncoderLayer(n_heads=3, d_model=6, ff_units=10, dropout=0.1)
4   declayer = DecoderLayer(n_heads=3, d_model=6, ff_units=10, dropout=0.1)
5   #编码器和解码器
6   enctransf = EncoderTransf(enclayer, n_layers=2)
7   dectransf = DecoderTransf(declayer, n_layers=2)
8   #Transformer
9   model_transf = EncoderDecoderTransf(enctransf, dectransf, input_len=2,
10                    target_len=2, n_features=2)
11  loss = nn.MSELoss()
12  optimizer = torch.optim.Adam(model_transf.parameters(), lr=0.01)
```

权重初始化

```
1   for p in model_transf.parameters():
2       if p.dim() > 1:
3           nn.init.xavier_uniform_(p)
```

模型配置

```
1   sbs_seq_transf = StepByStep(model_transf, loss, optimizer)
2   sbs_seq_transf.set_loaders(train_loader, test_loader)
3   sbs_seq_transf.train(50)
```

sbs_seq_transf.losses[-1], sbs_seq_transf.val_losses[-1]

输出：

(0.036566647700965405, 0.0129724580832891154)

回顾

在本章，我们扩展了**编码器-解码器架构**并将其转换为 Transformer。首先，修改了**多头注意力**机制以使用**狭义注意力**。然后，引入了**层归一化**以及使用**投影**或**嵌入**来满足改变输入维度的需要。接下来，使用以前的编码器和解码器作为"**层**"，可以**堆叠**形成新的 Transformer 编码器和解码器。这使模型更深，因此需要结合**层归一化**、**丢弃**和**残余连接**来包裹每个"层"的内部操作（自注意力、交叉注意力和前馈网络，现在称为"**子层**"）。以下就是本章所涉及的内容：

- 在多头注意力机制中使用**狭义注意力**。

- 对输入的**投影进行分块**，以实现狭义注意力。
- 学习分块投影，允许**不同的头**从字面上关注输入的**不同维度**。
- 使用**层归一化**对单个**数据点**进行**标准化**。
- 使用层归一化来**标准化位置编码的输入**。
- 使用**投影**(**嵌入**)改变输入的**维度**。
- 定义一个使用**两个"子层"**，(即一个**自注意力**机制和一个**前馈**网络)的**编码器"层"**。
- **堆叠**编码器"层"以构建 **Transformer** 编码器。
- 结合**层归一化**、**丢弃**和**残差连接**来包裹"子层"操作。
- 学习**归一化最后"子层"**和**归一化优先"子层"**之间的区别。
- 理解**归一化优先"子层"**是如何使输入通过残差连接的方式**畅通无阻**地流到顶部的。
- 定义一个**解码器"层"**，它使用 **3 个"子层"**，即一个**掩码自注意力**机制、一个**交叉注意力**机制和一个**前馈**网络。
- **堆叠**解码器"层"以构建 **Transformer** 解码器。
- 将**编码器和解码器**组合成一个成熟的、归一化优先的 **Transformer** 架构。
- **训练 Transformer** 来解决序列到序列问题。
- 了解由于**丢弃**的正则化效应，使得**验证损失**可能比**训练损失小得多**。
- 使用 **PyTorch 的**(**归一化优先**)**Transformer** 类训练另一个模型。
- 使用**视觉 Transformer** 架构解决**图像分类问题**。
- 通过**重新排列**或**嵌入**将图像分割成展平的**补丁**。
- 向嵌入添加一个**特殊分类器词元**。
- 使用与特殊分类器词元对应的**编码器输出**作为分类器的**特征**。

恭喜！您刚刚整合并训练了您的第一个 **Transformer**(甚至是尖端的**视觉 Transformer**)：这是一项不小的壮举。现在您知道"层"和"子层"代表什么，以及它们是如何组合起来构建 Transformer。但请记住，您可能会发现周围的实现略有不同。它可能是**归一化优先**或**归一化最后**，也可能是另一种机制。细节可能有所不同，但总体概念不会改变：这都是关于**堆叠基于注意力的"层"**。

"嘿，BERT 呢？我们是不是应该用 Transformers 来解决 NLP 问题？"

我实际上一直在等待这个问题：**是的**，我们应该，而且会在第 11 章提出。如您所见，即使用于解决像本章这样简单的序列到序列问题，也很难理解 Transformer。试图训练一个模型来处理更复杂的自然语言处理问题只会让它变得更加困难。

在第 11 章，将从**一些 NLP** 概念和技术开始，例如词元、词元化、单词嵌入和语言模型，然后逐步了解**上下文单词嵌入**、**GPT-2** 和 **BERT**。我们还将使用包括著名的 **HuggingFace** 在内的 Python 软件包。

扩展阅读
文中提到的阅读资料(网址)请读者按照本书封底的说明方法自行下载。

第 11 章

Down the Yellow Brick Rabbit Hole[一]

[一] 这句话一部分出自《爱丽丝梦游仙境》，另一部分出自《绿野仙踪》，本章将会通过 GPT-2 来实现对这句话的分类，判断其更有可能是出自哪一本书。——译者注

剧透

在本章,将:
- 了解许多对 NLP 有用的软件包:nltk、gensim、flair 和 HuggingFace。
- 使用 **HuggingFace 数据集**从头开始构建自己的数据集。
- 在数据集上使用不同的**词元化器**。
- 使用 **Word2Vec** 和 **GloVe** 学习和加载**单词嵌入**。
- 以不同方式使用**嵌入**训练许多模型。
- 使用 **ELMo** 和 **BERT** 检索**上下文单词嵌入**。
- 使用 **HuggingFace 的** Trainer 微调 BERT。
- 微调 **GPT-2** 并使用它在**管道**中**生成文本**。

 Jupyter Notebook

与第 11 章相对应的 Jupyter Notebook[153] 是 GitHub 上官方"**Deep Learning with PyTorch Step-by-Step**"资料库的一部分。您也可以直接在**谷歌 Colab**[154] 中运行它。

如果您使用的是**本地安装**,请打开您的终端或 Anaconda Prompt,导航到您从 GitHub 复制的 PyTorchStepByStep 文件夹。然后,**激活** pytorchbook 环境并运行 Jupyter Notebook:

```
$conda activate pytorchbook
```

```
(pytorchbook)$jupyter notebook
```

如果您使用 Jupyter 的默认设置,这个链接(http://localhost:8888/notebooks/Chapter11.ipynb)应该会打开第 11 章的 Notebook。如果没有,只需单击 Jupyter 主页中的 Chapter11.ipynb 即可。

▶▶ 附加设置

这是一个关于其设置的**特殊内容**:我们将不再只使用 PyTorch,而是使用其他一些软件包,包括 NLP 任务的**事实标准**——HuggingFace。

在此之前,请确保通过运行以下命令安装所有这些软件包:

```
!pip install gensim==3.8.3
!pip install allennlp==0.9.0
!pip install flair==0.8.0.post1 # 使用 PyTorch 1.7.1
# HuggingFace
!pip install transformers==4.5.1
!pip install datasets==1.6.0
```

 一些软件包,比如 flair,可能有严格的依赖关系,最终需要在您的环境中**降级**一些软件包,甚至是 PyTorch 本身。

第11章
Down the Yellow Brick Rabbit Hole

 上面的版本用于生成本章中介绍的输出，但如果需要，您可以使用更新的版本（除了 **allennlp** 软件包，因为 **flair** 需要此特定版本来检索 ELMo 嵌入）。

为了便于组织，在任何一章中使用的代码所需的库都在其开始时导入。在本章，需要以下的导入：

```python
import os
import json
import errno
import requests
import numpy as np
from copy import deepcopy
from operator import itemgetter

import torch
import torch.optim as optim
import torch.nn as nn
import torch.nn.functional as F
from torch.utils.data import DataLoader, TensorDataset, Dataset

from data_generation.nlp import ALICE_URL, WIZARD_URL, download_text
from stepbystep.v4 import StepByStep
# 这些是在第10章中构建的类
from seq2seq import *

import nltk
from nltk.tokenize import sent_tokenize

import gensim
from gensim import corpora, downloader
from gensim.parsing.preprocessing import *
from gensim.utils import simple_preprocess
from gensim.models import Word2Vec

from flair.data import Sentence
from flair.embeddings import ELMoEmbeddings, WordEmbeddings, \
    TransformerWordEmbeddings, TransformerDocumentEmbeddings

from datasets import load_dataset, Split
from transformers import (
    DataCollatorForLanguageModeling,
    BertModel, BertTokenizer, BertForSequenceClassification,
    DistilBertModel, DistilBertTokenizer,
    DistilBertForSequenceClassification,
    AutoModelForSequenceClassification,
```

```
    AutoModel, AutoTokenizer, AutoModelForCausalLM,
    Trainer, TrainingArguments, pipeline, TextClassificationPipeline
)
from transformers.pipelines import SUPPORTED_TASKS
```

"掉进黄砖兔子洞(Down the Yellow Brick Rabbit Hole)"

标题中的句子来自哪里？一方面，如果是"掉进兔子洞(down the rabbit hole)"，可以猜到是《爱丽丝梦游仙境》。另一方面，如果是"黄砖路(the yellow brick road)"，也能猜到是《绿野仙踪》。但两者都不是(或者可能**两者兼而有之**)。如果不尝试自己猜测，而是**训练一个模型**来**对句子进行分类**该怎么办？毕竟，这是一本关于深度学习的书。

基于文本数据的训练模型是**自然语言处理**(**NLP**)的全部内容。整个领域是巨大的，在本章只会涉及它的皮毛。我们将从最明显的问题"如何将文本数据转换为数字数据"开始，最后使用**预训练模型**——著名的 Muppet 朋友，**BERT**——对句子进行分类。

构建数据集

NLP 有许多免费可用的数据集。这些文本通常已经很好地组织成**句子**，您可以轻松地将其提供给像 BERT 这样的预训练模型。是不是很棒？嗯，是的，但是……

"但是什么？"

但是您在现实世界中找到的文本并**没**有很好地组织成句子。您必须自己组织它们。

因此，按照爱丽丝和桃乐丝的步骤开始 NLP 之旅，从刘易斯·卡罗尔的《爱丽丝梦游仙境》[155]和弗兰克·鲍姆的《绿野仙踪》[156]开始(如图 11.1 所示)。

图 11.1　左图：约翰·坦尼尔绘制的插图《爱丽丝和小猪》，来自《爱丽丝梦游仙境》(1865 年)
右图：W. W. 丹斯洛绘制的插图《桃乐丝遇见胆小的狮子》，来自《绿野仙踪》(1900 年)

第 11 章

Down the Yellow Brick Rabbit Hole

 这两个文本都可以在牛津文本档案馆（OTA）[157]上免费获得，并获得署名非商业共享3.0未发布（CC BY-NC-SA 3.0）许可证。

这两个文本的直接链接是 alice28-1476.txt[158]（将其命名为 ALICE_URL）和 wizoz10-1740.txt[159]（将其命名为 WIZARD_URL）。您可以使用帮助方法 download_text（包含在 data_generation.nlp 中）将它们下载到本地文件夹：

数据加载

```
1  localfolder = 'texts'
2  download_text(ALICE_URL, localfolder)
3  download_text(WIZARD_URL, localfolder)
```

如果是在文本编辑器中打开这些文件，您会看到出于法律原因，在原始文本的开头（和结尾）部分添加了很多信息。我们需要删除原始文本中的这些添加：

下载书籍

```
1  with open(os.path.join(localfolder, 'alice28-1476.txt'),'r') as f:
2    alice = ''.join(f.readlines()[104:3704])
3
4  with open(os.path.join(localfolder, 'wizoz10-1740.txt'),'r') as f:
5    wizard = ''.join(f.readlines()[310:5100])
```

这些书的实际文本分别包含在第 105 行和第 3703 行之间（记住：Python 索引是从零开始的）以及第 309 行和第 5099 行之间。此外，将每本书的**所有行合并**成一个大的文本字符串，因为要将生成的文本组织成**句子**，并且在一本普通的书中，句子中间都有换行符。

肯定不想每次都手动执行，对吧？尽管自动删除对原始文本的任何添加会比较困难，但至少可以通过在配置文件（lines.cfg）中设置每个文本的**实际开始行和结束行**来自动删除额外的行：

配置文件

```
1  text_cfg = """fname,start,end
2  alice28-1476.txt,104,3704
3  wizoz10-1740.txt,310,5100"""
4  bytes_written = open(os.path.join(localfolder, 'lines.cfg'),
5  'w').write(text_cfg)
```

您的本地文件夹（texts）现在应该包含 3 个文件：alice28-1476.txt、lines.cfg 和 wizoz10-1740.txt。现在，是时候执行句子词元化了。

▶ 句子词元化

 词元是**文本的一个部分**，对一个文本进行**词元化**意味着将其**拆分为多个片段**，即拆分为一个**词元列表**。

 "我们在这里谈论的是什么样的片段？"

.225

最常见的片段是一个**单词**。因此，**词元化文本**通常意味着使用**空格**作为分隔符将其**拆分为单词**：

```
sentence = "I'm following the white rabbit"
tokens = sentence.split(' ')
tokens
```

输出：

```
["I'm",'following','the','white','rabbit']
```

"那'I'm'呢？这不是**两个单词**吗？"

是，也不是。像这样的缩略词是相当普遍的，也许您想将它们保留为单个词元。但是也可以将词元本身拆分为两个基本组成部分，即"I"和"am"，这样上面的句子就有 6 个词元而不是 5 个。目前，只对**句子词元**感兴趣，正如您可能已经猜到的那样，它意味着**将文本拆分成句子**。

稍后将回到**单词**(和**子单词**)层面的**词元化**主题。

有关该主题的简要介绍，请查看 Christopher D. Manning、Prabhakar Raghavan 和 Hinrich Schütze 撰写的 *Introduction to Information Retrieval*[161] 一书中的词元化[160]部分，剑桥大学出版社(2008)。

使用 NLTK 的 sent_tokenize 来完成此操作，而不是尝试自己设计拆分规则(NLTK 是自然语言工具包库，它是处理 NLP 任务的传统工具之一)：

```
import nltk
from nltk.tokenize import sent_tokenize
nltk.download('punkt')
corpus_alice = sent_tokenize(alice)
corpus_wizard = sent_tokenize(wizard)
len(corpus_alice), len(corpus_wizard)
```

输出：

```
(1612, 2240)
```

《爱丽丝梦游仙境》有 1612 句，《绿野仙踪》有 2240 句。

"punkt 是什么？"

也就是 **Punkt 句子词元化器**，它的预训练模型(用于英语)包含在 NLTK 软件包中。

"那什么是**语料库**(corpus)？"

语料库是一组结构化的**文档**。但是这个定义有很大的回旋余地：可以将文档定义为一个**句子**、一个**段落**，甚至一本**书**。在我们的例子中，文档是一个**句子**，所以每本**书实际上是一组句子**，因此每本**书**都可以被认为是一个**语料库**。英语中，corpus 的复数形式为 corpora，所以在 NLTK 中也确实有一个 **corpora**。

从第一个文本语料库中检查一句话：

corpus_alice[2]

输出：

'There was nothing so VERY remarkable in that; nor did Alice \nthink it so VERY much out of the way to hear the Rabbit say to \nitself, `Oh dear!'

请注意，它**仍然**包含原始文本中的**换行符**(\n)。句子词元化器仅处理句子拆分，并不负责清理换行符。

检查第二个文本语料库中的一句话：

corpus_wizard[30]

输出：

'"There\'s a cyclone coming, Em," he called to his wife.'

这里没有换行符，但请注意文本中的**引号**(")。

"我们为什么要关心换行符和引号？"

我们的数据集将是一个 **CSV 文件的集合**，每本书一个文件，每个 CSV 文件中的**每行包含一个句子**。

因此，需要：

- **清理换行符**，以确保每个句子只在一行中。
- **定义**适当的**引号字符**来"包裹"句子，这样原文中的原始逗号和分号不会被误解为 CSV 文件的分隔字符。
- 在 CSV 文件中添加**第二列**(第一列是句子本身)以识别句子的原始来源，因为我们在对语料库进行模型训练之前要对句子进行**串联**和**打乱**。

上面的句子最终应该是这样的：

\"There's a cyclone coming, Em," he called to his wife.\,wizoz10-1740.txt

对于引号字符来说转义字符"\"是一个不错的选择，因为它没有**出现在任何书籍中**(如果选择的书籍是关于编程的，则可能不得不选择其他字符)。

下面的函数完成了清理、拆分和将句子保存到 CSV 文件的繁重工作：

生成句子 CSV 的方法

```
1   def sentence_tokenize(source, quote_char='\\', sep_char=',',
2                         include_header=True, include_source=True,
3                         extensions=('txt'), **kwargs):
```

```python
4   nltk.download('punkt')
5   #如果source是文件夹,则遍历其中与所需扩展名匹配的所有文件(默认为"txt")
6
7   if os.path.isdir(source):
8       filenames = [f for f in os.listdir(source)
9                    if os.path.isfile(os.path.join(source, f)) and
10                      os.path.splitext(f)[1][1:] in extensions]
11  elif isinstance(source, str):
12      filenames = [source]
13
14  #如果有配置文件,则用每个文本文件的相应开始行和结束行构建一个字典
15
16  config_file = os.path.join(source, 'lines.cfg')
17  config = {}
18  if os.path.exists(config_file):
19      with open(config_file, 'r') as f:
20          rows = f.readlines()
21
22      for r in rows[1:]:
23          fname, start, end = r.strip().split(',')
24          config.update({fname: (int(start), int(end))})
25
26  new_fnames = []
27  #对于每个文本文件
28  for fname in filenames:
29      #如果该文件有开始行和结束行,请使用它
30      try:
31          start, end = config[fname]
32      except KeyError:
33          start = None
34          end = None
35
36      #打开文件,切片配置行(如果有的话)清除换行符并使用句子词元化器
37
38      with open(os.path.join(source, fname), 'r') as f:
39          contents = (''.join(f.readlines()[slice(start, end, None)])
40                      .replace('\n', ' ').replace('\r', ''))
41      corpus = sent_tokenize(contents, **kwargs)
42
43      #构建包含词元化句子的CSV文件
44      base = os.path.splitext(fname)[0]
45      new_fname = f'{base}.sent.csv'
46      new_fname = os.path.join(source, new_fname)
47      with open(new_fname, 'w') as f:
48          #文件的头
49          if include_header:
50              if include_source:
51                  f.write('sentence,source\n')
```

```
52                  else:
53                      f.write('sentence \n')
54              #每个句子写一行
55              for sentence in corpus:
56                  if include_source:
57                      f.write(f'{quote_char}{sentence}{quote_char}\
58                          {sep_char}{fname} \n')
59                  else:
60                      f.write(f'{quote_char}{sentence}{quote_char} \n')
61          new_fnames.append(new_fname)
62
63      #返回新生成的 CSV 文件的列表
64      return sorted(new_fnames)
```

这里需要一个 source **文件夹**(或单个文件)并遍历具有正确扩展名的文件(默认情况下仅 .txt),根据 lines.cfg 文件(如果有)删除行,将**句子词元化器**应用于每个文件,并使用配置好的 quote_char 和 sep_char 生成相应的 CSV 句子文件。也可能在 CSV 文件中包含 include_header 和 include_source。

CSV 文件通过删除原始扩展名并将 .sent.csv 附加到相应的文本文件来命名。看看它的实际效果:

生成句子数据集

```
1   new_fnames = sentence_tokenize(localfolder)
2   new_fnames
```

输出:

```
['texts/alice28-1476.sent.csv', 'texts/wizoz10-1740.sent.csv']
```

每个 **CSV 文件**都包含一本**书中的句子**,使用它们来构建我们自己的**数据集**。

spaCy 中的句子词元化

顺便说一句,NLTK 不是句子词元化的唯一选择,也可以使用 spaCy 的 sentencizer 来完成此任务。下面的片段显示了 spaCy 管道的示例:

```
# conda install -c conda-forge spacy
# python -m spacy download en_core_web_sm
import spacy
nlp = spacy.blank("en")
nlp.add_pipe(nlp.create_pipe("sentencizer"))

sentences = []
for doc in nlp.pipe(corpus_alice):
    sentences.extend(sent.text for sent in doc.sents)

len(sentences), sentences[2]
```

输出

```
(1615,'There was nothing so VERY remarkable in that; nor did Alice \nthink it so VERY much
out of the way to hear the Rabbit say to\nitself, `Oh dear! ')
```

由于 spaCy 使用不同的模型来词元化句子，因此它在文本中发现的句子数量略有不同也就不足为奇了。

▶▶ HuggingFace 的数据集

使用 HuggingFace 的数据集，而不是常规的 PyTorch 数据集。

"为什么？"

首先，稍后使用 HuggingFace 的**预训练模型**（如 BERT），因此将它们也用于数据集的实现是合乎逻辑的。其次，它们的库中已经有许多**可用的数据集**，因此习惯于使用它们的数据集实现来处理文本数据是有意义的。

尽管使用 HuggingFace 的 Dataset 类来构建自己的数据集，但只使用了它的一小部分功能。要更详细地了解它所提供的功能，请务必查看其广泛的文档：

- Quick Tour[162]。
- What's in the Dataset object[163]。
- Loading a Dataset[164]。

另外，有关每个可用数据集的完整列表，请查看 HuggingFace Hub[165]。

▶▶ 加载数据集

可以使用 HF(从现在开始将 HuggingFace 简写为 HF) 的 load_dataset 从本地文件加载：

数据准备

```
1  from datasets import load_dataset, Split
2
3  dataset = load_dataset(path='csv', data_files=new_fnames, quotechar='\',
4           split=Split.TRAIN)
```

第一个参数(path)的名称可能有点误导……它实际上是**数据集处理脚本的路径**，而不是实际文件。要加载 CSV 文件，可以简单地使用 HF 的 csv，如上例所示。包含文本（在我们的例子中是句子）的**实际文件**列表必须在 data_files 参数中提供。split 参数用于指定数据集表示的**拆分**(Split.TRAIN、Split.VALIDATION 或 Split.TEST)。

此外，CSV 脚本提供了更多选项来控制 CSV 文件的解析和读取，例如 quotechar、delimiter、column_names、skip_rows 和 quoting。有关详细信息，请查看有关加载 CSV 文件的文档。

还可以从 JSON 文件、文本文件、Python 字典和 Pandas 数据帧中加载数据。

属性

Dataset 有很多属性，比如 features、num_columns 和 shape：

```
dataset.features, dataset.num_columns, dataset.shape
```

输出：

```
({'sentence': Value(dtype='string', id=None),
  'source': Value(dtype='string', id=None)},
 2,
 (3852, 2))
```

数据集有两列，sentence 和 source，其中有 3852 个句子。

它可以像**列表**一样被索引：

```
dataset[2]
```

输出：

```
{'sentence': 'There was nothing so VERY remarkable in that; nor did Alice think it so VERY much out of the way to hear the Rabbit say to itself, `Oh dear! ',
 'source': 'alice28-1476.txt'}
```

这是数据集中的第三句话，它来自《爱丽丝梦游仙境》。

它的列也可以作为**字典**访问：

```
dataset['source'][:3]
```

输出：

```
['alice28-1476.txt', 'alice28-1476.txt', 'alice28-1476.txt']
```

前几句都来自《爱丽丝梦游仙境》，因为还没有打乱数据集。

方法

Dataset 也有许多方法，如 unique、map、filter、shuffle 和 train_test_split（有关操作的完整列表，请查看 HF 的"Processing data in a Dataset"[166]）。

可以轻松检查唯一来源：

```
dataset.unique('source')
```

输出：

```
['alice28-1476.txt', 'wizoz10-1740.txt']
```

可以使用 map 来**创建新列**，该方法是一个**返回以新列为键的字典**的**函数**：

数据准备

```
1  def is_alice_label(row):
2      is_alice = int(row['source'] == 'alice28-1476.txt')
3      return {'labels': is_alice}
4
5  dataset = dataset.map(is_alice_label)
```

数据集中的每个元素都是对应于字典的 row（在我们的例子中是{'sentence':...,'source':...}），因此该函数可以访问给定行中的所有列。is_alice_label 函数可以测试 source 列并**创建 labels 列**。**无须返回原始列**，因为它由数据集自动处理。

如果再次从数据集中检索第三句话，则新列将已经存在：

```
dataset[2]
```

输出：

```
{'labels': 1,
'sentence': 'There was nothing so VERY remarkable in that; nor did Alice think it so VERY much out of the way to hear the Rabbit say to itself, `Oh dear! ',
'source': 'alice28-1476.txt'}
```

现在标签已经到位，终于可以**打乱数据集**并将其**拆分**为训练集和测试集：

数据准备

```
1  shuffled_dataset = dataset.shuffle(seed=42)
2  split_dataset = shuffled_dataset.train_test_split(test_size=0.2)
3  split_dataset
```

输出：

```
DatasetDict({
    train: Dataset({
        features: ['labels','sentence','source'],
        num_rows: 3081
    })
    test: Dataset({
        features: ['labels','sentence','source'],
        num_rows: 771
    })
})
```

拆分实际上是一个**数据集字典**，因此您可能希望从中检索实际的数据集：

数据准备

```
1  train_dataset = split_dataset['train']
2  test_dataset = split_dataset['test']
```

完成了！有两个随机打乱的数据集（训练和测试）。

 单词词元化

正如已经看到的那样，朴素的单词词元化只是使用**空格**作为分隔符将**句子拆分为单词**：

```
sentence = "I'm following the white rabbit"
tokens = sentence.split(' ')
tokens
```

输出：

["I'm",'following','the','white','rabbit']

但是，这种朴素的方法也存在问题（例如，如何处理缩略词）。尝试使用 Gensim[167]，它是一个流行的主题建模库，提供了一些开箱即用的工具来执行单词词元化：

```
from gensim.parsing.preprocessing import *
preprocess_string(sentence)
```

输出：

['follow','white','rabbit']

"好像不太对……有些单词根本没有了！"

欢迎来到词元化的世界。事实证明，Gensim 的 preprocess_sring 默认应用了**许多滤波器**，即：
- strip_tags（用于删除括号之间的类似 HTML 的标签）。
- strip_punctuation。
- strip_multiple_whitespaces。
- strip_numeric。

上面的滤波器非常简单，它们用于从文本中删除典型元素。但 preprocess_string 还包括以下滤波器：
- strip_short：**抛弃**长度**小于 3 个字符**的任何单词。
- remove_stopwords：**抛弃**任何被认为是**停用词**（如"the""but""then"等）的单词。
- stem_text：通过**词根修改**单词，即将它们简化为一个**共同的基本形式**（例如，从"following"到它的基本"follow"）。

有关**词根提取**（以及相关的**词干还原**）过程的简要介绍，请查看 Christopher D. Manning、Prabhakar Raghavan 和 Hinrich Schütze 合著的 *Introduction to Information Retrieval*[169] 一书中的词干化和词根化[168]部分，剑桥大学出版社（2008 年）。

我们**不会**在这里删除停用词或执行词根提取。由于我们的目标是使用 HF 的预训练 BERT 模型，所以还将使用其相应的**预训练词元化器**。

所以，只使用前 4 个滤波器（并将所有内容都设为小写）：

```
filters = [lambda x: x.lower(),
           strip_tags,
           strip_punctuation,
           strip_multiple_whitespaces, strip_numeric]
preprocess_string(sentence, filters=filters)
```

输出：

['i','m','following','the','white','rabbit']

另一种选择是使用 Gensim 的 simple_preprocess，它将文本转换为小写词元列表，抛弃太短（少于 3 个字符)或太长(超过 15 个字符)的词元：

```
from gensim.utils import simple_preprocess
tokens = simple_preprocess(sentence)
tokens
```

输出：

```
['following','the','white','rabbit']
```

"为什么要使用 Gensim？难道不能使用 NLTK 来执行单词词元化吗？"

有道理。NLTK 也可用于词元化单词，而 Gensim 则不能用于词元化句子。此外，由于 Gensim 有许多其他有趣的工具可用于构建词汇表、词袋(BoW)模型和 Word2Vec 模型(很快将介绍)，因此尽快引入它是有意义的。

数据增强

简要介绍一下文本**数据增强**的主题。尽管实际上并没有将它包含在我们的管道中，但还是值得了解有关数据增强的一些可能性和技术。

最基本的技术称为**丢词**，正如您可能已经猜到的那样，它只是用一些其他随机单词或表示不存在的单词的特殊[UNK]词元(单词)**随机替换单词**。

也可以用**同义词**替换单词，从而保留文本的含义。可以使用英语词汇数据库 WordNet[170] 来查找同义词。查找同义词并不容易，但这种方法仅限于英语。

为了规避同义词方法的局限性，从数字上讲，也可以用**相似的单词**替换。我们还没有谈到**单词的嵌入**——单词的数字表示——但它们可以用来识别**可能**具有相似含义的单词。目前，有一些软件包已经使用嵌入对文本数据执行数据增强，例如 TextAttack[171]。

尝试扩充 Richard P. Feynman 的名言作为示例：

```
# !pip install textattack
from textattack.augmentation import EmbeddingAugmenter
augmenter = EmbeddingAugmenter()
feynman = 'What I cannot create, I do not understand.'

for i in range(5):
    print(augmenter.augment(feynman))
```

输出：

```
['What I cannot create, I do not fathom.']
['What I cannot create, I do not understood.']
['What I notable create, I do not understand.']
['What I cannot creating, I do not understand.']
['What I significant create, I do not understand.']
```

有些结果还可以，有些正在改变时态，而有些则很奇怪。现在没有人敢说数据增强很容易，对吧？

词汇表

 词汇表是出现在文本语料库中的**唯一单词列表**。

为了建立自己的词汇表，首先需要词元化训练集：

```
sentences = train_dataset['sentence']
tokens = [simple_preprocess(sent) for sent in sentences]
tokens[0]
```

输出：

['and','so','far','as','they','knew','they','were','quite','right']

tokens 变量是**单词列表中的一个列表**，每个(内部)列表包含一个句子中的所有单词(词元)。然后可以使用这些词元通过 Gensim 的 corpora.Dictionary 构建**词汇表**：

```
from gensim import corpora
dictionary = corpora.Dictionary(tokens)
print(dictionary)
```

输出：

Dictionary(3704 unique tokens: ['and','as','far','knew','quite']...)

语料库的字典**不是**典型的 Python 字典。它具有一些特定(且有用)的属性：

```
dictionary.num_docs
```

输出：

3081

num_docs 属性告诉我们处理了多少文档(在我们的例子中是句子)，它对应于(外部)词元列表的长度。

```
dictionary.num_pos
```

输出：

50802

num_pos 属性告诉我们在所有文档(句子)上处理了多少**词元**(单词)。

```
dictionary.token2id
```

输出：

```
{'and': 0,
 'as': 1,
 'far': 2,
 'knew': 3,
 'quite': 4,
 ...
```

token2id 属性是一个(Python)字典,其中包含了在文本语料库中找到的**唯一单词**,以及**有序分配**给单词的**唯一 ID**。

token2id 字典的**键**是语料库的实际**词汇表**:

```
vocab = list(dictionary.token2id.keys())
vocab[:5]
```

输出:

```
['and', 'as', 'far', 'knew', 'quite']
```

cfs 属性代表**收集频率**,它告诉我们给定词元在文本语料库中出现的**次数**:

```
dictionary.cfs
```

输出:

```
{0: 2024,
 6: 362,
 2: 29,
 1: 473,
 7: 443,
 ...
```

对应于 **ID 为 0**("and")的词元,它在所有句子中出现了 2024 次。但是,它出现在**多少个不同的文件**(句子)中? 这就是代表**文档频率**的 dfs 属性需要告诉我们的:

```
dictionary.dfs
```

输出:

```
{0: 1306,
 6: 351,
 2: 27,
 1: 338,
 7: 342,
 ...
```

对应于 **ID 为 0**("and")的词元出现在 1306 个句子中。

最后,如果想将**词元列表转换**为**词汇表中对应索引的列表**,可以使用 doc2idx 方法:

```
sentence = 'follow the white rabbit'
new_tokens = simple_preprocess(sentence)
ids = dictionary.doc2idx(new_tokens)
print(new_tokens)
print(ids)
```

输出:

```
['follow', 'the', 'white', 'rabbit']
[1482, 20, 497, 333]
```

问题是,无论词汇表有多大,**总会有一个新词不在里面**。

"我们该如何处理不在词汇表中的单词？"

如果该单词**不**在词汇表中，则为**未知**单词，需要将其替换为相应的**特殊词元**：［UNK］。这意味着需要**将［UNK］添加到词汇表中**。幸运的是，Gensim 的 Dictionary 有一个 patch_with_special_tokens 方法，可以很容易地修补词汇表：

```
special_tokens = {'[PAD]': 0, '[UNK]': 1}
dictionary.patch_with_special_tokens(special_tokens)
```

此外，既然在做这件事，那么还可以添加**另一个特殊词元**：［PAD］。在某些时候，将不得不填充序列(就像在第 8 章中所做的那样)，因此为它准备一个词元会很有用。

如果不是在词汇表中添加更多词元，而是尝试从其中**删除单词**该怎么办？也许想删除稀有单词以获得更小的词汇表，或者想从中删除坏词(脏话)。

Gensim 的 Dictionary 有几个可以使用的方法：
- filter_extremes：只保留前 keep_n 个最常用的单词(也可以**保留至少**出现在 **no_below 文档中**的单词或**删除**出现在**多于 no_above 分数文档中的单词**)。
- filter_tokens：从 bad_ids 列表中**删除词元**(doc2idx 可用于获取坏词的相应 ID 列表)或仅**保留** good_ids 列表中的词元。

"如果我想删除所有文档中出现次数少于 X 的单词该怎么办？"

Gensim 的 Dictionary 并不能直接支持该方法，但是可以使用它的 cfs 属性来查找那些低频率的词元，然后使用 filter_tokens 将它们过滤掉：

寻找稀有词元的方法

```
1  def get_rare_ids(dictionary, min_freq):
2      rare_ids = [t[0] for t in dictionary.cfs.items() if t[1] < min_freq]
3      return rare_ids
```

一旦对词汇表的大小和范围感到满意，就可以将它作为纯文本文件**保存到磁盘里**，每行一个词元(单词)。下面的辅助函数用来获取**句子列表**，生成相应的**词汇表**，并将其保存到名为 vocab.txt 的文件中：

从句子数据集中构建词汇表的方法

```
1  def make_vocab(sentences, folder=None, special_tokens=None,
2                 vocab_size=None, min_freq=None):
3      if folder is not None:
4          if not os.path.exists(folder):
5              os.mkdir(folder)
6
7      #词元化句子并创建字典
8      tokens = [simple_preprocess(sent) for sent in sentences]
9      dictionary = corpora.Dictionary(tokens)
```

```
10      #只保留最常用的单词(词汇量)
11      if vocab_size is not None:
12          dictionary.filter_extremes(keep_n=vocab_size)
13      #删除稀有词
14      #(以防单词中仍然包含低频词)
15      if min_freq is not None:
16          rare_tokens = get_rare_ids(dictionary, min_freq)
17          dictionary.filter_tokens(bad_ids=rare_tokens)
18      #获取词元和频率的完整列表
19      items = dictionary.cfs.items()
20      #按降序对词元进行排序
21      words = [dictionary[t[0]] for t in sorted(dictionary.cfs.items(),
22  key=lambda t: -t[1])]
23      #前置特殊词元,如果有的话
24      if special_tokens is not None:
25          to_add = []
26          for special_token in special_tokens:
27              if special_token not in words:
28                  to_add.append(special_token)
29          words = to_add + words
30
31      with open(os.path.join(folder, 'vocab.txt'), 'w') as f:
32          for word in words:
33              f.write(f'{word}\n')
```

可以从训练集中取出句子,在词汇表中添加特殊词元,过滤掉只出现一次的单词,并将词汇表文件保存到 our_vocab 文件夹内:

```
1   make_vocab(train_dataset['sentence'],
2       'our_vocab/',
3       special_tokens=['[PAD]','[UNK]','[SEP]','[CLS]','[MASK]'],
4       min_freq=2)
```

现在可以将这个词汇表文件与**词元化器**一起使用了。

"但我以为我们**已经**在使用词元化器了……不是吗?"

是的,我们已经在使用了。首先,使用句子词元化器将文本拆分为句子。然后,使用单词词元化器将每个句子拆分为单词。但是**还有另一个词元化器**,即 HuggingFace 的词元化器。

▶▶ HuggingFace 的词元化器

由于使用的是 HF 数据集,所以使用 HF 的词元化器也是合乎逻辑的。此外,为了使用**预训练的 BERT 模型**,需要使用模型**对应的预训练词元化器**。

"为什么?"

第 11 章

Down the Yellow Brick Rabbit Hole

就像预训练的计算机视觉模型需要使用 ImageNet 统计数据对输入图像进行标准化一样，像 BERT 这样的预训练语言模型也需要对输入进行适当的词元化。BERT 中使用的词元化与刚刚讨论的简单单词词元化不同。我们将在适当的时候回到这个话题，但现在坚持简单的词元化。

因此，在加载预训练的词元化器之前，使用**自己的词汇表**创建**自己的词元化器**。HuggingFace 的词元化器也期望以一个**句子**作为输入，并且它们还会继续执行某个单词的词元化。但是，这些词元化器不是简单地返回词元本身，而是返回与词元对应的**词汇表中的索引**，以及**许多附加信息**。就像 Gensim 的 doc2idx，但使用了"类固醇"！看看它的实际效果！

使用 BertTokenizer 类根据自己的词汇表创建一个词元化器：

```
from transformers import BertTokenizer
tokenizer = BertTokenizer('our_vocab/vocab.txt')
```

这样做的目的是**说明词元化器如何**仅使用简单的单词词元化来工作！而在(预训练的)BERT 模型中实际使用的(预训练的)词元化器并**不需要词汇表**。

tokenizer 类非常丰富，它提供了大量的方法和参数。我们只是浅尝辄止地使用了一些基本方法。有关更多详细信息，请参阅 HuggingFace 关于 tokenizer 类和 BertTokenizer 类的文档。

然后，使用它的 tokenize 方法词元化一个新句子：

```
new_sentence = 'follow the white rabbit neo'
new_tokens = tokenizer.tokenize(new_sentence)
new_tokens
```

输出：

```
['follow','the','white','rabbit','[UNK]']
```

由于 Neo(尼奥，来自《黑客帝国》的主人公)**不是**原版《爱丽丝梦游仙境》的一部分，因此它不可能出现在我们的词汇表中，因此它被视为具有相应特殊词元的**未知**单词。

"这里没有什么新内容……不是应该返回**索引**或其他吗？"

等一下……首先，实际上可以使用 convert_tokens_to_ids 方法获取**索引**(词元 ID)：

```
new_ids = tokenizer.convert_tokens_to_ids(new_tokens)
new_ids
```

输出：

```
[1219, 5, 229, 200, 1]
```

"好吧，好吧，但这似乎不太实用……"

.239

您说得很对。可以使用 encode 方法一次执行两个步骤：

```
new_ids = tokenizer.encode(new_sentence)
new_ids
```

输出：

```
[3, 1219, 5, 229, 200, 1, 2]
```

开始了，一次调用从句子到词元 ID！

"很好的尝试……这个输出中的 **ID 多于**词元！一定有问题……"

是的，ID 多于词元。不过，没有错，本来就是这样的。这些额外的词元也是**特殊词元**。可以使用它们的索引（3 和 2）在词汇表中查找它们，但使用词元化器的 convert_ids_to_tokens 方法会更好：

```
tokenizer.convert_ids_to_tokens(new_ids)
```

输出：

```
['[CLS]','follow','the','white','rabbit','[UNK]','[SEP]']
```

词元化器不仅在输出中**附加了一个特殊的分离词元**（[SEP]），还在输出前**附加了一个特殊的分类词元**（[CLS]）。我们已经在视觉 Transformer 的输入中添加了一个分类词元，以便在分类任务中使用其对应的输出。现在也可以在这里做同样的事情来使用 BERT 对文本进行分类。

"那**分离词元**呢？"

这个特殊的词元用于将输入**分成两个不同的句子**。是的，一次输入两个句子给 BERT 是可能的，这种输入用于**下一个句子的预测**任务。虽然不会在我们的示例中使用它，但会在讨论如何训练 BERT 时再讨论这个问题。

如果不使用**特殊词元**，则实际上可以摆脱它们：

```
tokenizer.encode(new_sentence, add_special_tokens=False)
```

输出：

```
[1219, 5, 229, 200, 1]
```

"好的，但是承诺的**附加信息**在哪里？"

这很容易——可以简单地**调用词元化器本身**而不是特定的方法，它会产生丰富的输出：

```
tokenizer(new_sentence, add_special_tokens=False, return_tensors='pt')
```

输出：

```
{'input_ids': tensor([[1219, 5, 229, 200, 1]]),
 'token_type_ids': tensor([[0, 0, 0, 0, 0]]),
 'attention_mask': tensor([[1, 1, 1, 1, 1]])}
```

默认情况下，输出是**列表**，但使用 return_tensors 参数来获取 PyTorch 张量（pt 代表 PyTorch）。字典中有 **3 个输出**：input_ids、token_type_ids 和 attention_mask。

第一个输出，input_ids，是熟悉的词元 ID 列表。它们是模型所需的最基本的输入，有时也是唯一的输入。

第二个输出，token_type_ids，用作**句子索引**，只有当输入**多个句子**（以及它们之间的特殊分隔词元）时才有意义。例如：

```
sentence1 = 'follow the white rabbit neo'
sentence2 = 'no one can be told what the matrix is'
joined_sentences = tokenizer(sentence1, sentence2)
joined_sentences
```

输出：

```
{'input_ids': [3, 1219, 5, 229, 200, 1, 2, 51, 42, 78, 32, 307, 41, 5, 1, 30, 2],
 'token_type_ids': [0, 0, 0, 0, 0, 0, 0, 1, 1, 1, 1, 1, 1, 1, 1, 1, 1],
 'attention_mask': [1, 1, 1, 1, 1, 1, 1, 1, 1, 1, 1, 1, 1, 1, 1, 1, 1]}
```

尽管词元化器接收**两个句子**作为参数，但还是会将它们认为是**一个输入**，因此产生了一个单一 **ID 序列**。将 ID 转换回词元并检查结果：

```
print(tokenizer.convert_ids_to_tokens(joined_sentences['input_ids']))
```

输出：

```
['[CLS]', 'follow', 'the', 'white', 'rabbit', '[UNK]', '[SEP]', 'no', 'one', 'can', 'be', 'told', 'what', 'the', '[UNK]', 'is', '[SEP]']
```

这两个句子在每个句子的末尾用一个特殊的分隔词元（[SEP]）连接在一起。

最后一个输出，attention_mask，用作 **Transformer 编码器**中的**源掩码**，它可以指示**填充位置**。例如，在**一批句子**中，可以填充序列以使它们都具有相同的长度：

```
separate_sentences = tokenizer([sentence1, sentence2], padding=True)
separate_sentences
```

输出：

```
{'input_ids': [[3, 1219, 5, 229, 200, 1, 2, 0, 0, 0, 0], [3, 51, 42, 78, 32, 307, 41, 5, 1, 30, 2]],
 'token_type_ids': [[0, 0, 0, 0, 0, 0, 0, 0, 0, 0, 0], [0, 0, 0, 0, 0, 0, 0, 0, 0, 0, 0]],
 'attention_mask': [[1, 1, 1, 1, 1, 1, 1, 0, 0, 0, 0], [1, 1, 1, 1, 1, 1, 1, 1, 1, 1, 1]]}
```

词元化器接收到一个包含**两个句子的列表**，并将它们作为**两个独立的输入**，从而产生**两个 ID 序列**。此外，由于 padding 参数为 True，所以它填充了最短的序列（5 个词元）以匹配最长的序列（9 个词元）。再次将 ID 转换回词元：

```
print(tokenizer.convert_ids_to_tokens(separate_sentences['input_ids'][0]))
print(separate_sentences['attention_mask'][0])
```

输出：

```
['[CLS]','follow','the','white','rabbit','[UNK]','[SEP]','[PAD]','[PAD]','[PAD]','[PAD]'][1, 1, 1, 1, 1, 1, 1, 0, 0, 0, 0]
```

序列中的每个**填充元素**在**注意力掩码**中都有一个**对应的 0**。

"那怎样才能有一个**批量**，其中**每个输入**都有**两个独立的句子**？"

好问题！这实际上很简单：只需使用**两个批量**，一个包含每对的**第一句**，另一个包含每对的**第二句**：

```
first_sentences = [sentence1, 'another first sentence']
second_sentences = [sentence2, 'a second sentence here']
batch_of_pairs = tokenizer(first_sentences, second_sentences)
first_input = tokenizer.convert_ids_to_tokens(batch_of_pairs['input_ids'][0])
second_input = tokenizer.convert_ids_to_tokens(batch_of_pairs['input_ids'][1])
print(first_input)
print(second_input)
```

输出：

```
['[CLS]','follow','the','white','rabbit','[UNK]','[SEP]','no','one','can','be','told','what','the','[UNK]','is','[SEP]']
['[CLS]','another','first','sentence','[SEP]','[UNK]','second','sentence','here','[SEP]']
```

上面的批量只有两个输入，每个输入有两个句子。

最后，将词元化器应用到句子数据集中，填充它们，并返回 PyTorch 张量：

```
tokenized_dataset = tokenizer(dataset['sentence'],
                              padding=True,
                              return_tensors='pt',
                              max_length=50,
                              truncation=True)
tokenized_dataset['input_ids']
```

输出：

```
tensor([[  3,  27,   1, ...,   0,   0,   0],
        [  3,  24,  10, ...,   0,   0,   0],
        [  3,  49,  12, ...,   0,   0,   0],
        ...,
        [  3,   1,   6, ...,   0,   0,   0],
        [  3,   6, 132, ...,   0,   0,   0],
        [  3,   1,   1, ...,   0,   0,   0]])
```

由于我们选择的书中可能有一些非常长的句子，因此可以同时使用 max_length 和 truncation 参数来确保超过50个词元的句子被截断，而短于50个词元的句子被填充。

 有关**填充**和**截断**的更多详细信息，请查看HuggingFace文档中名为"Everything You Always Wanted to Know About Padding and Truncation"[172]的部分。

 "准备好了吗？可以将input_ids提供给BERT并见证奇迹的发生吗？"

嗯，是的，可以……但您不喜欢躲在**幕布后面偷看**吗？我是这么想的。

在幕后，BERT实际上是使用**向量**来表示**单词**的。发送给它的**词元ID**只是一个**巨大查找表的索引**。该查找表有一个非常好听的名字：**单词嵌入**。

查找表的每一**行**对应一个不同的**词元**，每一行由一个**向量**表示。向量的大小是**嵌入的维度**。

 "我们如何构建这些向量？"

这是一个很有价值的问题！可以**构建**它们或**学习它们**。

单词嵌入之前

在介绍实际的单词嵌入之前，从**基础**开始，构建一些简单的向量……

独热(One-Hot)编码(OHE)

OHE背后的想法非常简单：**除了一个位置外**，每个**唯一的词元**(单词)都由一个**充满零的向量**表示，该位置对应于**词元的索引**。随着向量的增大，没有比这种编码方法更简单的了。

下面只使用5个词元——"and""as""far""knew"和"quite"——并为它们生成**独热编码**表示，如图11.2所示。

	Index				
Token	0	1	2	3	4
and	1	0	0	0	0
as	0	1	0	0	0
far	0	0	1	0	0
knew	0	0	0	1	0
quite	0	0	0	0	1

图11.2 独热编码——5个单词的词汇表

如果总共只有5个词元，则图11.2将是这5个词元的OHE表示。但是我们的文本语料库中有3704个唯一词元(不包括添加的特殊词元)，所以OHE表示实际上如图11.3所示。

这是一个相当**大且稀疏**的(这真是太有意思了，零元素比非零元素多得多)向量，而我们的词汇表中的词汇数量甚至没有那么大！如果要使用典型的英语词汇表，则需要100000维的向量。显然，这不是很实用。尽管如此，独热编码产生的稀疏向量仍是**基本的 NLP 模型**：**词袋**（**BoW**）模型的基础。

Token \ Index	0	1	2	3	4	…	3703
and	1	0	0	0	0	…	0
as	0	1	0	0	0	…	0
far	0	0	1	0	0	…	0
knew	0	0	0	1	0	…	0
quite	0	0	0	0	1	…	0
…	…	…	…	…	…	…	…
ye	0	0	0	0	0	…	1

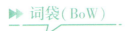

图 11.3　独热编码——我们的完整词汇表

词袋（BoW）

词袋模型**实际上**就是单词的袋子：它只是简单地**累加了相应的 OHE 向量**，完全忽略了单词之间的任何底层结构或关系。结果向量仅包含文本中出现的单词的**计数**。

不过，不必手动完成，因为 Gensim 的 Dictionary 有一个 doc2bow 方法可以完成这项工作：

```
sentence = 'the white rabbit is a rabbit'
bow_tokens = simple_preprocess(sentence)
bow_tokens
```

输出：

```
['the', 'white', 'rabbit', 'is', 'rabbit']
```

```
bow = dictionary.doc2bow(bow_tokens)
bow
```

输出：

```
[(20, 1), (69, 1), (333, 2), (497, 1)]
```

“rabbit”这个单词在句子中出现了两次，所以它的索引（333）显示了对应的计数（2）。此外，请注意原始句子中的第五个单词（“a”），由于太短，不符合有效词元的条件，所以被 simple_preprocess 函数过滤掉了。

BoW 模型显然非常**有限**，因为它只代表一段文本中每个单词的**频率**，仅此而已。此外，使用**独热编码向量**表示**单词**也存在严重的局限性：随着词汇表的增长，不仅向量会变得越来越**稀疏**（即其中有更多的零），而且**每个单词都与所有其他单词正交**。

“一个单词与其他单词**正交**是什么意思？”

还记得第 9 章介绍过的**余弦相似度**吗？如果两个向量之间存在**直角**，则称这两个向量相互**正交**，对应**相似度为 0**。因此，如果使用**独热编码**向量来表示单词，则基本上是在说**没有两个单词彼此相似**。这显然是**错误的**(以同义词为例)。

 "那怎样才能得到更好的向量来表示单词呢？"

好吧，可以尝试探索给定句子中单词之间的**结构**和**关系**。这就是语言模型。

▶ 语言模型

语言模型(LM)是一种估计**词元**或词元序列**概率**的模型。我们之前一直在使用**词元**和**单词**，但词元既可以是单个字符，也可以是子单词。换句话说，语言模型将预测更可能**填补空白**的词元[BLANK]。

现在，假设您是一个语言模型，并在图 11.4 所示的句子中填补[BLANK]。

| Nice | to | meet | [BLANK] |

图 11.4　下一个单词是什么(一)

您可能用"**you**"这个单词来填补[BLANK]，如图 11.5 所示。

| Nice | to | meet | you |

图 11.5　在[BLANK]中填补

这句话呢？(如图 11.6 所示)。

| to | meet | you | [BLANK] |

图 11.6　下一个单词是什么(二)

也许您用"**too**"填补了这个[BLANK]，或者选择了一个不同的词，比如"**here**"或"**now**"，这取决于您假设的第一个单词之前的内容，如图 11.7 所示。

图 11.7　用于填补[BLANK]的多个选项

这很容易，对吧？不过，您是怎么做到的？您怎么知道"**you**"应该跟着"nice to meet"？您可能已经阅读并说过数千次"nice to meet you"。但是您有没有读过或说过"nice to meet aardvark"？我也没有！

第二句呢？这不再那么明显了，但我敢打赌，您仍然可以排除"to meet you aardvark"（或者至少承认这种情况不太可能发生）。

事实证明，我们的脑海中也有一个语言模型，并且可以直接猜测哪些单词是使用熟悉的**序列**来填补空白的好的选择。

N 元（N-gram）

在上面的例子中，是一个**四元**结构，该由**三个单词**和一个**空白**组成。如果使用两个单词和一个空白，那将是一个三元，对于给定数量的单词(n-1)后跟一个空白，即一个 **n 元**（如图 11.8 所示）。

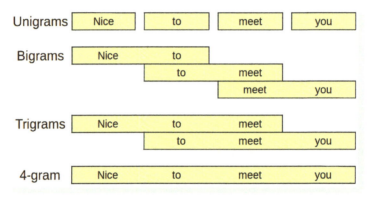

图 11.8　N 元

N 元模型基于纯统计：它们使用与空白前的单词匹配的**最常见序列**（称为**上下文**）来**填充空白**。一方面，较大的 **n** 值（较长的单词序列）可能会产生更好的预测；另一方面，它们也有可能**不会**产生任何**预测**，因为可能从未观察到特定的单词序列。在后一种情况下，人们总是可以退回到较短的 n 元并重试（顺便说一下，这被称为愚蠢的回避）。

　有关 N 元模型的更详细说明，请查看 Lena Voita 令人惊叹的"NLP Course ｜ For You"[174]中的"N-gram Language Models"[173]部分。

这些模型很简单，但由于只能**向后看**，因此受到了一定的限制。

　"我们也可以**向前看**吗？"

当然可以！

连续词袋（CBoW）

在这些模型中，**上下文**由**空白前后**的**周围单词**给出。这样，预测最能填补空白的单词变得**容易得多**。假设正在尝试填写以下空白，如图 11.9 所示。

| the | small | [BLANK] |

图 11.9　在末尾填补 [BLANK]

这就是三元模型必须解决的问题。看起来不太好处理……可能性是无穷无尽的。现在，再次考虑同一个句子，这次包含**空白后面**的单词，如图 11.10 所示。

| the | small | [BLANK] | is | barking |

图 11.10　在中间填补 [BLANK]

好吧，这个问题很简单：空白是"**dog**"。

"很酷，但词袋与它有什么关系？"

这是一个词袋，因为它**累加**（**或平均**）**上下文单词**（"the""small""is"和"barking"）的**向量**，并用它来**预测中间词**。

"为什么是连续的？这到底是什么意思？"

这意味着向量不再是独热编码，而是具有连续值。表示给定单词的连续值向量称为**单词嵌入**。

 单词嵌入

"我们如何找到最能代表每个单词的值？"

需要训练一个模型来学习它们。这个模型被称为 Word2Vec。

Word2Vec 由 Mikolov T. 等人提出。在他们 2013 年的论文 "Efficient Estimation of Word Representations in Vector Space"[175] 中，它包括两个模型架构：连续词袋（CBoW）和跳元（skip-gram，SG）。我们专注于前者。

在 CBoW 架构中，**目标**是**中间词**。换句话说，正在处理的是一个**多类分类问题**，其中**类的数量**由**词汇表的大小**给出（词汇表中的任何单词都可以是中间词）。这里将使用**上下文单词**，更好的是，以它们**对应的嵌入**（**向量**）作为**输入**，如图 11.11 所示。

"等等，为什么我们要使用嵌入作为输入？这就是首先要学习的！"

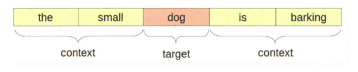

图 11.11 目标单词和上下文单词

是的，就是这样！**嵌入**也是**模型的参数**，因此它们也是**随机初始化**的。随着训练的进行，它们的权重会像任何其他参数一样通过梯度下降进行更新，最后，为词汇表中的每个单词进行**嵌入**。

对于每一对上下文单词和相应的目标，模型将对**上下文单词的嵌入进行平均**，并将结果反馈到**线性层**，该层将为**词汇表中的每个单词**计算**一个 logit**。就这样！检查相应的代码：

```python
class CBOW(nn.Module):
    def __init__(self, vocab_size, embedding_size):
        super().__init__()
        self.embedding = nn.Embedding(vocab_size, embedding_size)
        self.linear = nn.Linear(embedding_size, vocab_size)

    def forward(self, X):
        embeddings = self.embedding(X)
        bow = embeddings.mean(dim=1)
        logits = self.linear(bow)
        return logits
```

这是一个相当简单的模型，如果词汇表只有 5 个单词（"the" "small" "is" "barking" 和 "dog"），则可以尝试用**三个维度的嵌入**来表示每个单词。创建一个虚拟模型来检查它的（随机初始化的）嵌入：

```python
torch.manual_seed(42)
dummy_cbow = CBOW(vocab_size=5, embedding_size=3)
dummy_cbow.embedding.state_dict()
```

输出：

```
OrderedDict([('weight', tensor([[ 0.3367,  0.1288,  0.2345],
                                [ 0.2303, -1.1229, -0.1863],
                                [ 2.2082, -0.6380,  0.4617],
                                [ 0.2674,  0.5349,  0.8094],
                                [ 1.1103, -1.6898, -0.9890]]))])
```

如图 11.12 所示，PyTorch 的 nn.Embedding 层是一个**大的查找表**。给定**词汇表的大小**（vocab_size）和**维数**（embedding_size），它可以随机初始化。要实际**检索到值**，需要使用**词元索引列表**调用嵌入层，它将返回表的相应**行**。

例如，可以使用它们对应的索引（2 和 3）检索词元 "is" 和 "barking" 的嵌入：

```python
#词元:['is','barking']
dummy_cbow.embedding(torch.as_tensor([2, 3]))
```

Token	Dimensions 0	1	2
the	0.3367	0.1288	0.2345
small	0.2303	-1.1229	-0.1863
is	2.2082	-0.6380	0.4617
barking	0.2674	0.5349	0.8094
dog	1.1103	-1.6898	-0.9890

图 11.12 单词嵌入

输出：

```
tensor([[ 2.2082, -0.6380, 0.4617],
        [ 0.2674, 0.5349, 0.8094]], grad_fn=<EmbeddingBackward>)
```

这就是**词元化器**的**主要工作**是将一个**句子转换**为一个**词元 ID 列表**的原因。该列表用作**嵌入层**的**输入**，从那时起，词元由密集向量表示。

"如何选择维度的数量？"

单词嵌入通常使用 50 到 300 维，但有些嵌入可能高达 3000 维。这可能看起来很多，但与独热编码向量相比，它仍然很划算！如果使用独热编码，我们的小数据集的词汇表就将会需要 3000 多个维度。

在前面的例子中，"**dog**"是**中间词**，其他 4 个词是**上下文单词**：

```
tiny_vocab = ['the','small','is','barking','dog']
context_words = ['the','small','is','barking']
target_words = ['dog']
```

现在，假设对单词进行了词元化，并得到了它们对应的索引：

```
batch_context = torch.as_tensor([[0, 1, 2, 3]]).long()
batch_target = torch.as_tensor([4]).long()
```

在第一个训练步骤中，该模型将通过**平均相应的嵌入**来**计算输入**的**连续词袋**，如图 11.13 所示。

Token	Dimensions 0	1	2
the	0.3367	0.1288	0.2345
small	0.2303	-1.1229	-0.1863
is	2.2082	-0.6380	0.4617
barking	0.2674	0.5349	0.8094
CBOW	0.7607	-0.2743	0.3298

图 11.13 连续词袋

```
cbow_features = dummy_cbow.embedding(batch_context).mean(dim=1)
cbow_features
```

输出：

```
tensor([[ 0.7606, -0.2743, 0.3298]], grad_fn=<MeanBackward1>)
```

词袋具有 **3 个维度**，这些维度是用于**计算**多类分类问题的 **logit** 的**特征**，如图 11.14 所示。

Logits	C	class
0.3542	0	the
0.6937	1	small
-0.2028	2	is
-0.5873	3	barking
0.2099	4	dog

图 11.14　logit

```
logits = dummy_cbow.linear(cbow_features)
logits
```

输出：

```
tensor([[ 0.3542, 0.6937, -0.2028, -0.5873, 0.2099]], grad_fn=<AddmmBackward>)
```

最大的 logit 对应于单词"**small**"(类索引 1)，因此它将是**预测的中间词**："the small **small** is barking"。这样的预测显然是**错误的**，但话又说回来，这仍然是一个随机初始化的模型。只要给定足够大的上下文和目标单词数据集，就可以使用 CrossEntropyLoss 训练上面的 CBOW 模型来**学习实际的单词嵌入**。

Word2Vec 模型也可以使用**跳元**方法而不是连续词袋进行训练。跳元使用**中间词**来**预测周围的单词**，因此是一个**多标签多类分类问题**。在我们的简单示例中，输入将是中间词"dog"，模型将尝试同时预测 4 个上下文单词("the""small""is"和"barking")。

本书并没有深入研究 Word2Vec 模型的内部工作原理，但您可以查看 Jay Alammar 的"The Illustrated Word2Vec"[176]和 Lilian Weng 的"Learning Word Embedding"[177]，这是两篇关于该主题的精彩文章。如果您对自己训练 Word2Vec 模型感兴趣，请遵循 Jason Brownlee 的精彩教程"How to Develop Word Embeddings in Python with Gensim"[178]。

到目前为止，看起来学习**单词嵌入**只是为了使每个单词能够获得比独热编码**更紧凑**(**密集**)的表示。但单词嵌入不止于此。

什么是嵌入？

嵌入是一个实体(在我们的例子中是一个单词)的**表示**，它的每个**维度**都可以被视为一个**属性**或**特征**。

暂时忘掉单词，转而讨论**餐馆**。我们可以从许多不同的**维度**对餐馆进行评分，例如**食物**、**价格**和**服务**，如图 11.15 所示。

Restaurant	Food	Price	Service
#1	Good	Expensive	Good
#2	Average	Cheap	Bad
#3	Very Good	Expensive	Very Good
#4	Bad	Very Cheap	Average

图 11.15 评价餐馆

显然，1 号和 3 号餐馆的食物和服务都很好，但价格昂贵，2 号和 4 号餐馆很便宜，但食物或服务都不好。公平地说，1 号和 3 号餐馆彼此相似，它们都与 2 号和 4 号餐馆非常不同，而 2 号和 4 号餐馆又有些相似。

"**美食**呢？没有这些信息，我们无法正确比较餐馆！"

我同意您的看法，所以假设它们都是**比萨店**。

图 11.15 中餐馆的异同虽然很明显，但如果有几十个维度进行比较，就不是那么容易发现的了。此外，使用这样的分类量表很难**客观地衡量**任意两家餐馆之间的**相似性**。

"如果我们改用**连续标度**呢？"

很完美！这样做并在 [-1,1] 范围内分配值，从非常差 (-1) 到非常好 (1)，或者从非常昂贵 (-1) 到非常便宜 (1)，如图 11.16 所示。

Restaurant	Food	Price	Service
#1	0.70	-0.40	0.70
#2	0.30	0.70	-0.50
#3	0.90	-0.55	0.80
#4	-0.30	0.80	0.34

图 11.16 餐馆"嵌入"

像这样的值就是"**餐馆嵌入**"。

好吧，它们并不完全是嵌入，但至少可以使用**余弦相似度**来计算出两家餐馆彼此之间的相似程度：

```
ratings = torch.as_tensor([[.7, -.4, .7],
                           [.3, .7, -.5],
                           [.9, -.55, .8],
```

.251

```
                    [-.3, .8, .34]]).float()
sims = torch.zeros(4, 4)
for i in range(4):
    for j in range(4):
        sims[i, j] = F.cosine_similarity(ratings[i], ratings[j], dim=0)
sims
```

输出：

```
tensor([[ 1.0000, -0.4318,  0.9976, -0.2974],
        [-0.4318,  1.0000, -0.4270,  0.3581],
        [ 0.9976, -0.4270,  1.0000, -0.3598],
        [-0.2974,  0.3581, -0.3598,  1.0000]])
```

正如预期的那样，1 号餐馆和 3 号餐馆非常相似（0.9976），2 号餐馆和 4 号餐馆有点相似（0.3581）。1 号餐馆与 2 号餐馆和 4 号餐馆完全不同（分别为 -0.4318 和 -0.2974），3 号餐馆也与 2 号餐馆和 4 号餐馆完全不同（分别为 -0.4270 和 -0.3598）。

虽然现在可以计算两家餐馆之间的余弦相似度，但图 11.16 中的值并**不是真正的嵌入**。这只是一个很好的说明**嵌入维度作为属性概念**的例子。

不幸的是，Word2Vec 模型学习到的**单词嵌入的维度**并**没有这样明确的含义**。
不过，好的一面是，可以使用**单词嵌入**进行**算术运算**！

"能再重复一遍吗？"

没错，真的是**算术**！也许您已经在其他地方看到过这个"等式"：

国王（KING）-男人（MAN）+女人（WOMAN）= 女王（QUEEN）

太棒了，对吧？很快就会尝试这个"等式"，坚持住！

▶ 预训练的 Word2Vec

Word2Vec 是一个简单的模型，但它仍然需要大量的文本数据来学习有意义的嵌入。幸运的是，已经有人完成了训练这些模型的艰苦工作，我们可以使用 Gensim 的 downloader 从各种预训练的单词嵌入中进行选择。

有关可用模型（嵌入）的详细列表，请查看 GitHub 上的 Gensim-data's repository[179]。

"为什么会有这么多嵌入？它们之间有何不同？"

好问题！事实证明，使用**不同的文本语料库**来训练 Word2Vec 模型会产生**不同的嵌入**。一方面，这不足为奇，毕竟这些是**不同的数据集**，预计它们会产生**不同的结果**。另一方面，如果这些数据集都包含**相同语言**(例如英语)**的句子**，那么嵌入为什么会不同？

嵌入将受到文本中使用的**语言类型**的影响：例如，小说中使用的措辞与新闻文章中使用的措辞不同，并且与社交软件中使用的完全不同。

"明智地选择您要嵌入的单词。"
——圣杯骑士

此外，并不是每个单词嵌入都是使用 Word2Vec 模型架构来学习的。学习单词嵌入的方法有很多种，其中一种是全局向量(GloVe)。

▶▶ 全局向量(GloVe)

全局向量模型是由 Pennington J. 等人在 2014 年的论文 "GloVe：Global Vectors for Word Representation"[180] 中提出的。它将**跳元**模型与**全局级别**(因此得名)的**共现统计**相结合。我们不会在这里深入研究它的内部运作，但是，如果您有兴趣了解更多信息，请务必查看其官方网站 https://nlp.stanford.edu/projects/glove/。

预训练的 GloVe 嵌入有多种尺寸和形状：维度在 25 到 300 之间变化，词汇表在 400000 到 2200000 个单词之间变化。让我们使用 Gensim 的 downloader 来检索最小的一个，即 glove-wiki-gigaword-50。它在 Wikipedia 2014 和 Gigawords 5 上进行了训练，其词汇表中包含 400000 个单词，其嵌入有 50 个维度。

下载预训练的单词嵌入

```
1  from gensim import downloader
2  glove = downloader.load('glove-wiki-gigaword-50')
3  len(glove.key_to_index)
```

输出：

```
400000
```

检查一下"**alice**"的嵌入(词汇表没有大小写)：

```
glove['alice']
```

输出：

```
array([ 0.16386, 0.57795, -0.59197, -0.32446, 0.29762, 0.85151,
       -0.76695, -0.20733, 0.21491, -0.51587, -0.17517, 0.94459,
        0.12705, -0.33031, 0.75951, 0.44449, 0.16553, -0.19235,
        0.06553, -0.12394, 0.61446, 0.89784, 0.17413, 0.41149,
        1.191  , -0.39461, -0.459 , 0.02216, -0.50843, -0.44464,
        0.68721, -0.7167 , 0.20835, -0.23437, 0.02604, -0.47993,
        0.31873, -0.29135, 0.50273, -0.55144, -0.06669, 0.43873,
       -0.24293, -1.0247 , 0.02937, 0.06849, 0.25451, -1.9663 ,
        0.26673, 0.88486], dtype=float32)
```

开始了，50个维度！是时候试试那个著名的"等式"了：KING−MAN+WOMAN=QUEEN。我们把这个结果称为"合成女王"(synthetic queen)：

```
synthetic_queen = glove['king'] - glove['man'] + glove['woman']
```

这些是相应的嵌入，如图11.17所示。

```
fig = plot_word_vectors(glove,
            ['king','man','woman','synthetic','queen'],
            other={'synthetic': synthetic_queen})
```

图 11.17 合成女王

您会问，"**合成女王**"与**实际的**"女王"有多相似。单独看上面的向量很难判断，但是 Gensim 中的单词向量有一个 similar_by_vector 方法，它计算**给定向量和整个词汇表之间的余弦相似度**，并返回**前 N 个最相似的词**：

```
glove.similar_by_vector(synthetic_queen, topn=5)
```

输出：

```
[('king', 0.8859835863113403),
 ('queen', 0.8609581589698792),
 ('daughter', 0.7684512138366699),
 ('prince', 0.7640699148178101),
 ('throne', 0.7634971141815186)]
```

"与'合成女王'最相似的单词竟然是**国王**？"

是的。虽然情况并非总是如此，但很常见的是，在执行**单词嵌入算法**之后，与结果最相似的单词是**原始单词**本身。出于这个原因，通常会从相似度结果中**排除原始单词**。在这种情况下，与"合成女王"最相似的单词确实是"女王"。

"好的，很酷，但是这个算术运算是**怎么**实现的？"

总体思路是嵌入学会了对**抽象维度进行编码**，例如"性别"(gender)、"皇室"(royalty)、"家谱" (genealogy) 或"职业"(profession)。但是，这些抽象维度中没有一个对应于单个数字维度。

在其 50 维的大型特征空间中，该模型学会了将"男人"与"女人"分开，就像"国王"与"女王"之间的距离一样（大致近似于两者之间的性别差异）。类似地，该模型学会了将"国王"与"男人"分开，就像"女王"与"女人"之间的距离一样(大致近似成为皇室成员的区别)。

图 11.18 描绘了一个假设的二维投影,以便于可视化。

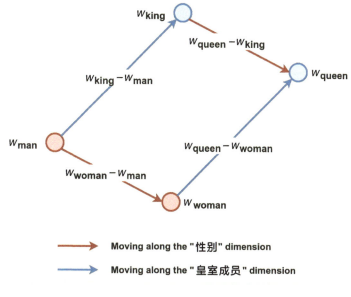

图 11.18 嵌入的投影

在图 11.18 中,应该相对清楚的是,两个向上的箭头(蓝色)的大小大致相同,因此得出以下等式:

$$w_{国王} - w_{男人} \approx w_{女王} - w_{女人} \Rightarrow w_{国王} - w_{男人} + w_{女人} \approx w_{女王}$$

式 11.1-嵌入算法

这个算法很酷,但您不会真正**使用它**,重点是向您展示**单词嵌入**确实**捕捉**了不同单词之间的**关系**。可以用它们来训练其他模型,不过……

▶ 使用单词嵌入

这似乎很容易实现:将文本语料库词元化,在预训练的单词嵌入表中查找词元,然后将嵌入用作另一个模型的输入。但是,如果您的语料库的**词汇表**在嵌入中**没有完全正确地表示**怎么办?更糟糕的是,如果您使用的**预处理步骤**导致**嵌入中不存在**大量词元怎么办?

"明智地选择您要嵌入的单词。"
——圣杯骑士

词汇表范围

再一次,圣杯骑士有一个观点……选择的单词嵌入必须能够提供良好的**词汇表覆盖**。首先,当您使用 GloVe 等预训练的单词嵌入时,**大多数常用的预处理步骤都不适用**:没有词根还原、没有词干提取、没有停用词删除。这些步骤最终可能会产生大量[UNK]词元。

其次，即使没有这些预处理步骤，给定文本语料库中使用的单词也可能无法很好地匹配特定的预训练单词嵌入集。

看看 glove-wiki-gigaword-50 嵌入与我们自己的词汇表的匹配程度。词汇表有 3706 个单词（3704 个来自文本语料库，加上填充和未知的特殊词元）：

```
vocab = list(dictionary.token2id.keys())
len(vocab)
```

输出：

```
3706
```

看看我们**自己的词汇表中**有**多少个单词是嵌入未知**的：

```
unknown_words = sorted(list(set(vocab).difference(set(glove.vocab))))
print(len(unknown_words))
print(unknown_words[:5])
```

输出：

```
44
['[PAD]','[UNK]','arrum','barrowful','beauti']
```

只有 44 个未知单词：两个特殊词元，以及一些其他奇怪的单词，如"arrum"和"barrowful"。看起来不错，对吧？这意味着 3706 个单词中有 3662 个匹配，即覆盖率为 98.81%。但实际上比这更好。

如果查看**未知单词**在文本语料库中出现的**频率**，则将精确测量嵌入未知的**词元数量**。要实际获得总计数，需要先获取未知单词的 ID，然后查看其在语料库中的频率：

```
unknown_ids = [dictionary.token2id[w]
               for w in unknown_words
               if w not in ['[PAD]','[UNK]']]
unknown_count = np.sum([dictionary.cfs[idx] for idx in unknown_ids])
unknown_count, dictionary.num_pos
```

输出：

```
(82, 50802)
```

文本语料库的 50802 个单词中只有 82 个无法与单词嵌入的词汇表匹配，99.84% 的覆盖率，这是令人印象深刻的！

下面的辅助函数可用于计算给定 **Gensim 的 Dictionary** 和**预训练嵌入**的**词汇表覆盖率**：

词汇表覆盖方法

```
1  def vocab_coverage(gensim_dict, pretrained_wv, special_tokens=('[PAD]',
2  '[UNK]')):
3    vocab = list(gensim_dict.token2id.keys())
4    unknown_words = 
5  sorted(list(set(vocab).difference(set(pretrained_wv.key_to_index))))
```

```
6       unknown_ids = [gensim_dict.token2id[w]
7                      for w in unknown_words
8                      if w not in special_tokens]
9       unknown_count = np.sum([gensim_dict.cfs[idx] for idx in unknown_ids])
10      cov = 1 - unknown_count / gensim_dict.num_pos
11      return cov

vocab_coverage(dictionary, glove)
```

输出：

0.9983858903192788

词元化器

一旦对预训练嵌入的**词汇表覆盖率**感到满意，就可以再次将**嵌入的词汇表**作为纯文本文件**保存到磁盘里**，这样就可以将它与 HF 的词元化器一起使用了：

从预训练嵌入中保存词汇表的方法

```
1   def make_vocab_from_wv(wv, folder=None, special_tokens=None):
2       if folder is not None:
3           if not os.path.exists(folder):
4               os.mkdir(folder)
5
6       words = wv.index_to_key
7       if special_tokens is not None:
8           to_add = []
9           for special_token in special_tokens:
10              if special_token not in words:
11                  to_add.append(special_token)
12          words = to_add + words
13
14      with open(os.path.join(folder, 'vocab.txt'), 'w') as f:
15          for word in words:
16              f.write(f'{word}\n')
```

将 GloVe 的词汇表保存到文件中

```
make_vocab_from_wv(glove, 'glove_vocab/', special_tokens=['[PAD]', '[UNK]'])
```

再次使用 BertTokenizer 类来创建基于 GloVe 词汇表的词元化器：

```
glove_tokenizer = BertTokenizer('glove_vocab/vocab.txt')
```

> ⚠️ **再一次提示**：在(预训练的) BERT 模型中，真正使用(预训练的)词元化器时**不需要词汇表**。

现在可以使用词元化器的 encode 方法来获取句子中词元的索引：

```
glove_tokenizer.encode('alice followed the white rabbit', add_special_tokens=False)
```

输出:

```
[7101, 930, 2, 300, 12427]
```

这些是用来**检索相应单词嵌入的索引**。不过,需要先处理**一个小细节**……

特殊词元的嵌入

词汇表中现在有 400002 个词元,但原始的预训练单词嵌入只有 400000 个条目:

```
len(glove_tokenizer.vocab), len(glove.vectors)
```

输出:

```
(400002, 400000)
```

导致这个差别的原因是将词汇表保存到磁盘时**附加到词汇表中的两个特殊词元**[PAD]和[UNK]。因此,也需要**预先添加它们相应的嵌入**。

"如何才能知道这些词元的嵌入?"

实际上很简单,这些嵌入只是 50 维的**零**向量,将它们连接到 GloVe 的预训练嵌入,确保特殊嵌入首先出现:

为特殊词元添加嵌入

```
special_embeddings = np.zeros((2, glove.vector_size))
extended_embeddings = np.concatenate([special_embeddings, glove.vectors], axis=0)
extended_embeddings.shape
```

输出:

```
(400002, 50)
```

现在,如果对"alice"进行编码以获取其对应的索引,并使用该索引从**扩展嵌入**中检索相应的值,它们应该与原始的 GloVe 嵌入匹配:

```
alice_idx = glove_tokenizer.encode('alice', add_special_tokens=False)
np.all(extended_embeddings[alice_idx] == glove['alice'])
```

输出:

```
True
```

好的,看起来已经准备好了!充分利用这些嵌入,最后在 PyTorch 中训练一个模型!

▶ 模型 I ——GloVE+分类器

数据准备

一切都从数据准备步骤开始。正如已经知道的,需要对句子进行**词元化**以获得它们对应的**词元 ID 序列**。这样可以像字典一样从 HF 的数据集中轻松检索句子(和标签):

第 11 章
Down the Yellow Brick Rabbit Hole

数据准备

```
1  train_sentences = train_dataset['sentence']
2  train_labels = train_dataset['labels']
3
4  test_sentences = test_dataset['sentence']
5  test_labels = test_dataset['labels']
```

接下来，使用 glove_tokenizer 对句子进行词元化，确保**填充**和**截断**它们，使它们最终都有 60 个词元（就像在"HuggingFace 的词元化器"部分中所做的那样）。稍后只需要通过 inputs_ids 来获取它们对应的嵌入即可：

数据准备——词元化

```
1  train_ids = glove_tokenizer(train_sentences,
2                  truncation=True,
3                  padding=True,
4                  max_length=60,
5                  add_special_tokens=False,
6                  return_tensors='pt')['input_ids']
7  train_labels = torch.as_tensor(train_labels).float().view(-1, 1)
8
9  test_ids = glove_tokenizer(test_sentences,
10                 truncation=True,
11                 padding=True,
12                 max_length=60,
13                 add_special_tokens=False,
14                 return_tensors='pt')['input_ids']
15 test_labels = torch.as_tensor(test_labels).float().view(-1, 1)
```

词元 ID 和标签的序列现在都是常规的 PyTorch 张量，所以可以使用熟悉的 TensorDataset：

数据准备

```
1  train_tensor_dataset = TensorDataset(train_ids, train_labels)
2  generator = torch.Generator()
3  train_loader = DataLoader(train_tensor_dataset, batch_size=32,
4  shuffle=True,generator=generator)
5
6  test_tensor_dataset = TensorDataset(test_ids, test_labels)
7  test_loader = DataLoader(test_tensor_dataset, batch_size=32)
```

"等等！为什么要回到 TensorDataset 而不是使用 HF 的 Dataset？"

好吧，尽管 HF 的 Dataset 对于从文本语料库中加载和操作所有文件**非常有用**，而且它也肯定会与 HF 的预训练模型无缝协作，但与常规的纯 PyTorch 训练例程一起工作却并不理想。

"为什么会这样？"

归结为这样一个事实，TensorDataset 会返回一个**典型的**(**特征**、**标签**)**元组**，而 HF 的 Dataset 则总是返回一个**字典**。因此，与其通过跳跃来适应输出的差异，不如回到熟悉的 TensorDataset 更为容易。

已经有了**词元 ID** 和**标签**。但是还必须**加载**与词元化器生成的 **ID 匹配**的**预训练嵌入**。

预训练的 PyTorch 嵌入

PyTorch 中的**嵌入层** nn.Embedding 可以像任何其他层一样进行**训练**，也可以使用其 from_pretrained 方法进行**加载**。下面加载预训练的 GloVe 嵌入的扩展版本：

```
extended_embeddings = torch.as_tensor(extended_embeddings).float()
torch_embeddings = nn.Embedding.from_pretrained(extended_embeddings)
```

 默认情况下，嵌入是**被冻结**的，也就是说，它们**不会**在模型训练期间被**更新**。不过，可以通过将 freeze 参数设置为 False 来更改此行为。

然后，获取第一个小批量的词元化句子及其标签：

```
token_ids, labels = next(iter(train_loader))
token_ids
```

输出：

```
tensor([[  36,  63,    1, ...,    0,   0,   0],
        [ 934,  16,   14, ...,    0,   0,   0],
        [  57, 311,    8, ...,  140,   3,  83],
        ...,
        [7101,  59, 1536, ...,    0,   0,   0],
        [  43,  59, 1995, ...,    0,   0,   0],
        [ 102,  41,  210, ...,  685,   3,   7]])
```

一共有 32 句，每句 60 个词元。可以使用这批词元 ID 来检索它们对应的**嵌入**：

```
token_embeddings = torch_embeddings(token_ids)
token_embeddings.shape
```

输出：

```
torch.Size([32, 60, 50])
```

由于**每个嵌入有 50 个维度**，因此生成的张量具有上述形状：32 句，每句 60 个词元，每个词元 50 个维度。

把它变得更简单一些，并**平均**一个**句子中所有词元**对应的**嵌入**：

```
token_embeddings.mean(dim=1)
```

输出：

```
tensor([[ 0.0665, -0.0071, -0.0534, ..., -0.0202, -0.1432],
        [ 0.0514,  0.0495,  0.0083, ...,  0.0162,  0.0687],
        ...,
        [ 0.0516,  0.1091,  0.0917, ...,  0.0037,  0.0553],
        [ 0.1972,  0.1069, -0.2049, ..., -0.1026, -0.3731]])
```

现在**每个句子**都由其**词元的平均嵌入**表示。那样就成了一个**词袋**，或者更好的是，成了一个**嵌入袋**(bag-of-embeddings)。每个张量都是一个句子的数字表示，可以将其用作分类算法的**特征**。

> 顺便说一句，使用嵌入袋作为输入来训练简单模型时，最好是使用 PyTorch 的 nn.EmbeddingBag。结果和上面的完全一样，但是更快：
>
> ```
> boe_mean = nn.EmbeddingBag.from_pretrained(
>     extended_embeddings, mode='mean'
> )
> boe_mean(token_ids)
> ```

此外，我们不必再手动取平均值，因此我们可以在简单的 Sequential 模型中使用它。

模型配置和训练

使用 PyTorch 的 nn.EmbeddingBag 构建一个 Sequential 模型，根据句子的来源(《爱丽丝梦游仙境》或《绿野仙踪》)对其进行分类：

模型配置

```
 1  extended_embeddings = torch.as_tensor(extended_embeddings).float()
 2  boe_mean = nn.EmbeddingBag.from_pretrained(
 3      extended_embeddings, mode='mean'
 4  )
 5  torch.manual_seed(41)
 6  model = nn.Sequential(
 7      #嵌入
 8      boe_mean,
 9      #分类器
10      nn.Linear(boe_mean.embedding_dim, 128),
11      nn.ReLU(),
12      nn.Linear(128, 1)
13  )
14  loss_fn = nn.BCEWithLogitsLoss()
15  optimizer = optim.Adam(model.parameters(), lr=0.01)
```

该模型非常简单直接：嵌入袋生成**一批平均嵌入**(每个句子由 embedding_dim 维度的张量表示)，这些嵌入将作为模型分类器部分的**特征**。

可以用通常的方式训练模型：

模型训练

```
1  sbs_emb = StepByStep(model, loss_fn, optimizer)
2  sbs_emb.set_loaders(train_loader, test_loader)
3  sbs_emb.train(20)

fig = sbs_emb.plot_losses()
```

结果如图 11.19 所示。

```
StepByStep.loader_apply(test_loader, sbs_emb.correct)
```

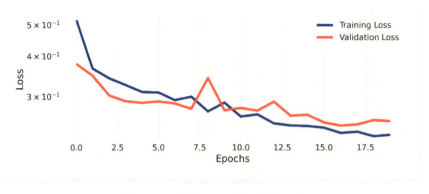

图 11.19 损失——嵌入袋（BoE）

输出：

```
tensor([[380, 440],
        [311, 331]])
```

在测试集上的准确率为 **89.62%**。不错，真不错！

"好吧，不过我不想用 Sequential 模型，我想用 **Transformer**……"

我听到您说的了。

▶▶ 模型Ⅱ——GloVe+Transformer

再次使用 **Transformer** 编码器作为分类器，就像在第 10 章的"视觉 Transformer"一节中所做的那样。除了使用**预训练的单词嵌入**而不是**补丁嵌入**以外，模型几乎**相同**：

模型配置

```
 1  class TransfClassifier(nn.Module):
 2    def __init__(self, embedding_layer, encoder, n_outputs):
 3      super().__init__()
 4      self.d_model = encoder.d_model
 5      self.n_outputs = n_outputs
 6      self.encoder = encoder
 7      self.mlp = nn.Linear(self.d_model, n_outputs)
 8
 9      self.embed = embedding_layer
10      self.cls_token = nn.Parameter(torch.zeros(1, 1, self.d_model))     ①
11
12    def preprocess(self, X):
13      # N, L -> N, L, D
14      src = self.embed(X)
15      #特殊分类器词元
16      # 1, 1, D -> N, 1, D
17      cls_tokens = self.cls_token.expand(X.size(0), -1, -1)
```

```
18          #连接 CLS 词元 -> N, 1 + L, D
19          src = torch.cat((cls_tokens, src), dim=1)
20          return src
21
22      def encode(self, source, source_mask=None):
23          #编码器生成"隐藏状态"
24          states = self.encoder(source, source_mask)                    ②
25          #仅从第一个词元获取状态:[CLS]
26          cls_state = states[:, 0] # N, 1, D
27          return cls_state
28
29      @staticmethod
30      def source_mask(X):                                                ②
31          cls_mask = torch.ones(X.size(0), 1).type_as(X)
32          pad_mask = torch.cat((cls_mask, X > 0), dim=1).bool()
33          return pad_mask.unsqueeze(1)
34
35      def forward(self, X):
36          src = self.preprocess(X)
37          #词元化器
38          cls_state = self.encode(src, self.source_mask(X))              ②
39          #分类器
40          out = self.mlp(cls_state) # N, 1, outputs
41          return out
```

① 嵌入层现在是一个参数。
② 编码器接收源掩码以标记被填充(和分类)的词元。

我们的模型采用一个 **Transformer 编码器**的实例、一层**预训练的嵌入**(不再是 EmbeddingBag)，以及与现有类的数量相对应的所需**输出数量**(logit)。

forward 方法采用一小批量词元化的句子，对它们进行预处理和编码(特征化器)，并输出 logit(分类器)。它实际上就像第 10 章中的视觉 Transformer 一样工作，但现在它需要一系列单词(词元)而不是图像补丁。

创建一个模型实例并以通常的方式对其进行训练：

模型配置

```
1   torch.manual_seed(33)
2   #将预训练的 GloVe 嵌入加载到嵌入层中
3   torch_embeddings = nn.Embedding.from_pretrained(extended_embeddings)
4   #创建 Transformer 编码器
5   layer = EncoderLayer(n_heads=2, d_model=torch_embeddings.embedding_dim,
6       ff_units=128)
7   encoder = EncoderTransf(layer, n_layers=1)
8   #使用上面的两层来构建我们的模型
9   model = TransfClassifier(torch_embeddings, encoder, n_outputs=1)
10  loss_fn = nn.BCEWithLogitsLoss()
11  optimizer = optim.Adam(model.parameters(), lr=1e-4)
```

模型训练

```
1  sbs_transf = StepByStep(model, loss_fn, optimizer)
2  sbs_transf.set_loaders(train_loader, test_loader)
3  sbs_transf.train(10)
```

```
ffig = sbs_transf.plot_losses()
```

结果如图 11.20 所示。

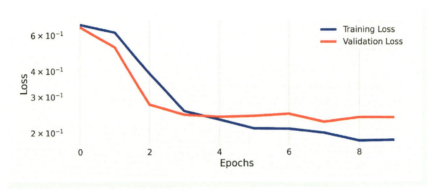

图 11.20　损失——GloVe+Transformer 嵌入

看起来模型很快就开始出现过拟合了，因为验证损失在第 3 个周期之后几乎没有改善，如果有的话。在验证(测试)集上检查它的准确率：

```
StepByStep.loader_apply(test_loader, sbs_transf.correct)
```

输出：

```
tensor([[410, 440],
        [300, 331]])
```

虽说 92.09% 的准确率已经很不错了，但并不比您对**强大的** Transformer 所期望的简单的嵌入袋模型好多少，对吧？

看看模型实际上在**关注**什么……

可视化注意力

与其使用验证(测试)集中的句子，不如使用自己**全新的**、**完全虚构**的句子：

```
sentences = ['The white rabbit and Alice ran away', 'The lion met Dorothy on the road']
inputs = glove_tokenizer(sentences, add_special_tokens=False,
                         return_tensors='pt')['input_ids']
inputs
```

输出：

```
tensor([[ 2,  300, 12427,    7, 7101, 1423,  422],
        [ 2, 6659,   811, 11238,   15,    2,  588]],
       device='cuda:0')
```

是的，为方便起见，两个句子都有相同数量的词元，即使它们是虚构的句子，我想知道模型会如何区分它们的来源是《爱丽丝梦游仙境》(正类)或《绿野仙踪》(负类)的：

```
sbs_transf.model.eval()
out = sbs_transf.model(inputs)
#模型输出 logits,所以把它们变成概率
torch.sigmoid(out)
```

输出：

```
tensor([[0.9888],
        [0.0101]], device='cuda:0', grad_fn=<SigmoidBackward>)
```

模型真的认为只有第一句话来自《爱丽丝梦游仙境》。要真正理解为什么会这样，需要深入研究它的**注意力分数**。下面的代码用来检索 Transformer 编码器的**第一**(**也是唯一**)层的注意力分数：

```
alphas = (sbs_transf.model
          .encoder
          .layers[0]
          .self_attn_heads
          .alphas)
alphas[:, :, 0, :].squeeze()
```

输出：

```
tensor([[[2.6334e-01, 6.9912e-02, 1.6958e-01, 1.6574e-01,
          1.1365e-01, 1.3449e-01, 6.6508e-02, 1.6772e-02],
         [2.7878e-05, 2.5806e-03, 2.9353e-03, 1.3467e-01,
          1.7490e-03, 8.5641e-01, 7.3843e-04, 8.8371e-04]],
        [[6.8102e-02, 1.8080e-02, 1.0238e-01, 6.1889e-02,
          6.2652e-01, 1.0388e-02, 1.6588e-02, 9.6055e-02],
         [2.2783e-04, 2.1089e-02, 3.4972e-01, 2.3252e-02,
          5.2879e-01, 3.5840e-02, 2.5432e-02, 1.5650e-02]]],
       device='cuda: 0')
```

"为什么要**分割第三维度**？第三维度又是什么？"

在多头自注意力机制中，**分数**具有以下形状：(N, n_heads, L, L)。这里有**两个句子**(N=2)，**两个注意力头**(n_heads=2)，序列有 **8 个词元**(L=8)。

"对不起，序列只有 **7 个词元**，而不是 8 个……"

是的，这是真的。但是不要忘记嵌入序列之前的**特殊分类词元**。这也是分割第三维的原因：零索引意味着**正在查看特殊分类器词元的注意力分数**。由于使用与该词元对应的输出来对句子进行分类，因此检查它关注的内容是合乎逻辑的。此外，上面**每个注意力分数张量中的第一个值表示特殊分类器词元对自身的关注程度**。

那么，模型要关注的是什么呢？如图 11.21 所示。

图 11.21　注意力分数

显然，该模型了解到"white rabbit"和"Alice"是给定句子属于《爱丽丝梦游仙境》的**强烈标志**。相反，如果句子中有"lion"或"Dorothy"，则很可能来自《绿野仙踪》。

很酷，对吧？看起来单词嵌入是自切片面包以来最好的发明！如果实际的语言是直截了当和有条理的，情况确实会如此……不幸的是，它们并不是那样的。

让我们看看《爱丽丝梦游仙境》中的两句话（亮点是我的）：

- "The Hatter was the first to break the silence. 'What day of the month is it?' he said, turning to Alice: he had taken his **watch** out of his pocket, and was looking at it uneasily, shaking it every now and then, and holding it to his ear."
- "Alice thought this a very curious thing, and she went nearer to **watch** them, and just as she came up to them she heard one of them say, 'Look out now, Five! Don't go splashing paint over me like that!'"

在第一句话中，"watch"是一个**名词**，它指的是帽匠从口袋里拿出来的**物品**。在第二句中，"watch"是一个**动词**，它指的是爱丽丝**正在做什么**。显然，**同一个单词有两种截然不同的含义**。

但是，如果在词汇表中查找"watch"词元，**无论**句子中单词的**实际含义如何**，**总是**会从单词嵌入中**检索相同的值**。

还能做得更好吗？当然！

上下文单词嵌入

如果一个词元不够，为什么不取**整个句子**？除了单独获取一个单词，还可以获取**它的上下文**，以便计算最能代表一个单词的向量。这就是**单词嵌入**的重点：找到**单词**（或词元）的**数字表示**。

　"这很好，但似乎不切实际……"

您说得很对！尝试为每个可能的单词和上下文组合构建查找表可能不是一个好主意……这就是**上下文单词嵌入**不是来自查找表而是来自模型输出的原因。

我想向您介绍……

诞生于 2018 年的 ELMo 能够理解单词在不同上下文中可能具有不同的含义。如果您给它一个句子，它会给您返回每个单词的嵌入，同时考虑到完整的上下文。

Peters M. 等人在他们的论文"Deep Contextualized Word Representations"[181]（2018）中介绍了来自

语言模型的嵌入(Embeddings from Language Models，简称 ELMo)。该模型是一个**两层双向 LSTM 编码器**，在其**单元状态中**使用 **4096 个维度**，并在包含 **55 亿个单词**的**非常大的语料库**上进行了训练。此外，ELMo 的表示是**基于字符**的，因此它可以轻松处理未知(词汇表外)单词。

您可以在 AllenNLP 的 ELMo 网站[182]上找到有关其实现的更多详细信息以及其**预训练权重**。您还可以查看 Lilian Weng 的精彩帖文中的 ELMo 部分[183]——"Generalized Language Models"[184]。

"酷，那是不是还要加载一个预训练的模型？"

好吧，我们可以，但是可以使用另一个库：flair[185]方便地检索 ELMo 嵌入。flair 是一个建立在 PyTorch 之上的 NLP 框架，它提供了一个**文本嵌入库**，为流行的 muppet、oops、ELMo 和 BERT 等模型以及 GloVe 等经典单词嵌入提供**单词嵌入**和**文档嵌入**。

不幸的是，截至 2022 年 12 月 16 日，AllenNLP 的存储库已存档。使用 AllenNLP 检索 ELMo 嵌入已经没有意义了，因为这需要将 flair 和 PyTorch 本身固定到旧版本。本节中的代码最初是在 2020 年编写的，由于 ELMo 的历史价值，它将保留在本次修订中。

下面使用包含单词"watch"的两个句子来说明如何使用 flair 来获取上下文词嵌入：

```
watch1 = """
The Hatter was the first to break the silence. `What day of the month is it? ' he said,
turning to Alice: he had taken his watch out of his pocket, and was looking at it uneasily,
shaking it every now and then, and holding it to his ear.
"""

watch2 = """
Alice thought this a very curious thing, and she went nearer to watch them, and just as she
came up to them she heard one of them say, `Look out now, Five! Don't go splashing paint over
me like that!
"""

sentences = [watch1, watch2]
```

在 flair 内，每个句子都是一个 Sentence 对象，可以使用相应的文本轻松创建：

```
from flair.data import Sentence
flair_sentences = [Sentence(s) for s in sentences]
flair_sentences[0]
```

输出：

Sentence: "The Hatter was the first to break the silence . ` What day of the month is it ? ' he said , turning to Alice : he had taken his watch out of his pocket , and was looking at it uneasily , shaking it every now and then , and holding it to his ear ." [Tokens: 58]

第一句话有 58 个词元。可以使用 get_token 方法或 tokens 属性来检索给定的词元：

```
flair_sentences[0].get_token(32)
```

输出：

```
Token: 32 watch
```

get_token 方法假定索引从 **1** 开始，而 tokens 属性具有典型的**从 0 开始**的索引：

```
flair_sentences[0].tokens[31]
```

输出：

```
Token: 32 watch
```

 要了解有关 flair 的 Sentence 对象的更多信息，请查看 flair 的"Tutorial 1：NLP Base Types"[186]。

然后，可以使用这些 Sentence 对象来检索**上下文单词**嵌入。但是，首先需要使用 **ELMoEmbeddings** 来**加载 ELMo**：

```
from flair.embeddings import ELMoEmbeddings
elmo = ELMoEmbeddings()
```

```
elmo.embed(flair_sentences)
```

输出：

```
[Sentence: "The Hatter was the first to break the silence . ` What day of the month is it ? '
he said , turning to Alice : he had taken his watch out of his pocket , and was looking at it
uneasily , shaking it every now and then , and holding it to his ear ." [Tokens: 58],
Sentence: "Alice thought this a very curious thing , and she went nearer to watch them , and
just as she came up to them she heard one of them say , ` Look out now , Five ! Do n' t go
splashing paint over me like that !" [ Tokens: 48]]
```

开始吧！现在每个词元都有自己的 embedding 属性。检查两个句子中关于"watch"这个单词的嵌入：

```
token_watch1 = flair_sentences[0].tokens[31]
token_watch2 = flair_sentences[1].tokens[13]
token_watch1, token_watch2
```

输出：

```
(Token: 32 watch, Token: 14 watch)
```

```
token_watch1.embedding, token_watch2.embedding
```

输出：

```
(tensor([-0.5047, -0.4183, 0.0910, ..., -0.2228, 0.7794], device='cuda:0'),
tensor([-0.5047, -0.4183, 0.0910, ..., 0.8352, -0.5018], device='cuda:0'))
```

ELMo 的嵌入**很大**：有 **3072 个维度**。两个嵌入的前三个值相同，但后三个不同。这是一个好的开始——同一个单词被分配了两个不同的向量，具体取决于它所在的上下文。

ELMo 的嵌入从何而来？

ELMo 的嵌入是**经典单词嵌入**和来自两层双向 LSTM 的**隐藏状态**的组合。由于嵌入和隐藏状态各有 512 维，因此在每个方向上都有**一个 512 维嵌入**和**两个 512 维隐藏状态**（每层一个）。每个方向有 1536 个维度，总共有 3072 个维度（如图 11.22 所示）。

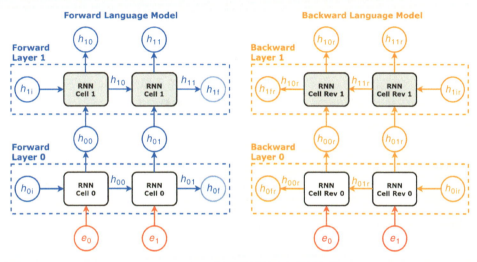

图 11.22　ELMo 的两层双向 LSTM

由于两个 LSTM 使用相同的输入，因此单词嵌入实际上是重复的。从 3072 个维度来看，512 个维度的前两个块实际上是相同的，如图 11.23 所示。

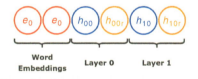

图 11.23　ELMo 嵌入

```
token_watch1.embedding[0], token_watch1.embedding[512]
```

输出：

```
(tensor(-0.5047, device='cuda:0'), tensor(-0.5047, device='cuda:0'))
```

由于经典单词嵌入与上下文无关，这也意味着"watch"的两种用法在它们的前 1024 个维度中具有完全相同的值：

```
(token_watch1.embedding[:1024] == token_watch2.embedding[:1024]).all()
```

输出：

```
tensor(True, device='cuda:0')
```

如果想知道它们之间的相似程度，则可以使用**余弦相似度**：

```
similarity = nn.CosineSimilarity(dim=0, eps=1e-6)
similarity(token_watch1.embedding, token_watch2.embedding)
```

```
tensor(0.5949, device='cuda:0')
```

尽管前 1024 个值是相同的，但事实证明这两个单词毕竟**不是**那么相似。上下文单词嵌入胜利。要获得句子中所有词元的单词嵌入，可以简单地将它们**堆叠**起来：

检索嵌入的辅助方法

```
1  def get_embeddings(embeddings, sentence):
2      sent = Sentence(sentence)
3      embeddings.embed(sent)
4      return torch.stack([token.embedding for token in sent.tokens]).float()
```

```
get_embeddings(elmo, watch1)
```

输出：

```
tensor([[-0.3288,  0.2022, -0.5940,  ...,  1.0606,  0.2637],
        [-0.7142,  0.4210, -0.9504,  ..., -0.6684,  1.7245],
        [ 0.2981, -0.0738, -0.1319,  ...,  1.1165,  0.6453],
        ...,
        [ 0.0475,  0.2325, -0.2013,  ..., -0.5294, -0.8543],
        [ 0.1599,  0.6898,  0.2946,  ...,  0.9584,  1.0337],
        [-0.8872, -0.2004, -1.0601,  ..., -0.0841,  0.0618]],
       device='cuda:0')
```

返回的张量有 58 个嵌入，每个嵌入有 3072 维。

 有关 ELMo 嵌入的更多详细信息，请查看 flair 的 "ELMo Embeddings"[187] 和 "Tutorial 4: List of All Word Embeddings"[188]。

GloVe

如您所知，GloVe 嵌入不是上下文相关的，但也可以使用 flair 的 WordEmbeddings 轻松检索它们：

```
from flair.embeddings import WordEmbeddings
glove_embedding = WordEmbeddings('glove')
```

现在，检索句子的单词嵌入，但首先需要为它们创建**新的 Sentence 对象**：

```
new_flair_sentences = [Sentence(s) for s in sentences]
glove_embedding.embed(new_flair_sentences)
```

输出：

```
[Sentence: "The Hatter was the first to break the silence . ` What day of the month is it ? '
he said , turning to Alice : he had taken his watch out of his pocket , and was looking at it
uneasily , shaking it every now and then , and holding it to his ear ." [ Tokens: 58],
Sentence: "Alice thought this a very curious thing , and she went nearer to watch them , and
just as she came up to them she heard one of them say , ` Look out now , Five ! Do n't go
splashing paint over me like that !" [ Tokens: 48]]
```

 永远不要重用 Sentence 对象来检索不同的单词嵌入！ embedding 属性可能会被**部分覆盖**(取决于维数)，并且最终可能会得到**混合嵌入**(例如，来自 ELMo 的 3072 个维度，但前 100 个值被 GloVe 嵌入覆盖)。

由于 GloVe 不是上下文相关的，因此无论从哪个句子中检索，"watch" 这个词都将具有相同的嵌入：

```
torch.all(new_flair_sentences[0].tokens[31].embedding ==
          new_flair_sentences[1].tokens[13].embedding)
```

输出：

```
tensor(True, device='cuda:0')
```

 有关经典单词嵌入的更多详细信息，请查看 flair 的"Tutorial 3：Word Embeddings"[189] 和"Classic Word Embeddings"[190]。

使用 ELMo 引入的**语言模型**获得**上下文单词嵌入**的一般想法仍然适用于 BERT。虽然 ELMo 只是一个 muppet，但 **BERT** 既是 **muppet** 又是 **Transformer**。

BERT 代表来自 Transformer 的双向编码器表示，是基于 **Transformer 编码器**的模型。现在将跳过有关其架构的更多细节(别担心，BERT 有自己的完整部分)并使用它来获取上下文单词嵌入(就像对 ELMo 所做的那样)。

首先，需要使用 TransformerWordEmbeddings **加载** BERT：

```
from flair.embeddings import TransformerWordEmbeddings
bert = TransformerWordEmbeddings('bert-base-uncased', layers='-1')
```

 顺便说一句，**flair 在后台使用 HuggingFace 模型。** 因此，可以加载任意预训练模型[191]来生成嵌入。

在上面的示例中，通过 BERT 的**最后一层**(-1)使用传统的 bert-base-uncased 生成上下文单词嵌入。

接下来，可以使用相同的 get_embeddings 函数来获取句子中每个词元的堆叠嵌入：

```
embed1 = get_embeddings(bert, watch1)
embed2 = get_embeddings(bert, watch2)
embed2
```

输出：

```
tensor([[ 0.6554, -0.3799, -0.2842, ..., 0.8865, 0.4760],
        [-0.1459, -0.0204, -0.0615, ..., 0.5052, 0.3324],
        [-0.0436, -0.0401, -0.0135, ..., 0.5231, 0.9067],
        ...,
        [-0.2582, 0.6933, 0.2688, ..., 0.0772, 0.2187],
        [-0.1868, 0.6398, -0.8127, ..., 0.2793, 0.1880],
        [-0.1021, 0.5222, -0.7142, ..., 0.0600, -0.1419]])
```

然后，再次比较两个句子中单词"watch"的嵌入：

```
bert_watch1 = embed1[31]
bert_watch2 = embed2[13]
print(bert_watch1, bert_watch2)
```

输出：

```
(tensor([ 8.5760e-01, 3.5888e-01, -3.7825e-01, -8.3564e-01,
        ...,
        2.0768e-01, 1.1880e-01, 4.1445e-01]),
tensor([-9.8449e-02, 1.4698e+00, 2.8573e-01, -3.9569e-01,
        ...,
        3.1746e-01, -2.8264e-01, -2.1325e-01]))
```

好吧，它们现在看起来更加不同了。但是，真的是这样吗？

```
similarity = nn.CosineSimilarity(dim=0, eps=1e-6)
similarity(bert_watch1, bert_watch2)
```

输出：

```
tensor(0.3504, device='cuda:0')
```

事实上，它们现在的相似度更低。

有关 Transformer 单词嵌入的更多详细信息，请查看 flair 的"Transformer Embeddings"[192]。

在"预训练的 PyTorch 嵌入"部分中，我们对(**经典**)**单词嵌入进行平均**，以获得**每个句子的单个向量**。可以再次使用**上下文单词嵌入**来做同样的事情。但不必这样做，可以使用文档嵌入。

文档嵌入

可以使用预训练模型为**整个文档**而不是单个单词生成嵌入，从而消除平均单词嵌入的需要。在我们的例子中，一个文档就是一个**句子**：

```
documents = [Sentence(watch1), Sentence(watch2)]
```

为了真正获得嵌入，以与其他方法相同的方式使用 TransformerDocumentEmbeddings：

```
from flair.embeddings import TransformerDocumentEmbeddings
bert_doc = TransformerDocumentEmbeddings('bert-base-uncased')
bert_doc.embed(documents)
```

输出：

[Sentence: "The Hatter was the first to break the silence . ` What day of the month is it ? ' he said , turning to Alice : he had taken his watch out of his pocket , and was looking at it uneasily , shaking it every now and then , and holding it to his ear ." [Tokens: 58], Sentence: "Alice thought this a very curious thing , and she went nearer to watch them , and just as she came up to them she heard one of them say , ` Look out now , Five ! Do n't go splashing paint over me like that !" [Tokens: 48]]

现在，每个**文档**(一个 Sentence 对象)都会有**自己的整体嵌入**：

```
documents[0].embedding
```

输出：

```
tensor([-6.4245e-02, 3.5365e-01, -2.4962e-01, -5.3912e-01,
        -1.9917e-01, -2.7712e-01, 1.6942e-01, 1.0867e-01,
        ...
        7.4661e-02, -3.4777e-01, 1.5740e-01, 3.4407e-01,
        -5.0272e-01, 1.7432e-01, 7.9398e-01, 7.3562e-01],
        device='cuda:0',
        grad_fn=<CatBackward>)
```

请注意，各个词元不再有自己的嵌入：

```
documents[0].tokens[31].embedding
```

输出：

```
tensor([], device='cuda:0')
```

可以利用这一事实稍微修改 get_embeddings 函数，使其适用于单词和文档嵌入：

检索嵌入的辅助方法

```
1  def get_embeddings(embeddings, sentence):
2      sent = Sentence(sentence)
3      embeddings.embed(sent)
4      if len(sent.embedding):
5          return sent.embedding.float()
6      else:
7          return torch.stack([token.embedding for token in sent.tokens]).float()

get_embeddings(bert_doc, watch1)
```

输出：

```
tensor([-6.4245e-02, 3.5365e-01, -2.4962e-01, -5.3912e-01,
       -1.9917e-01, -2.7712e-01, 1.6942e-01, 1.0867e-01,
       ...
       7.4661e-02, -3.4777e-01, 1.5740e-01, 3.4407e-01,
       -5.0272e-01, 1.7432e-01, 7.9398e-01, 7.3562e-01],
       device='cuda:0',
       grad_fn=<CatBackward>)
```

有关文档嵌入的更多详细信息，请查看 flair 的"Tutorial 5：Document Embeddings"[193]。

可以从"单词嵌入"部分**重新访问 Sequential 模型**，并将其修改为使用**上下文单词嵌入**。但是，首先还需要对数据集进行一些更改。

▶▶ 模型Ⅲ——预处理嵌入

数据准备

以前，这些**特征**是一系列**词元 ID**，用于在嵌入层中**查找嵌入**并返回相应的**嵌入袋**（这也是一个文档嵌入，尽管不太复杂）。

现在，将这些步骤外包给 BERT，并直接从中获取**文档嵌入**。事实证明，使用预训练的 BERT 模型来检索文档嵌入是此设置中的**预处理步骤**。因此，模型将只是一个**简单的分类器**。

"让预处理开始吧！"
——马克西姆斯·德西姆斯·梅里迪乌斯

这个想法是对数据集中的每个句子使用 get_embeddings 来检索它们相应的文档嵌入。HuggingFace 的数据集允许使用 map 方法轻松地生成一个新列：

数据准备

```
1  train_dataset_doc = train_dataset.map(lambda row: {'embeddings':
2              get_embeddings(bert_doc,
3                          row['sentence'])})
4  test_dataset_doc = test_dataset.map(lambda row: {'embeddings':
5              get_embeddings(bert_doc,
6                          row['sentence'])})
```

此外，需要将嵌入作为 PyTorch 张量返回：

数据准备

```
1  train_dataset_doc.set_format(type='torch', columns=['embeddings', 'labels'])
2  test_dataset_doc.set_format(type='torch', columns=['embeddings', 'labels'])
```

现在可以轻松地获得数据集中所有句子的嵌入：

```
train_dataset_doc['embeddings']
```

输出：

```
tensor([[-0.2932, 0.2595, -0.1252, ..., 0.2998, 0.1157],
        [ 0.4934, 0.0129, -0.1991, ..., 0.6320, 0.7036],
        [-0.6256, -0.3536, -0.4682, ..., 0.2467, 0.6108],
        ...,
        [-0.5786, 0.0274, -0.1081, ..., 0.0329, 0.9563],
        [ 0.1244, 0.3181, 0.0352, ..., 0.6648, 0.9231],
        [ 0.2124, 0.6195, -0.2281, ..., 0.4346, 0.6358]],
       dtype=torch.float64)
```

接下来，以通常的方式构建数据集：

数据准备

```
1  train_dataset_doc = TensorDataset(train_dataset_doc['embeddings'].float(),
2                  train_dataset_doc['labels'].view(-1, 1).float())
3
4  generator = torch.Generator()
5  train_loader = DataLoader(train_dataset_doc, batch_size=32, shuffle=True,
6         generator=generator)
7
8  test_dataset_doc = TensorDataset(test_dataset_doc['embeddings'].float(),
9                  test_dataset_doc['labels'].view(-1, 1).float())
10
11 test_loader = DataLoader(test_dataset_doc, batch_size=32, shuffle=True)
```

模型配置和训练

使用与以前几乎**相同的 Sequential 模型**，只是它不再有嵌入层，而且**只使用 3 个隐藏单元**而不是 128 个：

模型配置

```
1  torch.manual_seed(41)
2  model = nn.Sequential(
3      # 分类器
4      nn.Linear(bert_doc.embedding_length, 3),
5      nn.ReLU(),
6      nn.Linear(3, 1)
7  )
8  loss_fn = nn.BCEWithLogitsLoss()
9  optimizer = optim.Adam(model.parameters(), lr=1e-3)
```

"真的吗？3 个是不是太少了？"

真的，这并不算少……如果您尝试像以前的模型一样使用 128，它会立即在单个时期内出现过拟合。给定**嵌入长度**（768），模型会**过参数化**（**参数比数据点多得多**的情况），并会最终**记住训练集**。

这是一个具有**单个隐藏层的简单前馈分类器**。没有比这更简单的了！

模型训练

```
1  sbs_doc_emb = StepByStep(model, loss_fn, optimizer)
2  sbs_doc_emb.set_loaders(train_loader, test_loader)
3  sbs_doc_emb.train(20)
```

```
fig = sbs_doc_emb.plot_losses()
```

结果如图 11.24 所示。

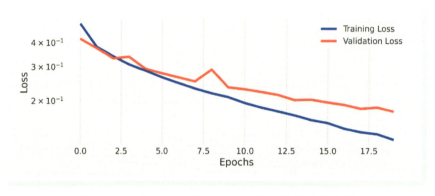

图 11.24　损失——带有 BERT 嵌入的简单分类器

好的,它仍然没有出现过拟合……但它可以提供良好的预测吗?当然可以!

```
StepByStep.loader_apply(test_loader, sbs_doc_emb.correct)
```

输出:

```
tensor([[424, 440],
        [310, 331]])
```

在验证(测试)集上的准确率为 95.20%!我可能会说,对于一个只有 3 个隐藏单元的模型来说,相当令人印象深刻。

现在,想象一下,如果对**实际的 BERT 模型进行微调**,可以实现什么!

 BERT

BERT 代表来自 Transformer 的双向编码器表示,它是基于 **Transformer 编码器**的模型。它是由 Devlin J. 等人在他们的论文"BERT: Pre-training of Deep Bidirectional Transformers for Language"[194] (2019)中提出的。

最初的 BERT 模型是在两个庞大的语料库上训练的:BookCorpus[195] (由 11038 部未出版书籍中的 8 亿个单词组成)和 English Wikipedia[196] (25 亿个单词)。它有**十二"层"**(原来的 Transformer 只有 6 层),**12 个注意力头**,**768 个隐藏维度**,总计 **1.1 亿个参数**。

但是,如果这对您的 GPU 来说太大了,请不要担心:有**许多**不同版本的 BERT 可以满足各种需求和预算,您可以在 Google Research 的 BERT 存储库中找到它们[197]。

您还可以查看 HuggingFace 提供的 BERT 文档[198]和模型卡[199],以快速了解模型及其训练过程。

有关 BERT 的一般概述,请查看 Jay Alammar 关于该主题的优秀帖文"The Illustrated BERT, ELMo, and co.(How NLP Cracked Transfer Learning)"[200]和"A Visual Guide to Using BERT for the First Time"[201]。

通过加载 bert-base-uncased 的预训练权重来创建第一个 BERT 模型:

```
from transformers import BertModel
bert_model = BertModel.from_pretrained('bert-base-uncased')
```

可以检查预训练模型的配置:

```
bert_model.config
```

输出:

```
BertConfig {
  "architectures": [
    "BertForMaskedLM"
  ],
  "attention_probs_dropout_prob": 0.1,
  "gradient_checkpointing": false,
  "hidden_act": "gelu",
  "hidden_dropout_prob": 0.1,
  "hidden_size": 768,
  "initializer_range": 0.02,
  "intermediate_size": 3072,
  "layer_norm_eps": 1e-12,
  "max_position_embeddings": 512,
  "model_type": "bert",
  "num_attention_heads": 12,
  "num_hidden_layers": 12,
  "pad_token_id": 0,
  "type_vocab_size": 2,
  "vocab_size": 30522
}
```

其中一些项很容易识别:hidden_size(768)、num_attention_heads(12)和 num_hidden_layers(12)。另外一些项将很快讨论:vocab_size(30522)和 max_position_embeddings(512,最大序列长度)。还有一些额外的参数用于训练,比如丢弃概率和使用的架构。

模型需要输入,而那些需要 AutoModel 来实现。

AutoModel

如果您想快速尝试不同的模型而不需要导入它们对应的类,则可以使用 HuggingFace 的 AutoModel 代替:

```python
from transformers import AutoModel
auto_model = AutoModel.from_pretrained('bert-base-uncased')
print(auto_model.__class__)
```

输出：

```
<class 'transformers.modeling_bert.BertModel'>
```

如您所见，它可以根据正在加载的模型的名称推断出正确的模型类，例如 bert-base-uncased。

 词元化

 词元化是一个**预处理步骤**，由于使用**预训练的 BERT 模型**，因此在预训练期间也要使用**相同**的**词元化器**。对于 HuggingFace 中每个可用的预训练模型，都有一个随附的预训练词元化器。

创建第一个**真正的** BERT 词元化器(而不是为处理自己的词汇表而创建的假词元化器)：

```python
from transformers import BertTokenizer
bert_tokenizer = BertTokenizer.from_pretrained('bert-base-uncased')
len(bert_tokenizer.vocab)
```

输出：

```
30522
```

看来 BERT 的词汇表**只有 30522 个词元**。

 "是不是太少了？"

因为**词元不光是**(唯一的)**单词**，而且也有可能是**单词片段**(word piece)，所以情况并非如此。

 "什么是'单词片段'？"

它实际上是一个单词的一部分。举个例子可以更好地理解这一点：假设一个特定的单词——"inexplicably"——没有被频繁使用，因此没有进入词汇表。之前，使用特殊的**未知词元**来覆盖词汇表中没有的单词。但这种方法**并不理想**：每次用[UNK]词元替换单词时，都会**丢失一些信息**。当然可以做得更好。

那么，如果将一个未知的单词**分解**成**它的组件**(**单词片段**)会如何呢？以前不知道的单词"inexplicably"，可以拆解成 **5 个单词片段**：inexplicably = in+##ex+##pl+##ica+##bly。

 每个单词片段都以##为前缀，表示它不能作为一个单词独立存在。

给定词汇表中足够多的单词片段,它将能够使用**单词片段的连接**来**表示每个未知单词**。问题解决了! 这就是 BERT 的预训练词元化器所做的。

有关 **WordPiece** 词元化器以及其他**子词词元化器**[如**字节对编码**(**Byte-Pair Encoding, BPE**)和 **SentencePiece**]的更多详细信息,请查看 HuggingFace 的词元化器摘要[202]和 Cathal Horan 在 FloydHub 上的精彩文章"Tokenizers:How Machines Read"[203]。

使用 BERT 的单词片段词元化器对一对句子进行词元化:

```
sentence1 = 'Alice is inexplicably following the white rabbit'
sentence2 = 'Follow the white rabbit, Neo'
tokens = bert_tokenizer(sentence1, sentence2, return_tensors='pt')
tokens
```

输出:

```
{'input_ids': tensor([[ 101, 5650, 2003, 1999, 10288, 24759, 5555, 6321, 2206, 1996, 2317,
    10442, 102, 3582, 1996, 2317, 10442, 1010, 9253, 102]]),
'token_type_ids': tensor([[0, 0, 0, 0, 0, 0, 0, 0, 0, 0, 0, 0, 0, 1, 1, 1, 1, 1, 1, 1]]),
'attention_mask': tensor([[1, 1, 1, 1, 1, 1, 1, 1, 1, 1, 1, 1, 1, 1, 1, 1, 1, 1, 1, 1]])}
```

请注意,由于有**两个句子**,因此 token_type_ids 有两个不同的值(0 和 1),它们用作与每个词元所属的句子对应的**句子索引**。保持这个想法,因为我们将在下一节中使用这些信息。

要实际查看单词片段,将输入 ID 转换回词元会更容易:

```
print(bert_tokenizer.convert_ids_to_tokens(tokens['input_ids'][0]))
```

输出:

```
['[CLS]','alice','is','in','##ex','##pl','##ica','##bly','following','the','white',
'rabbit','[SEP]','follow','the','white','rabbit',',','neo','[SEP]']
```

就是这样:"inexplicably"被分解成单词片段,分隔符[SEP]被插入两个句子之间(也出现在结尾处),并且在开头有一个分类词元[CLS]。

AutoTokenizer

如果您想快速尝试**不同的词元化器**而不需要导入它们对应的类,可以使用 HuggingFace 的 AutoTokenizer 代替:

```
from transformers import AutoTokenizer
auto_tokenizer = AutoTokenizer.from_pretrained('bert-baseuncased')
print(auto_tokenizer.__class__)
```

输出:

```
<class 'transformers.tokenization_bert.BertTokenizer'>
```

如您所见,它可以根据正在加载的模型的名称推断出正确的模型类,例如 bert-base-uncased。

▶▶ 输入嵌入

一旦句子被词元化,就可以像往常一样使用它们的词元的 ID 来查找相应的嵌入。这些是**单词/词元嵌入**。到目前为止,模型使用这些嵌入(或其中的一个袋)作为它们**唯一的输入**。

但是 BERT 作为 Transformer 编码器也需要**位置信息**。第 9 章使用的是**位置编码**,但 BERT 使用的则是**位置嵌入**。

"编码和嵌入有什么区别?"

虽然我们过去使用的**位置编码**对每个位置都有**固定值**,但**位置嵌入**是**由模型学习**的(就像任何其他嵌入层一样)。此查找表中的条目数由**序列的最大长度**确定。

不仅如此,BERT 还添加了**第三种**嵌入——**段嵌入**,即**句子级别的位置嵌入**(因为输入可能有一个或两个句子)。这就是词元化器生成的 token_type_ids 的优点:它们可以作为每个词元的**句子索引**(如图 11.25 所示)。

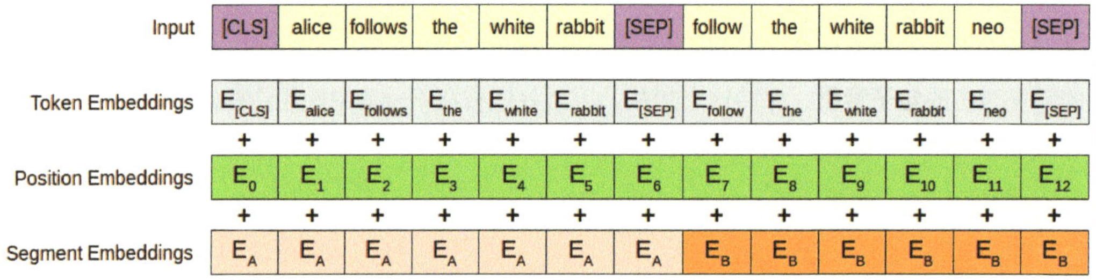

图 11.25 BERT 的输入嵌入

不过,说(或写)起来很容易,所以还是看看 BERT 的底层原理:

```
input_embeddings = bert_model.embeddings
```

输出:

```
BertEmbeddings(
  (word_embeddings): Embedding(30522, 768, padding_idx=0)
  (position_embeddings): Embedding(512, 768)
  (token_type_embeddings): Embedding(2, 768)
  (LayerNorm): LayerNorm((768,), eps=1e-12, elementwise_affine=True)
  (dropout): Dropout(p=0.1, inplace=False)
)
```

有 3 种嵌入:单词、位置和段(命名为 token_type_embeddings)。来看看它们中的每一个:

```
token_embeddings = input_embeddings.word_embeddings
token_embeddings
```

输出：

Embedding(30522, 768, padding_idx=0)

单词/词元嵌入层有 30522 个条目，相当于 BERT 的词汇表的数量，它有 768 个隐藏维度。像往常一样，嵌入将由输入中的每个词元 ID 返回：

input_token_emb = token_embeddings(tokens['input_ids'])
input_token_emb

输出：

tensor([[[1.3630e-02, -2.6490e-02, ..., 7.1340e-03, 1.5147e-02],
         ...,
         [-1.4521e-02, -9.9615e-03, ..., 4.6379e-03, -1.5378e-03]]],
        grad_fn=<EmbeddingBackward>)

由于每个输入可能有多达 512 个词元，因此位置嵌入层恰好具有该条目的数量：

position_embeddings = input_embeddings.position_embeddings
position_embeddings

输出：

Embedding(512, 768)

每个位置按顺序编号，直到输入的总长度，并返回其对应的嵌入：

position_ids = torch.arange(512).expand((1, -1))
position_ids

输出：

tensor([[0,   1,   2,   3,   4,   5,   6,   7,   8,   9,
         ...
         504, 505, 506, 507, 508, 509, 510, 511]])

seq_length = tokens['input_ids'].size(1)
input_pos_emb = position_embeddings(position_ids[:, :seq_length])
input_pos_emb

输出：

tensor([[[1.7505e-02, -2.5631e-02, ..., 1.5441e-02],
         ...,
         [-3.4622e-04, -8.3709e-04, ..., -5.7741e-04]]],
        grad_fn=<EmbeddingBackward>)

然后，由于输入中只能是一个或两个句子，所以段嵌入层**只有两个条目**：

segment_embeddings = input_embeddings.token_type_embeddings
segment_embeddings

输出：

Embedding(2, 768)

对于这些嵌入，BERT 将使用词元化器返回的 token_type_ids：

```
input_seg_emb = segment_embeddings(tokens['token_type_ids'])
input_seg_emb
```

输出：

```
tensor([[[ 0.0004,  0.0110,  0.0037,  ..., -0.0034, -0.0086],
         [ 0.0004,  0.0110,  0.0037,  ..., -0.0034, -0.0086],
         [ 0.0004,  0.0110,  0.0037,  ..., -0.0034, -0.0086],
         ...,
         [ 0.0011, -0.0030, -0.0032,  ..., -0.0052, -0.0112],
         [ 0.0011, -0.0030, -0.0032,  ..., -0.0052, -0.0112],
         [ 0.0011, -0.0030, -0.0032,  ..., -0.0052, -0.0112]]],
       grad_fn=<EmbeddingBackward>)
```

由于第一个词元(包括第一个分隔符)属于第一句，它们都将具有**相同的第一段嵌入值**。第一个分隔符之后的词元，直到并包括最后一个词元，将具有**相同的第二个段嵌入值**。

最后，BERT 将**所有 3 个嵌入**(词元、位置和段)相加：

```
input_emb = input_token_emb + input_pos_emb + input_seg_emb
input_emb
```

输出：

```
tensor([[[ 0.0316, -0.0411, -0.0564,  ...,  0.0044,  0.0219],
         [-0.0615, -0.0750, -0.0107,  ...,  0.0482, -0.0277],
         [-0.0469, -0.0156, -0.0336,  ...,  0.0135,  0.0109],
         ...,
         [-0.0081, -0.0051, -0.0172,  ..., -0.0103,  0.0083],
         [-0.0425, -0.0756, -0.0414,  ..., -0.0180, -0.0060],
         [-0.0138, -0.0138, -0.0194,  ..., -0.0011, -0.0133]]],
       grad_fn=<AddBackward0>)
```

它仍然会对嵌入进行**层归一化**并对它们应用**丢弃**，但仅此而已，这些是 BERT 使用的**输入**。

现在，来看看它的预训练任务。

预训练任务

掩码语言模型(MLM)

BERT 被称为**自动编码模型**，因为它**是一个 Transformer 编码器**，并且它可以被**训练**为**从损坏的输入中"重建"句子**(它不会重建整个输入，而是预测正确的单词)。这就是**掩码语言模型**(**MLM**)的预训练任务。

在"语言模型"部分中曾介绍过，语言模型的目标是估计一个**词元**或词元序列的**概率**，或者简单地说，预测更有可能**填补空白**的词元。对于 Transformer 解码器来说，这看起来是一项完美的任务，对吧？

"但 BERT 是一个**编码器**……"

嗯，是的，但谁说**空白必须在最后**？在连续词袋(CBoW)模型中，**空白是在中间的单词**，其余的单词是上下文。在某种程度上，这就是 **MLM 任务**正在做的事情：它要**随机选择**在句子中被**屏蔽为空白的单词**。然后，BERT 尝试预测空白的正确单词(如图 11.26 所示)。

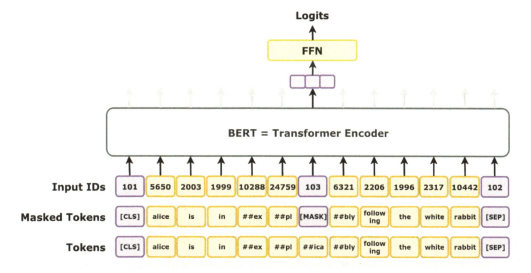

图 11.26　预训练任务——掩码语言模型(MLM)

实际上，它比这更结构化：
- 在 80% 的时间里，它会随机**屏蔽 15% 的词元**："Alice follow the [MASK] rabbit"。
- 在 10% 的时间里，它会用其他一些随机单词**替换 15% 的词元**："Alice follow the watch rabbit"。
- 在剩下的 10% 的时间里，**词元不变**："Alice followed the white rabbit"。

目标是原句："Alice followed the white rabbit"。通过这种方式，模型有效地学习从损坏的输入(包含缺失、掩蔽或随机替换的单词)中重建原始句子。

 这是 **Transformer 解码器**的**源掩码**参数的完美用例(除了填充)。

此外，请注意 BERT 仅**计算随机屏蔽输入的 logit**。计算损失时甚至不考虑剩余的输入。

 "好的，但是如何才能实现随机替换词元呢？"

一种替代方法，类似于对图像进行数据增强的方式，是实现一个自定义数据集，在 get_item 方法中动态执行**替换**。不过，还有一个更好的选择：使用一个**整理函数**，或者更好的是，使用**数据整理器**。有一个数据整理器执行 BERT 规定的替换过程，即 DataCollatorForLanguageModeling。

看一个实际的例子，从一个输入句子开始：

```
sentence = 'Alice is inexplicably following the white rabbit'
tokens = bert_tokenizer(sentence)
tokens['input_ids']
```

输出：

```
[101, 5650, 2003, 1999, 10288, 24759, 5555, 6321, 2206, 1996, 2317, 10442, 102]
```

然后，创建一个数据整理器的实例并将其应用于小批量中的一个：

```python
from transformers import DataCollatorForLanguageModeling
torch.manual_seed(41)
data_collator = DataCollatorForLanguageModeling(
    tokenizer=bert_tokenizer, mlm_probability=0.15
)
mlm_tokens = data_collator([tokens])
mlm_tokens
```

输出：

```
{'input_ids': tensor([[ 101, 5650, 2003, 1999, 10288, 24759, 103, 6321, 2206, 1996, 2317,
         10442, 102]]),
 'labels': tensor([[-100, -100, -100, -100, -100, -100, 5555, -100, -100, -100, -100, -100,
         -100]])}
```

如果仔细观察，就会发现**第七个词元**(原始输入中的5555)被其他词元(103)**替换**。此外，**标签中包含了在其原始位置被替换的词元**(而其他任何地方的-100，则表示这些词元与计算损失无关)。如果将ID转换回词元，实际上更容易看到这种差异：

```python
print(bert_tokenizer.convert_ids_to_tokens(tokens['input_ids']))
print(bert_tokenizer.convert_ids_to_tokens(mlm_tokens['input_ids'][0]))
```

输出：

```
['[CLS]','alice','is','in','##ex','##pl','##ica','##bly','following','the','white','rabbit','[SEP]']
['[CLS]','alice','is','in','##ex','##pl','[MASK]','##bly','following','the','white','rabbit','[SEP]']
```

看到了吗？第七个词元(##ica)被**掩盖**了！

> **在我们的示例中，没有使用整理器**，但如果您要在MLM任务中从头开始训练一些BERT，它们可以与HuggingFace的Trainer一起使用。(更多内容请参见"使用HuggingFace进行微调"部分)

但这并不是训练BERT要做的唯一事情。

下一句预测(NSP)

第二个预训练任务是一个**二元分类任务**：BERT被**训练来预测第二个句子是否真的**是原始文本中的下一个句子。这个任务的目的是让BERT能够理解**句子之间的关系**，这对于一些BERT可以**微调**的任务很有用，比如**问题回答**。

因此，它需要**两个句子**作为输入(它们之间带有特殊的分隔符[SEP])：

- 在50%的时间内，**第二句确实是下一句**(正类)。
- 在50%的时间内，**第二句是随机选择的**(负类)。

该任务使用**特殊分类词元**[CLS]，将相应的**最终隐藏状态**的值作为分类器的特征。例如，取两个句子并将它们词元化：

```
sentence1 = 'alice follows the white rabbit'
sentence2 = 'follow the white rabbit neo'
bert_tokenizer(sentence1, sentence2, return_tensors='pt')
```

输出：

```
{'input_ids': tensor([[ 101, 5650, 4076, 1996, 2317, 10442, 102, 3582, 1996, 2317, 10442,
          9253, 102]]),
 'token_type_ids': tensor([[0, 0, 0, 0, 0, 0, 0, 1, 1, 1, 1, 1, 1]]),
 'attention_mask': tensor([[1, 1, 1, 1, 1, 1, 1, 1, 1, 1, 1, 1, 1]])}
```

如果这两个句子是 NSP 任务的输入，那么 BERT 的输入和输出应该如图 11.27 所示。

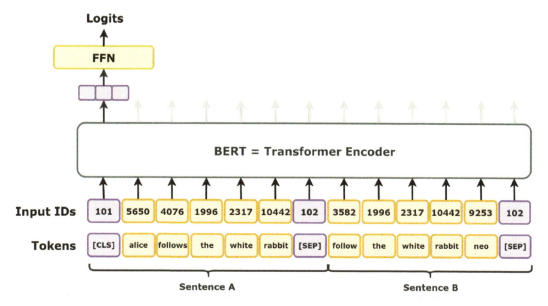

图 11.27　预训练任务——下一句预测(NSP)

最终的隐藏状态实际上是由**池化器**(由线性层和双曲正切激活函数组成)进一步处理，然后反馈到分类器(FFN，前馈网络，如图 11.27 所示)：

```
bert_model.pooler
```

输出：

```
BertPooler(
  (dense): Linear(in_features=768, out_features=768, bias=True)
  (activation): Tanh()
)
```

输出

前面已经介绍 BERT 使用许多嵌入作为输入,但我们对它的**输出**更感兴趣,比如**上下文单词嵌入**。

顺便说一句,BERT 的输出总是**批量优先**的,也就是说,它们的形状是(mini-batch size,sequence length,hidden_dimensions)。

检索训练集第一句中单词的嵌入:

```
sentence = train_dataset[0]['sentence']
sentence
```

输出:

```
'And, so far as they knew, they were quite right.'
```

首先,需要对其进行**词元化**:

```
tokens = bert_tokenizer(sentence,
            padding='max_length',
            max_length=30,
            truncation=True,
            return_tensors="pt")
tokens
```

输出:

```
{'input_ids': tensor([[ 101, 1998, 1010, 2061, 2521, 2004, 2027, 2354, 1010, 2027, 2020,
3243, 2157, 1012, 102, 0, 0, 0, 0, 0, 0, 0, 0, 0, 0, 0, 0, 0, 0, 0]]),
'token_type_ids': tensor([[0, 0, 0, 0, 0, 0, 0, 0, 0, 0, 0, 0, 0, 0, 0, 0, 0, 0, 0, 0, 0, 0, 0, 0,
0, 0, 0, 0, 0, 0]]),
'attention_mask': tensor([[1, 1, 1, 1, 1, 1, 1, 1, 1, 1, 1, 1, 1, 1, 1, 0, 0, 0, 0, 0, 0, 0, 0, 0,
0, 0, 0, 0, 0, 0]])}
```

词元化器将句子**填充**到最大长度(在这个例子中只有 30 个,以便更容易地可视化输出),这也反映在 attention_mask 上。使用 input_ids 和 attention_mask 作为 BERT 模型的输入(token_type_ids 在这里无关紧要,因为只有一个句子)。

BERT 模型可能需要许多其他参数,使用其中 3 个来获得更丰富的输出:

```
bert_model.eval()
out = bert_model(input_ids=tokens['input_ids'],
        attention_mask=tokens['attention_mask'],
        output_attentions=True,
        output_hidden_states=True,
        return_dict=True)
out.keys()
```

输出:

```
odict_keys(['last_hidden_state', 'pooler_output', 'hidden_states', 'attentions'])
```

看看这 4 个输出中每个输出的内容：
- last_hidden_state 是默认返回，它是最重要的输出：它包含输入中每个词元的**最终隐藏状态**，它们可以用作**上下文单词嵌入**（如图 11.28 所示）。

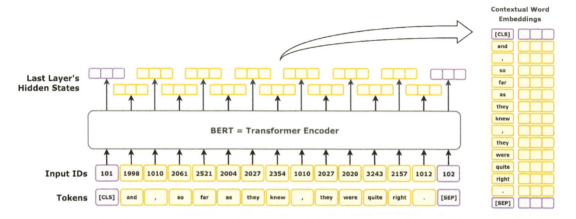

图 11.28　来自 BERT 最后一层的单词嵌入

 不要忘记**第一个词元**是**特殊分类词元**[CLS]，并且可能还会有填充([PAD])和分隔符([SEP])词元！

```
last_hidden_batch = out['last_hidden_state']
last_hidden_sentence = last_hidden_batch[0]
#使用掩码移除[PAD]词元的隐藏状态
mask = tokens['attention_mask'].squeeze().bool()
embeddings = last_hidden_sentence[mask]
#删除第一个[CLS]和最后一个[SEP]词元嵌入
embeddings[1:-1]
```

输出：

```
tensor([[ 0.0100, 0.8575, -0.5429, ..., 0.4241, -0.2035],
        [-0.3705, 1.1001, 0.3326, ..., 0.0656, -0.5644],
        [-0.2947, 0.5797, 0.1997, ..., -0.3062, 0.6690],
        ...,
        [ 0.0691, 0.7393, 0.0552, ..., -0.4896, -0.4832],
        [-0.1566, 0.6177, 0.1536, ..., 0.0904, -0.4917],
        [ 0.7511, 0.3110, -0.3116, ..., -0.1740, -0.2337]],
       grad_fn=<SliceBackward>)
```

flair 库正是在它的底层做到了这一点！可以使用 get_embeddings 函数，通过 flair 的 BERT 包裹器为句子获取嵌入：

```
get_embeddings(bert_flair, sentence)
```

输出：

```
tensor([[ 0.0100, 0.8575, -0.5429, ..., 0.4241, -0.2035],
        [-0.3705, 1.1001, 0.3326, ..., 0.0656, -0.5644],
        [-0.2947, 0.5797, 0.1997, ..., -0.3062, 0.6690],
        ...,
        [ 0.0691, 0.7393, 0.0552, ..., -0.4896, -0.4832],
        [-0.1566, 0.6177, 0.1536, ..., 0.0904, -0.4917],
        [ 0.7511, 0.3110, -0.3116, ..., -0.1740, -0.2337]],
       device='cuda:0')
```

完美的匹配！

 上下文单词嵌入是由 **Transformer** 的编码器"层"产生的**隐藏状态**。它们既可以像上例那样**仅来自最后一层**，也可以来自模型中十二层中的几个层所产生的隐藏状态的串联。

- hidden_states 返回 BERT 编码器架构中**每"层"** 的隐藏状态，包括最后一层(作为 last_hidden _state 返回)，以及**输入嵌入**：

```
print(len(out['hidden_states']))
print(out['hidden_states'][0].shape)
```

输出：

```
13
torch.Size([1, 30, 768])
```

第一个对应于**输入嵌入**：

```
(out['hidden_states'][0] == bert_model.embeddings(tokens['input_ids'])).all()
```

输出：

```
tensor(True)
```

最后一个是多余的：

```
(out['hidden_states'][-1] == out['last_hidden_state']).all()
```

输出：

```
tensor(True)
```

- pooler_output 是默认返回，如前所述，它是**池化器**的输出，将最后一个隐藏状态作为其输入：

```
(out['pooler_output'] == bert_model.pooler(out['last_hidden_state'])).all()
```

输出：

```
tensor(True)
```

- attentions 返回 BERT 编码器每"层"中每个注意力头的**自注意力分数**：

```
print(len(out['attentions']))
print(out['attentions'][0].shape)
```

输出：

```
12
torch.Size([1, 12, 30, 30])
```

返回的元组有 **12 个元素**，每"层"一个，每个元素都有一个张量，其中包含小批量中句子的分数(在我们的例子中只有一个)，考虑到 BERT 的 **12 个自注意力头**，每个头表示 **30 个词元**中的每一个对输入中的所有 **30 个词元**的**关注程度**。总共有 129600 个注意力分数！不，我甚至连可视化它的打算都没有。

▶ 模型Ⅳ——使用 BERT 进行分类

再次使用 **Transformer 编码器**作为分类器(就像在"模型Ⅱ"中一样)，但现在它会容易得多，因为 **BERT** 将会成为我们的编码器，并且它已经自己处理了特殊的分类词元：

模型配置

```
 1  class BERTClassifier(nn.Module):
 2    def __init__(self, bert_model, ff_units, n_outputs, dropout=0.3):
 3        super().__init__()
 4        self.d_model = bert_model.config.dim
 5        self.n_outputs = n_outputs
 6        self.encoder = bert_model
 7        self.mlp = nn.Sequential(
 8            nn.Linear(self.d_model, ff_units),
 9            nn.ReLU(),
10            nn.Dropout(dropout),
11            nn.Linear(ff_units, n_outputs)
12        )
13
14    def encode(self, source, source_mask=None):
15        states = self.encoder(input_ids=source,
16                              attention_mask=source_mask)[0]
17        cls_state = states[:, 0]
18        return cls_state
19
20    def forward(self, X):
21        source_mask = (X > 0)
22        #特征化器
23        cls_state = self.encode(X, source_mask)
24        #分类器
25        out = self.mlp(cls_state)
26        return out
```

encode 和 forward 方法都与以前大致相同，但现在分类器(mlp)具有隐藏层和丢弃层。

模型需要一个**预训练的 BERT 模型**的实例，分类器隐藏层中的单元数，以及与现有类别数相对应的所需**输出数**(logit)。forward 方法采用**小批量词元 ID**，使用 BERT(特征化器)对其进行编码，并输出 logit(分类器)。

"为什么模型要自己计算**源掩码**而不是使用词元化器的输出?"

问得好!我知道这么做的效果不太理想,但 StepByStep 类只能接受单个小批量输入,并且没有像注意力掩码这样的额外信息。当然,也可以修改我们的类来处理这个问题,但是 **HuggingFace 有自己的训练器**(稍后会详细介绍),所以这样做没有意义。

这实际上是最后一次使用 StepByStep 类,因为它需要对输入进行太多调整才能很好地与 HuggingFace 的词元化器和模型一起工作。

数据准备

要将数据集中的句子转换为用于二进制分类任务的小批量词元 ID 和标签,可以创建一个辅助函数,该函数采用 **HF 的 Dataset**、与句子和标签对应的字段名称以及**词元化器**,并用它们**构建一个 TensorDataset**:

从 HF 的 Dataset 到词元化的 TensorDataset

```
1 def tokenize_dataset(hf_dataset, sentence_field, label_field, tokenizer,
2                     **kwargs):
3     sentences = hf_dataset[sentence_field]
4     token_ids = tokenizer(sentences, return_tensors='pt',
5                           **kwargs)['input_ids']
6     labels = torch.as_tensor(hf_dataset[label_field])
7     dataset = TensorDataset(token_ids, labels)
8     return dataset
```

首先,创建一个**词元化器**并定义在词元化句子时将使用的参数:

数据准备

```
1 auto_tokenizer = AutoTokenizer.from_pretrained('distilbert-base-uncased')
2 tokenizer_kwargs = dict(truncation=True, padding=True, max_length=30,
3                          add_special_tokens=True)
```

"这里使用的是哪个 BERT? DistilBERT?"

DistilBERT 是**更小、更快、更便宜、更轻**的 BERT 版本,由 Sahn V. 等人在他们的论文 "DistilBERT, A Distilled Version of BERT: Smaller, Faster, Cheaper and Lighter"[204] 中提出。我们不会在这里详细介绍它,但会使用这个版本,因为它对低端 GPU 的微调也**更友好**。

还需要将标签更改为**浮点型**,以便它们与使用的 nn.BCEWithLogitsLoss 兼容:

数据准备

```
1 train_dataset_float = train_dataset.map(lambda row: {'labels':
2     [float(row['labels'])]})
3 test_dataset_float = test_dataset.map(lambda row: {'labels':
4     [float(row['labels'])]})
```

```
 5
 6  train_tensor_dataset = tokenize_dataset(train_dataset_float, 'sentence',
 7  'labels',auto_tokenizer, **tokenizer_kwargs)
 8
 9  test_tensor_dataset = tokenize_dataset(test_dataset_float, 'sentence',
10  'labels',auto_tokenizer, **tokenizer_kwargs)
11
12
13  generator = torch.Generator()
14  train_loader = DataLoader(train_tensor_dataset, batch_size=4, shuffle=True,
15              generator=generator)
16  test_loader = DataLoader(test_tensor_dataset, batch_size=8)
```

"批量大小为 **4**？"

是的，但对 DistilBERT 来说仍然有点大，所以我们使用了一个非常小的批量大小，以便它更适合具有 **6GB RAM** 的低端 GPU。如果您有更强大的硬件可供使用，请尝试更大的批量。

模型配置和训练

使用 DistilBERT 创建模型的一个实例，并以常规的方式对其进行训练：

模型配置

```
1  torch.manual_seed(41)
2  bert_model = AutoModel.from_pretrained("distilbert-base-uncased")
3  model = BERTClassifier(bert_model, 128, n_outputs=1)
4  loss_fn = nn.BCEWithLogitsLoss()
5  optimizer = optim.Adam(model.parameters(), lr=1e-5)
```

模型训练

```
1  sbs_bert = StepByStep(model, loss_fn, optimizer)
2  sbs_bert.set_loaders(train_loader, test_loader)
3  sbs_bert.train(1)
```

您可能注意到，训练一个时期**需要相当长的时间**……但话说回来，有超过 **6600 万个参数**需要更新：

```
sbs_bert.count_parameters()
```

输出：

```
66461441
```

检查一下模型的准确率：

```
StepByStep.loader_apply(test_loader, sbs_bert.correct)
```

输出：

```
tensor([[424, 440],
        [317, 331]])
```

在验证集上的准确率为 96.11%，很好！当然，我们的数据集很小，模型很大。

好吧，您可能不想经历所有这些麻烦——调整数据集和编写模型类——来微调 BERT 模型，对吧？我早就知道了。

使用 HuggingFace 进行微调

如果我告诉您**每个任务都有一个 BERT 模型**，您只需要微调它会怎样？如果我再告诉您，您还能够使用可以为您完成大部分微调工作的**训练器**呢？是不是很神奇？HuggingFace 库能够实现这些，它真的**很棒**！

BERT 模型可用于许多不同的任务：

- 预训练任务。
  - 掩蔽语言模型（BertForMaskedLM）。
  - 下一句预测（BertForNextSentencePrediction）。
- 典型任务（也可作为 AutoModel 提供）。
  - 序列分类（BertForSequenceClassification）。
  - 词元分类（BertForTokenClassification）。
  - 问题回答（BertForQuestionAnswering）。
- BERT（和家族）特性。
  - 多项选择（BertForMultipleChoice）。

这里依然使用 **DistilBERT** 而不是常规的 BERT 进行**序列分类任务**，以加快微调速度。

序列分类（或回归）

使用相应的类来**加载预训练模型**：

```python
from transformers import DistilBertForSequenceClassification
torch.manual_seed(42)
bert_cls = DistilBertForSequenceClassification.from_pretrained(
    'distilbert-base-uncased', num_labels=2
)
```

它会带有一个警告：

输出：

```
You should probably TRAIN this model on a down-stream task to be able to use it for
predictions and inference.
```

有道理！

由于是**二元分类任务**，所以 num_labels 参数是 2，恰好是默认值。不幸的是，在撰写本文时，相关文档并不像在这种情况下那样明确。文档中并**没有提到**将 num_labels 作为模型的可能参数，只是在 DistilBertForSequenceClassification 的 forward 方法的文档中提到（重点是我的）：

- labels[torch.LongTensor of shape(batch_size,), optional]——用于计算序列分类/回归损失的标签。索引应该在[0, …, config.num_labels-1]中。**如果 config.num_labels==1 则计算回归损失(均方损失),如果 config.num_labels>1 则计算分类损失(交叉熵)。**

forward 方法的一些返回值还包括对 num_labels 参数的引用:

- loss[torch.FloatTensor of shape(1,), optional, returned when labels is provided]——分类(如果 config.num_labels==1 则为回归)损失。
- logits[torch.FloatTensor of shape(batch_size, config.num_labels)]——分类(如果 config.num_labels==1 则为回归)分数(在 SoftMax 之前)。

没错……只要**将 num_labels = 1 作为参数**,DistilBertForSequenceClassification(或任何其他 ForSequenceClassification 模型)**也可以用于回归**。

 如果您想了解有关预训练模型可能采用的**参数**的更多信息,请查看配置文档: PretrainedConfig。

要了解有关多个预训练模型的**输出**的更多信息,请查看模型输出文档。

ForSequenceClassification 模型在来自底层基础模型的**池化输出之上**添加**一个线性层**(分类器)以产生 logits 输出。

已经有了一个模型,再来看看我们的数据集……

更多 AutoModel

如果您想快速尝试**不同的微调模型**而不需要导入它们对应的类,您可以使用 HuggingFace 的 AutoModel 对应一个微调任务:

```
from transformers import AutoModelForSequenceClassification
auto_cls = AutoModelForSequenceClassification.from_pretrained(
    'distilbert-base-uncased', num_labels=2
)
print(auto_cls.__class__)
```

输出:

```
<class 'transformers.modeling_distilbert.DistilBertForSequenceClassification'>
```

如您所见,它可以根据您正在加载的模型的名称推断出正确的模型类,例如 distilbert-base-uncased。

▶▶ 词元化数据集

训练和测试数据集是 HF 的 Datasets,最后,**保留它们**,而不是用它们构建 TensorDatasets。但是,仍然必须对它们进行**词元化**:

数据准备

```
1  auto_tokenizer = AutoTokenizer.from_pretrained('distilbert-base-uncased')
2  def tokenize(row):
3      return auto_tokenizer(row['sentence'],
4                            truncation=True,
5                            padding='max_length',
6                            max_length=30)
```

加载一个**预训练的词元化器**并构建一个简单的函数，该函数从**数据集中获取一行**并对其进行**词元化**。到目前为止，一切都很好，对吧？

 重要提示：**预训练的词元化器**和**预训练的模型**必须具有**匹配的架构**——在我们的例子中，两者都是在 distilbert-base-uncased 上预训练的。

接下来，使用 HF 的 Dataset 的 map 方法通过 **tokenize 函数创建新列**：

数据准备

```
1  tokenized_train_dataset = train_dataset.map(tokenize, batched=True)
2  tokenized_test_dataset = test_dataset.map(tokenize, batched=True)
```

参数 batched **加快了**词元化，但**词元化器必须返回列表**而不是张量(注意在调用 auto_tokenizer 时缺少 return_tensors='pt')：

```
print(tokenized_train_dataset[0])
```

输出：

```
{'attention_mask': [1, 1, 1, 1, 1, 1, 1, 1, 1, 1, 1, 1, 1, 1, 1, 0, 0, 0, 0, 0, 0, 0, 0, 0, 0, 0, 0, 0, 0, 0],
 'input_ids': [101, 1998, 1010, 2061, 2521, 2004, 2027, 2354, 1010, 2027, 2020, 3243, 2157, 1012, 102, 0, 0, 0, 0, 0, 0, 0, 0, 0, 0, 0, 0, 0, 0, 0],
 'labels': 0,
 'sentence': 'And, so far as they knew, they were quite right.',
 'source': 'wizoz10-1740.txt'}
```

看到了吗？结果是常规 Python 列表，而不是 PyTorch 张量。它创建了新列(attention_mask 和 input_ids)并保留了旧列(labels、sentence 和 source)。

但是不需要对所有这些列进行训练，只需要前三个。所以，使用 Dataset 的 set_format 方法来**整理它**：

数据准备

```
1  tokenized_train_dataset.set_format(type='torch',
2                  columns=['input_ids','attention_mask','labels'])
3
4  tokenized_test_dataset.set_format(type='torch',
5                  columns=['input_ids','attention_mask','labels'])
```

不仅指定了真正感兴趣的列，而且还告诉它返回 PyTorch 张量：

```
tokenized_train_dataset[0]
```

输出：

```
{'attention_mask': tensor([1, 1, 1, 1, 1, 1, 1, 1, 1, 1, 1, 1, 1, 1, 1, 0, 0, 0, 0, 0, 0, 0, 0, 0,
 0, 0, 0, 0, 0, 0]),
'input_ids': tensor([ 101, 1998, 1010, 2061, 2521, 2004, 2027, 2354, 1010, 2027, 2020, 3243,
 2157, 1012, 102, 0, 0, 0, 0, 0, 0, 0, 0, 0, 0, 0, 0, 0, 0, 0]),
'labels': tensor(0)}
```

好多了！已经完成了数据集，可以继续……

▶ 训练器

尽管 HuggingFace 上的每个预训练模型都可以像在上一节中所做的那样在原生 PyTorch 中进行微调，但该库还是提供了一个易于使用的训练和评估界面：Trainer。

正如预期的那样，它需要一个**模型**和一个**训练数据集**作为必需的参数，就是这样：

```
from transformers import Trainer
trainer = Trainer(model=bert_cls, train_dataset=tokenized_train_dataset)
```

只需要调用 train 方法，模型就会被训练出来。是的，**这种训练方法**实际上是在**训练模型**！多亏有了 HuggingFace。

 "太棒了！但是……它训练了**多少个时期**？它使用哪个**优化器**和**学习率**进行训练？"

可以通过查看它的 TrainingArguments 来发现这一切：

```
trainer.args
```

输出：

```
TrainingArguments(output_dir=tmp_trainer, overwrite_output_dir=False,
do_train=False, do_eval=None, do_predict=False,
evaluation_strategy=IntervalStrategy.NO, prediction_loss_only=False,
per_device_train_batch_size=8, per_device_eval_batch_size=8,
gradient_accumulation_steps=1, eval_accumulation_steps=None,
learning_rate=5e-05, weight_decay=0.0, adam_beta1=0.9, adam_beta2=0.999,
adam_epsilon=1e-08, max_grad_norm=1.0, num_train_epochs=3.0, max_steps=-1,
lr_scheduler_type=SchedulerType.LINEAR, warmup_ratio=0.0, warmup_steps=0,
logging_dir=runs/Apr21_20-33-20_MONSTER,
logging_strategy=IntervalStrategy.STEPS, logging_first_step=False,
logging_steps=500, save_strategy=IntervalStrategy.STEPS, save_steps=500,
save_total_limit=None, no_cuda=False, seed=42, fp16=False, fp16_opt_level=O1,
fp16_backend=auto, fp16_full_eval=False, local_rank=-1, tpu_num_cores=None,
tpu_metrics_debug=False, debug=False, dataloader_drop_last=False,
eval_steps=500, dataloader_num_workers=0, past_index=-1, run_name=tmp_trainer,
disable_tqdm=False, remove_unused_columns=True, label_names=None,
load_best_model_at_end=False, metric_for_best_model=None,
```

```
    greater_is_better=None, ignore_data_skip=False, sharded_ddp=[], deepspeed=None,
    label_smoothing_factor=0.0, adafactor=False,
    group_by_length=False, length_column_name=length, report_to=['tensorboard'],
    ddp_find_unused_parameters=None, dataloader_pin_memory=True,
    skip_memory_metrics=False, _n_gpu=1, mp_parameters=)
```

Trainer 自己创建了一个 TrainingArguments 实例，上面是参数的默认值。有 learning_rate = 5e−05，num_train_epochs = 3.0，还有**很多其他**的值。尽管上面没有列出，但使用的优化器是 AdamW，它是 Adam 的一个变体。

可以自己创建一个 TrainingArguments 实例，以至少对训练过程进行一些控制。唯一需要指定的参数是 output_dir，但也可以指定一些其他参数：

训练参数

```
1  from transformers import TrainingArguments
2  training_args = TrainingArguments(
3      output_dir='output',
4      num_train_epochs=1,
5      per_device_train_batch_size=1,
6      per_device_eval_batch_size=8,
7      evaluation_strategy='steps',
8      eval_steps=300,
9      logging_steps=300,
10     gradient_accumulation_steps=8,
11 )
```

"批量大小为 **1**？您是在开玩笑吧……"

好吧，如果不是因为 gradient_accumulation_steps 参数，我的确是在开玩笑。而这也正是我们可以使**小批量的大小变得更大**的方法，即使使用的是一次**只能**处理**一个数据点**的**低端 GPU**。

Trainer 可以**累积**在每个训练步骤(仅采用一个数据点)计算的**梯度**，并且在**8 步之后**，它会使用累积的梯度来**更新参数**。实际上，就**好像**小批量的**大小为 8** 一样。太棒了，对吧？

此外，将 logging_steps 设置为 300，这样就可以打印出每**训练** 300 个小批量的**损失**(由于梯度累积，它会将小批量的大小设为 8)。

"验证损失呢？"

evaluation_strategy 参数允许您在**每个** eval_steps **步骤**(设置为上例中的 steps)或**每个时期**(如果设置为 epoch)**之后**运行评估。

"我也可以让它打印**准确率**或其他指标吗？"

当然可以！但是，首先，需要定义一个函数，该函数接受一个 EvalPrediction 实例（由内部验证循环返回），**计算所需的指标**，并**返回一个字典**：

计算准确率的方法

```
1  def compute_metrics(eval_pred):
2      predictions = eval_pred.predictions
3      labels = eval_pred.label_ids
4      predictions = np.argmax(predictions, axis=1)
5      return {"accuracy": (predictions == labels).mean()}
```

可以使用一个像上面这样的简单函数来计算准确率，并将其作为 Trainer 的 compute_metrics 参数与剩余的 TrainingArguments 和数据集一起传递：

模型训练

```
1  trainer = Trainer(model=bert_cls,
2          args=training_args,
3          train_dataset=tokenized_train_dataset,
4          eval_dataset=tokenized_test_dataset,
5          compute_metrics=compute_metrics)
```

好了——已经 100% 准备好调用**美妙**的 **train** 方法了：

模型训练

```
1  trainer.train()
```

输出：

```
Step   Training Loss   Validation Loss   Accuracy ...
300    0.194600        0.159694          0.953307 ...
TrainOutput(global_step=385, training_loss=0.17661244776341822,
metrics={'train_runtime': 80.0324, 'train_samples_per_second': 4.811,
'total_flos': 37119857544000.0, 'epoch': 1.0, 'init_mem_cpu_alloc_delta': 0,
'init_mem_gpu_alloc_delta': 0, 'init_mem_cpu_peaked_delta': 0,
'init_mem_gpu_peaked_delta': 0, 'train_mem_cpu_alloc_delta': 5025792,
'train_mem_gpu_alloc_delta': 806599168, 'train_mem_cpu_peaked_delta': 0,
'train_mem_gpu_peaked_delta': 96468992})
```

它会按照设置的每 300 个小批量来打印训练和验证损失，以及验证准确率。但是，为了检查**最终的验证数据**，需要调用 evaluate 方法，它**实际上是运行了一个验证循环**！

```
trainer.evaluate()
```

输出：

```
{'eval_loss': 0.142591193318367,
'eval_accuracy': 0.9610894941634242,
'eval_runtime': 1.6634,
'eval_samples_per_second': 463.51,
'epoch': 1.0,
'eval_mem_cpu_alloc_delta': 0,
```

```
'eval_mem_gpu_alloc_delta': 0,
'eval_mem_cpu_peaked_delta': 0,
'eval_mem_gpu_peaked_delta': 8132096}
```

一个时期后验证集的准确率达到 96.11%，与我们自己的实现（"模型 IV"）大致相同。很好！
训练模型后，可以使用 Trainer 中的 save_model 方法将其**保存到磁盘里**：

```
trainer.save_model('bert_alice_vs_wizard')
os.listdir('bert_alice_vs_wizard')
```

输出：

```
['training_args.bin', 'config.json', 'pytorch_model.bin']
```

该方法使用提供的名称创建一个**文件夹**，并存储经过训练的模型（pytorch_model.bin）及其配置（config.json）和训练参数（training_args.bin）。

稍后，可以使用相应的 AutoModel 中的 from_pretrained 方法轻松**加载训练好的模型**：

```
loaded_model = (AutoModelForSequenceClassification
                .from_pretrained('bert_alice_vs_wizard'))
loaded_model.device
```

输出：

```
device(type='cpu')
```

模型默认加载到 CPU，但也可以使用常规的 PyTorch 方式将其发送到不同的设备：

```
device = 'cuda' if torch.cuda.is_available() else 'cpu'
loaded_model.to(device)
loaded_model.device
```

输出：

```
device(type='cuda', index=0)
```

 预测

终于可以回答最重要的问题了：本章标题中的句子"Down the Yellow Brick Rabbit Hole"从何而来？问一下 BERT：

```
sentence = 'Down the yellow brick rabbit hole'
tokens = auto_tokenizer(sentence, return_tensors='pt')
tokens
```

输出：

```
{'input_ids': tensor([[ 101, 2091, 1996, 3756, 5318, 10442, 4920, 102]]),
 'attention_mask': tensor([[1, 1, 1, 1, 1, 1, 1, 1]])}
```

在对句子进行词元化之后，需要确保张量与**模型在同一设备**中。

 "真的需要将每个张量都发送到设备中吗？"

并非如此。事实证明，**词元化器的输出**不仅是一个字典，还是一个 BatchEncoding 的实例，可以轻松地调用它的 to( ) 方法将张量发送到与模型相同的设备：

```python
print(type(tokens))
tokens.to(loaded_model.device)
```

输出：

```
<class 'transformers.tokenization_utils_base.BatchEncoding'>
{'input_ids': tensor([[ 101, 2091, 1996, 3756, 5318, 10442, 4920, 102]], device='cuda:0'),
'attention_mask': tensor([[1, 1, 1, 1, 1, 1, 1, 1]], device='cuda:0')}
```

那很容易，对吧？

使用这些输入来调用模型！

尽管模型会默认以**评估模式**被加载，但在评估或测试阶段就使用 PyTorch 模型的 eval 方法将模型显式**设置为评估模式**也不失为一个好主意：

```python
loaded_model.eval()
logits = loaded_model(input_ids=tokens['input_ids'],
                     attention_mask=tokens['attention_mask'])
logits
```

输出：

```
SequenceClassifierOutput(loss=None, logits=tensor([[ 2.7745, -2.5539]], device='cuda:0', grad_fn=<AddmmBackward>), hidden_states=None, attentions=None)
```

最大的 logit 像往常一样对应于**被预测的类**：

```python
logits.logits.argmax(dim=1)
```

输出：

```
tensor([0], device='cuda:0')
```

BERT 认为，"Down the Yellow Brick Rabbit Hole"这句话更有可能来自《绿野仙踪》（我们的二元分类任务的负类）。

获得一个句子的预测需要做很多工作，词元化、将其发送到设备、将输入提供给模型、获得最大的 logit，这些都很重要。

管道

管道可以处理所有这些步骤，只需要选择合适的一个。有许多不同的管道，每个任务一个，例如 TextClassificationPipeline 和 TextGenerationPipeline。这里使用前者，同时运行词元化器和训练模型：

```python
from transformers import TextClassificationPipeline
device_index = loaded_model.device.index if loaded_model.device.type != 'cpu' else -1
classifier = TextClassificationPipeline(model=loaded_model,
                tokenizer=auto_tokenizer,
                device=device_index)
```

每个管道至少需要**两个**必需的参数：**模型**和**词元化器**。也可以将它直接发送到与模型相同的设备，但需要使用**设备索引**(如果在 CPU 上，则为-1，如果在第一个或唯一的 GPU 上，则为 0，如果在第二个，则为 1，等等)。

现在可以使用**原始句子**进行预测了：

```
classifier(['Down the Yellow Brick Rabbit Hole','Alice rules! '])
```

输出：

```
[{'label':'LABEL_0','score': 0.9951714277267456},
 {'label':'LABEL_1','score': 0.9985325336456299}]
```

该模型似乎非常确信**第一句**来自《绿野仙踪》(负类)，而**第二句**来自《爱丽丝梦游仙境》(正类)。

不过，可以通过模型配置中的 id2label 属性为每个类**设置适当的标签**来使输出更直观：

```
loaded_model.config.id2label = {0:'Wizard', 1:'Alice'}
```

再试一次：

```
classifier(['Down the Yellow Brick Rabbit Hole','Alice rules! '])
```

输出：

```
[{'label':'Wizard','score': 0.9951714277267456},
 {'label':'Alice','score': 0.9985325336456299}]
```

这样就好多了!

▶ 更多管道

也可以将预训练的管道用于**情感分析**等**典型任务**，而无须微调自己的模型：

```
from transformers import pipeline
sentiment = pipeline('sentiment-analysis')
```

任务定义了使用哪个管道。对于情感分析，上面的管道会加载 TextClassificationPipeline，但它是经过预训练来执行该任务的。

 有关可用任务的完整列表，请查看 HuggingFace 的 pipeline 文档。

通过情感分析管道运行训练集的第一句话：

```
sentence = train_dataset[0]['sentence']
print(sentence)
print(sentiment(sentence))
```

输出：

```
And, so far as they knew, they were quite right.
[{'label':'POSITIVE','score': 0.9998356699943542}]
```

确实是正类!

如果您对底层使用的**模型**感到好奇,可以查看SUPPORTED_TASKS字典。对于情感分析,可以使用distilbertbase-uncased-finetuned-sst-2-english模型:

```
from transformers.pipelines import SUPPORTED_TASKS
SUPPORTED_TASKS['sentiment-analysis']
```

输出:

```
{'impl':
transformers.pipelines.text_classification.TextClassificationPipeline,
'tf': None,
'pt': types.AutoModelForSequenceClassification,
'default': {'model': {'pt': 'distilbert-base-uncased-finetuned-sst-2-english',
'tf': 'distilbert-base-uncased-finetuned-sst-2-english'}}}
```

"**文本生成**呢?"

```
SUPPORTED_TASKS['text-generation']
```

输出:

```
{'impl': transformers.pipelines.text_generation.TextGenerationPipeline,
'tf': None,
'pt': types.AutoModelForCausalLM,
'default': {'model': {'pt': 'gpt2', 'tf': 'gpt2'}}}
```

这就是**著名的GPT-2**模型,我们将在本章的下一部分,也就是最后一部分简要讨论它。

GPT-2

生成式预训练变换模型2(Generative Pretrained Transformer 2,GPT-2)是Radford A.等人在其文章"Generative Pretrained Transformer 2"[205](2018)中介绍的概念,以其在各种上下文中**生成**高质量**文本**的出色表现成为头条新闻。就像BERT一样,它是一个**语言模型**,即被训练来**填补**句子中的**空白**。但是,BERT被训练来填补句子中间的空白(从而纠正损坏的输入),而**GPT-2**则被训练来**填补句子末尾的空白**,从而有效地**预测给定句子中的下一个单词**。

预测序列中的**下一个元素**正是**Transformer 解码器**所做的,因此**GPT-2**实际上是一个**Transformer 解码器**也就不足为奇了。

GPT-2接受了超过40GB的互联网文本的训练,这些文本分布在800万个网页上。它最大的版本有**48"层"**(原来的Transformer只有6层)、**12个注意力头**、**1600个隐藏维度**,总计**15亿个参数**,它于2019年11月发布[206]。

"不要在家里训练这个!"

在天平的另一端，最小的版本只有 12 "层"、12 个注意力头和 768 个隐藏维度，总共 1.17 亿个参数(最小的 GPT-2 还是比原来的 BERT 大一点)。这是 TextGenerationPipeline 中自动加载的版本。

您可以在 Open AI 的 GPT-2 存储库[207]中找到模型和相应的代码。有关 GPT-2 功能的演示，请查看 AllenNLP 的 Language Modeling Demo[208]，它使用 GPT-2 的中等模型(3.45 亿参数)。

您还可以在 HuggingFace 上查看 GPT-2 的文档和模型卡，以快速了解模型及其训练过程。

有关 GPT-2 的一般概述，请参阅 Jay Alammar 的这篇精彩文章 "The Illustrated GPT-2 (Visualizing Transformer Language Models)"[209]。

要了解有关 GPT-2 架构的更多详细信息，请查看 Aman Arora 的 "The Annotated GPT-2"[210]。

如果您想尝试从头开始训练 GPT 模型，还有 Andrej Karpathy 的 GPT **极简实现——**minGPT[211]。

加载基于 **GPT-2 的文本生成管道**：

```
text_generator = pipeline("text-generation")
```

然后，使用《爱丽丝梦游仙境》中的**前两段**作为基础文本：

```
base_text = """
Alice was beginning to get very tired of sitting by her sister on the bank, and of having
nothing to do: once or twice she had peeped into the book her sister was reading, but it had
no pictures or conversations in it, `and what is the use of a book,' thought Alice `without
pictures or conversation?' So she was considering in her own mind (as well as she could, for
the hot day made her feel very sleepy and stupid), whether the pleasure of making a daisy-
chain would be worth the trouble of getting up and picking the daisies, when suddenly a White
Rabbit with pink eyes ran close by her.
"""
```

生成器将生成一个大小为 max_length 的文本，包括基本文本，因此该值必须**大于**基本文本的长度。默认情况下，文本生成管道中的模型会将其 do_sample 参数设置为 True，以便使用**束搜索**而不是贪婪解码来生成单词：

```
text_generator.model.config.task_specific_params
```

输出：

```
{'text-generation': {'do_sample': True, 'max_length': 50}}

result = text_generator(base_text, max_length=250)
print(result[0]['generated_text'])
```

输出：

```
...
Alice stared at the familiar looking man in red, in a white dress, and smiled shyly.
```

第 11 章
Down the Yellow Brick Rabbit Hole

```
She saw the cat on the grass and sat down with it gently and eagerly, with her arms up.

There was a faint, long, dark stench, the cat had its tail held at the end by a large furry,
white fur over it.

Alice glanced at it.

It was a cat, but a White Rabbit was very good at drawing this, thinking over its many
attributes, and making sure that no reds appeared
```

我已经从上面的输出中删除了基本文本，所以这里展示的只是**生成的文本**。看起来不错，对吧？我尝试了几次，生成的文本通常是一致的，即使它有时会**离题**，有时会生成一些非常奇怪的文本。

"什么是**束搜索**？这听起来有点奇怪……"

的确如此，在第 9 章已经简要讨论了**束搜索**(以及它的替代方法，贪婪解码)，为了方便，我将其复制在下面：

"……因为**每个预测**都被认为是**最终的**，所以被称为**贪婪解码**(greedy decoding)。'不许反悔'：一旦完成，就真的完成了，您只需继续下一个预测，永远不要回头。在序列到序列问题(即回归)的背景下，无论如何做其他事情都没有多大意义。

但对于其他类型的序列到序列问题，情况可能并非如此。例如，在机器翻译中，解码器在每一步都会输出句子中**下一个单词**的**概率**。**贪婪**的方法会简单地选择**概率最高的单词**并继续下一个。

但是，由于**每个预测**都是**下一步**的输入，因此在**每步中取顶部单词**不一定是**获胜方法**(从一种语言翻译到另一种语言并不完全是'线性的')。在每步中都保留**少数候选单词**并**尝试它们的组合**以选择最好的候选词可能更明智：这称为**束搜索**(beam search)……"

顺便说一句，如果您尝试使用贪婪解码(设置 do_sample = False)，生成的文本会一遍又一遍地重复相同的文本：

```
'What is the use of a daisy-chain?'
'I don't know,' said Alice, 'but I think it is a good idea.'

'What is the use of a daisy-chain?'
'I don't know,' said Alice, 'but I think it is a good idea.'
```

有关可用于文本生成的不同参数的更多详细信息，包括**贪婪解码**和**束搜索**的更详细说明，请查看 HuggingFace 的博文"How to Generate Text：Using Different Decoding Methods for Language Generation with Transformers"[212]，作者是 Patrick von Platen。

"等一下……不是要对 GPT-2 进行微调，让它可以按给定的风格书写文本吗？"

我以为您永远不会问……是的，我们是。这是最后一个示例，将在下一节中介绍它。

归纳总结

在本章，我们使用两本书**构建了一个数据集**，并探索了许多预处理步骤和技术：句子和单词词元化、**单词嵌入**，等等。在数据准备步骤中广泛使用 HuggingFace 的 Dataset 和**预训练的词元化器**，并利用 BERT 等**预训练模型**的强大功能根据来源对**序列**(**句子**)**进行分类**。还使用 HuggingFace 的 Trainer 类和 pipeline 类分别轻松地**训练模型**和**提供预测**。

 数据准备

为了体现刘易斯·卡罗尔的《爱丽丝梦游仙境》的**风格**，需要使用仅包含该书中句子的数据集，而不是之前也包括了《绿野仙踪》的数据集。

数据准备

```
1  dataset = load_dataset(path='csv',
2  data_files=['texts/alice28-1476.sent.csv'],quotechar='\', split=Split.TRAIN)
3
4  shuffled_dataset = dataset.shuffle(seed=42)
5  split_dataset = shuffled_dataset.train_test_split(test_size=0.2, seed=42)
6  train_dataset, test_dataset = split_dataset['train'], split_dataset['test']
```

接下来，使用 **GPT-2** 的预训练词元化器对数据集进行**词元化**。不过，与 BERT 还是会有一些不同之处：

- 首先，GPT-2 使用**字节对编码**(**BPE**)而不是 WordPiece 进行词元化。
- 其次，**没有填充**句子，因为试图**生成文本**，并且在一堆**填充元素之后预测下一个单词**没有多大意义。
- 第三，**删除了原始列**(source 和 sentence)，以便只保留词元化器的输出(input_ids 和 attention_mask)。

数据准备

```
1  auto_tokenizer = AutoTokenizer.from_pretrained('gpt2')
2  def tokenize(row):
3      return auto_tokenizer(row['sentence'])
4  tokenized_train_dataset = train_dataset.map(tokenize,
5  remove_columns=['source','sentence'], batched=True)
6
7  tokenized_test_dataset = test_dataset.map(tokenize,
8  remove_columns=['source','sentence'], batched=True)
```

第 11 章
Down the Yellow Brick Rabbit Hole

也许您已经意识到,没有填充,**句子会有不同的长度**:

```
list(map(len, tokenized_train_dataset[0:6]['input_ids']))
```

输出:

```
[9, 28, 20, 9, 34, 29]
```

这些是**前六个**句子,它们的长度范围从 **9** 个词元到 **34** 个词元。

 "能像第 8 章那样使用 rnn_utils.pack_sequence 来打包序列吗?"

您明白了这个方法的要点:将序列"打包"在一起,确实,但这里则是以不同的方式来实现。

"打包"数据集

"打包"现在实际上更简单了,它只是将输入**连接**在一起,然后**将它们分成块**,如图 11.29 所示。

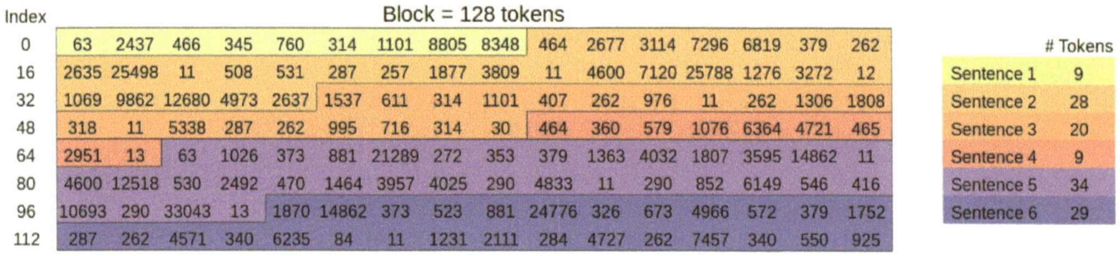

图 11.29 将句子分块

下面的函数改写自 HuggingFace 的语言建模微调脚本 run_clm.py[213],它将输入"打包"在一起:

将句子分组为块的方法

```
1  # 改写自 https://github.com/huggingface/transformers/blob/master/
2  # examples/pytorch/language-modeling/run_clm.py
3  def group_texts(examples, block_size=128):
4      #连接所有文本。
5      concatenated_examples = {k: sum(examples[k], []) for k in examples.keys()}
6      total_length = len(concatenated_examples[list(examples.keys())[0]])
7      #删除了剩余部分
8
9      #您可以根据需要自定义这部分。
10     total_length = (total_length // block_size) * block_size
11     #由 max_len 块分割。
12     result = {
13         k: [t[i : i + block_size] for i in range(0, total_length, block_size)]
14         for k, t in concatenated_examples.items()
15     }
16     result["labels"] = result["input_ids"].copy()
17     return result
```

可以按常规的方式将上述函数应用于我们的数据集,然后将它们的输出格式设置为 PyTorch 张量:

数据准备

```
1  lm_train_dataset = tokenized_train_dataset.map(group_texts, batched=True)
2  lm_test_dataset = tokenized_test_dataset.map(group_texts, batched=True)
3  lm_train_dataset.set_format(type='torch')
4  lm_test_dataset.set_format(type='torch')
```

现在,**第一个数据点**实际上包含数据集的**前 128 个词元**(前五个句子和第六个句子中的几乎所有词元):

```
print(lm_train_dataset[0]['input_ids'])
```

输出:

```
tensor([  63, 2437,  466,  345,  760,  314, 1101, 8805, 8348,  464,
        2677, 3114, 7296, 6819,  379,  262, 2635, 25498,   11,  508,
         531,  287,  257, 1877, 3809,   11, 4600, 7120, 25788, 1276,
        3272,   12, 1069, 9862, 12680, 4973, 2637, 1537,  611,  314,
        1101,  407,  262,  976,   11,  262, 1306, 1808,  318,   11,
        5338,  287,  262,  995,  716,  314,   30,  464,  360,  579,
        1076, 6364, 4721,  465, 2951,   13,   63, 1026,  373,  881,
       21289,  272,  353,  379, 1363, 4032, 1807, 3595, 14862,   11,
        4600, 12518,  530, 2492,  470, 1464, 3957, 4025,  290, 4833,
          11,  290,  852, 6149,  546,  416, 10693,  290, 33043,   13,
        1870, 14862,  373,  523,  881, 24776,  326,  673, 4966,  572,
         379, 1752,  287,  262, 4571,  340, 6235,  284,   11, 1231,
        2111,  284, 4727,  262, 7457,  340,  550,  925])
```

因此,**数据集变得更小**,因为它们不再包含句子,而是包含 **128 个词元的序列**:

```
len(lm_train_dataset), len(lm_test_dataset)
```

输出:

```
(239, 56)
```

数据集已准备就绪!可以继续……

▶ 模型配置和训练

GPT-2 是一个用于**因果语言建模**的模型,这就是用来加载它的 AutoModel:

模型配置

```
1  from transformers import AutoModelForCausalLM
2  model = AutoModelForCausalLM.from_pretrained('gpt2')
3  print(model.__class__)
```

输出:

```
<class 'transformers.modeling_gpt2.GPT2LMHeadModel'>
```

GPT-2 的词元化器默认**不包含特殊填充词元**,但可以根据需要添加它。如果**确实要将任何词元添加**到词汇表中,还需要使用 resize_token_embeddings **让模型知道它**:

```
model.resize_token_embeddings(len(auto_tokenizer))
```

输出:

```
Embedding(50257, 768)
```

在我们的示例中,这并**没有什么不同**,但是为了安全起见,无论如何最好将上面的行添加到代码中。

训练参数与用来训练 BERT 的参数大致相同,但还有一个额外的参数:prediction_loss_only = True。由于 GPT-2 是一个**生成模型**,所以不会在训练或验证期间运行任何额外的指标,除了损失之外不需要考虑其他任何东西。

模型训练

```
1  training_args = TrainingArguments(
2      output_dir='output',
3      num_train_epochs=1,
4      per_device_train_batch_size=1,
5      per_device_eval_batch_size=8,
6      evaluation_strategy='steps',
7      eval_steps=50,
8      logging_steps=50,
9      gradient_accumulation_steps=4,
10     prediction_loss_only=True,
11 )
12 
13 trainer = Trainer(model=model,
14                   args=training_args,
15                   train_dataset=lm_train_dataset,
16                   eval_dataset=lm_test_dataset)
```

配置好 Trainer 后,先调用它的 train 方法,然后调用它的 evaluate 方法:

模型训练

```
1  trainer.train()
```

输出:

```
Step    Training Loss    Validation Loss ...
50        3.587500          3.327199      ...
TrainOutput(global_step=59, training_loss=3.5507330167091498,
metrics={'train_runtime': 22.6958, 'train_samples_per_second': 2.6,
'total_flos': 22554466320384.0, 'epoch': 0.99, 'init_mem_cpu_alloc_delta':
1316954112, 'init_mem_gpu_alloc_delta': 511148032,
'init_mem_cpu_peaked_delta': 465375232, 'init_mem_gpu_peaked_delta': 0,
```

```
'train_mem_cpu_alloc_delta': 13103104,'train_mem_gpu_alloc_delta':
1499219456,'train_mem_cpu_peaked_delta': 0,'train_mem_gpu_peaked_delta':
730768896})

trainer.evaluate()
```

输出：

```
{'eval_loss': 3.320632219314575,
'eval_runtime': 0.9266,
'eval_samples_per_second': 60.438,
'epoch': 0.99,
'eval_mem_cpu_alloc_delta': 151552,
'eval_mem_gpu_alloc_delta': 0,
'eval_mem_cpu_peaked_delta': 0,
'eval_mem_gpu_peaked_delta': 730768896}
```

由此开始了 GPT-2 在《爱丽丝梦游仙境》中微调的一个时期。

现在来看看这位刘易斯·卡罗尔有多好！

▶ 生成文本

GPT-2 模型有一个 generate 方法，其中有很多用于生成文本的**选项**（例如贪婪解码、束搜索等）。我们不会深入研究这些细节，而是采用**简单的方法**：将微调模型和预训练的词元化器分配给**管道**并使用其大部分默认值：

```
device_index = model.device.index if model.device.type != 'cpu' else -1
gpt2_gen = pipeline('text-generation', model=model, tokenizer=auto_tokenizer,
            device=device_index)
```

可能需要更改的唯一参数是 max_length：

```
result = gpt2_gen(base_text, max_length=250)
print(result[0]['generated_text'])
```

输出：

```
Alice was beginning to get very tired of sitting by her sister on the bank, and of having
nothing to do: once or twice she had peeped into the book her sister was reading, but it had
no pictures or conversations in it, `and what is the use of a book,' thought Alice `without
pictures or conversation?' So she was considering in her own mind (as well as she could, for
the hot day made her feel very sleepy and stupid), whether the pleasure of making a daisy-
chain would be worth the trouble of getting up and picking the daisies, when suddenly a White
Rabbit with pink eyes ran close by her.The rabbit was running away quite as quickly as it had
jumped to her feet. She had nothing of the kind, and, as she made it up to Alice, was
beginning to look at the door carefully in one thought.`It's very curious,' after having
been warned,`that I should be talking to Alice!''It's not,'she went on, `it wasn't even a
cat,' so very very quietly indeed.'In that instant he began to cry out aloud.Alice began to
sob out, 'I am not to cry out!' `What
```

这一次，我保留了整个内容、**基础**和**生成的文本**。我试了几次，以我的拙见，现在的输出看起来**更像**"Alice-y"。

您怎么看？

回顾

在本章，我们深入探讨了**自然语言处理**的世界。使用《爱丽丝梦游仙境》和《绿野仙踪》这两本书从头开始构建自己的数据集，并执行**句子和单词词元化**。然后，构建了一个**词汇表**并将其与**词元化器**一起使用来生成模型的主要输入：**词元 ID 序列**。接下来，为词元创建了**数字表示**，从基本的**独热编码**开始，并按照我们的方式使用**单词嵌入**来训练用于对句子来源进行分类的模型。还了解了经典嵌入的局限性，以及对 **ELMo** 和 **BERT** 等**语言模型**产生的**上下文单词嵌入**的需求。详细了解了我们的 muppet 朋友：输入嵌入、预训练任务和隐藏状态（实际嵌入）。利用 HuggingFace 库使用 Trainer **微调**预训练模型，并使用 pipeline 提供预测。最后，使用著名的 GPT-2 模型来**生成文本**，希望它看起来更像是由刘易斯·卡罗尔编写的那样。以下就是所涉及的内容：

- 使用 NLTK 对我们的文本语料库执行**句子词元化**。
- 将每本书转换为**每行一个句子**的 CSV 文件。
- 使用 HuggingFace 的 Dataset 构建数据集以加载 CSV 文件。
- 使用 map 在数据集中创建新的列。
- 了解**文本数据**的**数据增强**。
- 使用 Gensim 执行**单词词元化**。
- 构建**词汇表**并使用它来获取每个单词的**词元 ID**。
- 在词汇表中添加**特殊词元**，例如 [UNK] 和 [PAD]。
- 将自己的词汇表加载到 HuggingFace 的**词元化器**中。
- 理解词元化器的**输出**：input_ids、token_type_ids 和 attention_mask。
- 使用词元化器**将两个句子词元化**为**单个输入**。
- 从**独热编码**开始，为每个词元创建**数字表示**。
- 了解**词袋**(BoW)方法的简单性和局限性。
- 学习**语言模型**用于估计**词元的概率**，就像在句子中**填补空白**一样。
- 了解 Word2Vec 模型及其常见实现 **CBoW**(**连续词袋**)背后的总体思想。
- **学习单词**嵌入基本上是一个**查找表**，用于检索与给定词元对应的向量。
- 使用 GloVe 等**预训练嵌入**来执行**嵌入算法**。
- 加载 GloVe **嵌入**并使用它们来**训练一个简单的分类器**。
- 使用 **Transformer 编码器**和 **Glove 嵌入**对句子进行分类。
- 理解**上下文单词嵌入**对区分同一个单词的不同含义的重要性。
- 使用 flair 从 ELMo 中检索**上下文单词嵌入**。
- 了解 **ELMo 的架构**及其**隐藏状态**(嵌入)。
- 使用 flair 将**句子预处理**为 **BERT 嵌入**并**训练分类器**。

- 了解 BERT 使用的 **WordPiece 词元化**。
- 使用**词元**、**位置**和**段**嵌入计算 BERT 的**输入嵌入**。
- 了解 BERT 的预训练任务：**掩码语言模型**（**MLM**）和**下一句预测**（**NSP**）。
- 探索 BERT 的不同**输出**：**隐藏状态**、**池化输出**和**注意力**。
- 使用**预训练的 BERT 作为层**来训练分类器。
- 使用 HuggingFace 的**序列分类**模型微调 **BERT**。
- 记住**始终**使用**匹配的预训练模型和词元化器**。
- 探索和使用 Trainer 类，使用**梯度累积**对**大型模型**进行**微调**。
- 将**词元化器和模型**结合到**管道**中以轻松完成预测。
- 加载**预训练管道**以执行典型任务，例如**情感分析**。
- 了解著名的 **GPT-2** 模型，并对其进行微调以**生成**像刘易斯·卡罗尔写作风格一样的**文本**。

恭喜您！ 从使用 NLTK 的基本**句子词元化**一直到使用 **BERT** 的**序列分类**和使用 **GPT-2** 的**因果语言建模**，您在（几乎）所有 NLP 方面的密集速成课程中幸存了下来。您现在可以**使用 HuggingFace** 处理**文本数据**并训练或**微调模型**了。

谢谢您！

我真的希望您能享受阅读和学习所有这些主题的过程，就如同我曾经是那么地享受本书的写作（和学习）一样。

如果您有任何建议，或者发现任何错误，请随时通过 GitHub 等与我联系。

我期待着您的回音！

丹尼尔·沃格特·戈多伊（Daniel Voigt Godoy）

 "怎么还在这里？一切都结束了，回家吧！"
——费里斯·布勒

对不起，但我**不得不**以一个冷笑话结束。

扩展阅读

文中提到的阅读资料（网址）请读者按照本书封底的说明方法自行下载。